KB138785

일상적이지만 절대적인
스포츠 속 수학 지식 100

일상적이지만 절대적인 스포츠 속 수학 지식 100

1판 5쇄 발행 2024년 5월 17일

글쓴이 존 D. 배로
옮긴이 박유진

펴낸이 이경민
펴낸곳 (주)동아엠앤비
출판등록 2014년 3월 28일(제25100-2014-000025호)
주소 (03737) 서울특별시 마포구 월드컵북로22길 21, 2층
전화 (편집) 02-392-6901 (마케팅) 02-392-6900
팩스 02-392-6902
전자우편 damnb0401@naver.com
SNS

ISBN 979-11-87336-14-3 (04410)
979-11-87336-12-9 (set)

※ 책 가격은 뒤표지에 있습니다.
※ 잘못된 책은 구입한 곳에서 바꿔 드립니다.
※ 이 책에 실린 사진은 위키피디아, 셔터스톡에서 제공받았습니다.

일상적이지만 절대적인 스포츠 속 수학지식 100

존 D. 배로 지음

박유진 옮김

동아엠앤비

"원 참, 다 금메달이라니 그것들로 뭘 할 수 있지?"

1980년 동계 올림픽 스피드스케이팅 5관왕
에릭 하이든

벌써 달릴 수 있고
곧 셈도 할 줄 알게 될
말러에게

프롤로그

올림픽이 열리는 해를 맞아 다양한 스포츠를 제대로 이해하는 데 간단한 수학과 과학이 의외로 도움이 된다는 것을 보여줄 기회를 얻었다. 다음 여러 장에서는 인체 동작, 채점 체계, 기록 경신, 패럴림픽, 힘겨루기 종목, 약물 검사, 다이빙, 승마, 달리기, 뜀뛰기, 던지기 등과 관련된 과학을 살펴볼 것이다.

당신이 코치나 선수라면 해당 종목을 더 잘 이해하는 데 수학적 관점이 어떻게 도움이 되는지 조금은 알게 될 것이다. 당신이 관객이나 해설자라면 수영장, 실내외 경기장, 트랙 또는 도로에서 일어나는 일을 더 깊이 이해하게 되길 바란다. 당신이 교육자라면 수학과 과학의 여러 측면을 가르칠 때 흥미를 돋울 예, 수학과 체육이 상극인 학과목에 불과하다고 생각하던 이들의 시야를 넓혀줄 예를 발견할 것이다. 당신이 수학자라면 자신의 전문지식이 인간 활동의 다른 분야에도 얼마나 중요한지 알게 되어 뿌듯해질 것이다.

당신이 곧 읽을 갖가지 예에서는 수많은 스포츠를 망라하며 전에 널리 논의된 적이 없는 주제를 다루고자 한다. 때때로 맥락을 설명하기 위해 올림픽 역사를 조금 언급하기도 하지만 그 대신 일부 장에서는 올림픽 종목이 아닌 몇몇 스포츠도 이야기한다.

다음 사람들에게 고마움을 전한다. 캐서린 에일스, 데이비드 앨시어토어, 필립 애스턴, 빌 앳킨슨, 헨리 베이커, 멀리사 브레이, 제임스 크랜치, 메리앤 프라이버거, 프랜츠 퍼스, 존 하이, 외르크 헨스겐, 스티브 휴슨, 숀 립, 저스틴 멀린스, 케이 페들, 스티븐 라이언, 제프리 섈릿, 오언 스미스, 데이비드 스피겔홀터, 이언 스튜어트, 윌 설킨, 레이철 토머스, 로저 워커, 피터 웨이언드, 펭 자오. 이들이 도움을 베풀고 의견과 유익한 이야기를 나눠준 덕분에 이 책이 나올 수 있었다.

여기서 다룬 주제 중 몇 가지는 런던 그레셤대학교에서 강의하던 중 2012년 런던 올림픽을 기념하는 밀레니엄 수학프로젝트 활동의 하나로 소개한 적이 있다. 당시 청중의 관심과 질문과 조언을 매우 고맙게 생각한다. 가족에게도 감사를 표해야겠다. 엘리자베스, 데이비드, 로저, 루이스는 열성적인 태도를 보여주었다. 자기들이 올림픽 관람권을 얻는 데 이 책이 아무 도움이 되지 않으리란 사실을 깨닫고 그런 열성이 불신으로 바뀌긴 했지만.

존 D. 배로

차례

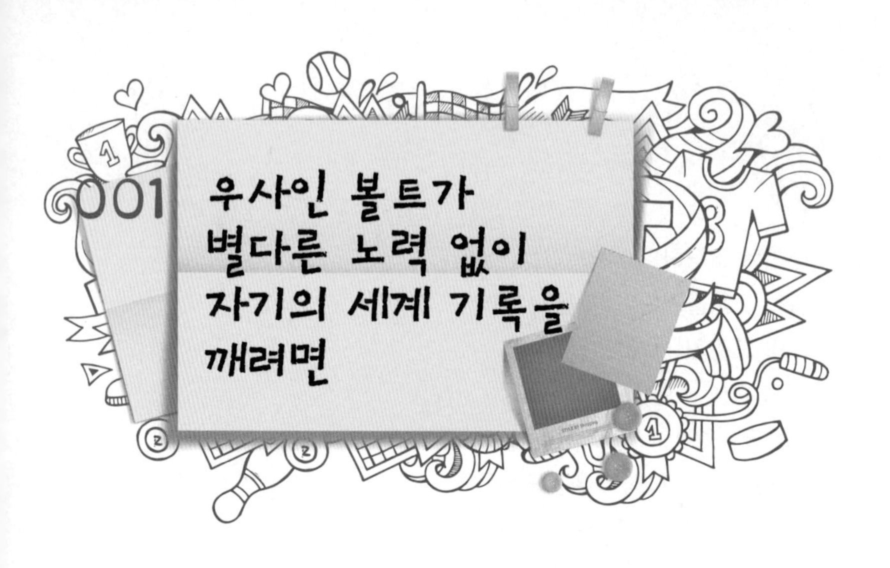

우사인 볼트Usain Bolt는 역대 최고 단거리 육상 선수다. 하지만 10대 중반에 400m, 200m 달리기를 시작한 그가 훗날 100m를 그렇게 빨리 뛰리라고 예상한 사람은 거의 없었다. 볼트의 코치는 기본적인 전력질주 속도를 높이려고 한 시즌 동안 그에게 100m 달리기를 시키기로 했지만 볼트가 그 종목에서 두각을 나타낼 줄은 몰랐다. 설마 저렇게 덩치 큰 애가 100m 선수가 되겠어? 다들 완전히 헛다리를 짚은 셈이다. 볼트는 세계 기록을 어쩌다 겨우 100분의 1초 줄인 것이 아니라 여러 차례 대폭 단축했다.

처음에 2008년 5월 뉴욕에서 아사파 파월Asafa Powell의 기록 9.74초를 9.72초로, 이어서 그해 말 베이징 올림픽에서 이를 9.69초(정확히는 9.683초)로 줄인 후 2009년 베를린 세계선수권대회에서 그 기록을 9.58초(정확히는 9.578초)로 크게 줄였다. 볼트의 200m 기록 향상은 훨씬 더 놀라웠다. 그는 베이징에서 마이클 존슨Michael Johnson의 1996년 기록 19.32초를 19.30초(정확히는 19.296초)로, 이어서 베를린에서 이를 19.19초로

100m 세계 기록을 보유한 우사인 볼트

줄였다.

그런 향상 폭이 워낙 크다 보니 사람들은 볼트가 낼 수 있는 최대 속도가 얼마일지 추산하기 시작했다. 안타깝게도 그런 이들은 모두 볼트가 체력 단련 면에서 별다른 노력이나 개선을 하지 않아도 훨씬 더 빨리 달릴 수 있게 해주는 두 가지 주요 요인을 간과해왔다. 어떻게 그런 일이 가능하냐고?

100m 달리기 선수의 시간 기록은 출발 신호원의 총소리에 반응하는 데 걸린 시간과 100m 거리를 달리는 데 걸린 시간 두 요소를 합한 것이다. 선수는 신호총 발포 후 0.10초 안에 발로 스타팅블록에 압력을 가해 반응하면 부정 출발 판정을 받는다. 의외로 볼트는 정상급 단거리 선수들 가운데 반응 시간이 아주 느린 편이다. 베이징에서는 결승전 진출자 중에서 두 번째로 느리게 반응했고 베를린에서는 세 번째로 느리게 반응

하고도 9.58초를 기록했다.

이런 점을 모두 감안하면 볼트의 달리기 평균 속도는 베이징에서는 10.50㎧, (반응 시간이 더 짧았던) 베를린에서는 10.60㎧였다. 볼트는 스탠퍼드대학교의 한 인체생물학 연구팀이 최근 예측한 최고 속도 한계치 10.55㎧보다 이미 더 빨리 달리고 있는 셈이다.

볼트의 완주 기록 9.69초에서 반응 시간이 0.165초를 차지한 베이징 올림픽 결승전에서 나머지 일곱 선수는 0.133, 0.133, 0.134, 0.142, 0.145, 0.147, 0.169초 만에 반응했다.

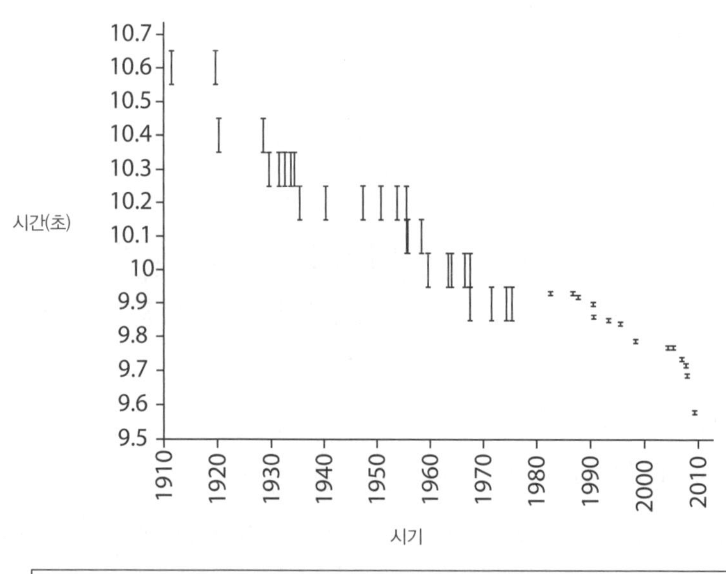

볼트	0.146 + 9.434 = 9.58	톰프슨	0.119 + 9.811 = 9.93
게이	0.144 + 9.566 = 9.71	체임버스	0.123 + 9.877 = 10.00
파월	0.134 + 9.706 = 9.84	번스	0.165 + 9.835 = 10.00
베일리	0.129 + 9.801 = 9.93	패튼	0.149 +10.191 = 10.34

이런 통계자료를 보면 볼트의 가장 큰 약점이 무엇인지 명백하다. 총소리에 아주 느리게 반응한다는 것이다. 이는 출발이 느린 것과 꼭 같지는 않다. 키가 아주 큰 육상 선수는 남들보다 팔다리가 길고 관성이 큰 만큼 스타팅블록에서 똑바로 일어서려면 몸을 더 많이 움직여야 한다. 볼트는 반응 시간을 꽤 좋지만 특출하지는 않은 0.13초로 줄이면 9.58초 기록을 9.56초로 단축하게 될 것이다. 그리고 반응 시간을 걸출한 0.12초로 줄이면 9.55초를 바라보게 되고, 규정상 허용 한도 안에서 가장 빠르게 0.1초 만에 반응하면 9.53초라는 결과를 얻게 된다. 그러면서도 더 빨리 달릴 필요는 전혀 없다!

이는 사람들이 볼트의 가능성을 평가하면서 간과해온 첫 번째 주요 요인이다. 나머지 요인은 무엇일까? 단거리 선수들은 속도가 2㎧를 넘지 않는 순풍의 도움을 받아도 된다. 이를 이용해 세운 세계 기록이 많은데, 단거리 달리기와 뜀뛰기 경기에서 가장 미심쩍은 세계 기록은 1968년 멕시코시티 올림픽에서 세워졌다. 그 올림픽에서 세계 기록이 경신될 때 풍속계가 2㎧를 가리키는 듯했다. 하지만 볼트가 기록적인 질주를 했을 때는 전혀 그런 상황이 아니었다. 베를린에서는 9.58초 기록에 득이 된 것이 약한 0.9㎧ 순풍뿐이었고 베이징에서는 바람이 한 점도 없었다. 그러므로 볼트는 바람이 유리하게 부는 조건에서 볼 이득이 아직 아주 많이 남아 있는 셈이다.

몇 년 전 나는 100m 최고 기록이 바람 때문에 어떻게 변하는지 계산해보았다. 무풍과 비교하면 저지대에서 2㎧ 순풍은 약 0.11초, 0.9㎧ 순풍은 0.06초의 가치가 있었다. 따라서 바람의 도움과 본인의 반응 시간이 규정상 허용 한도 안에서 최상 수준이면, 볼트의 베를린 기록은 9.53

초에서 9.47초로 줄어들고 베이징 기록은 9.51초가 된다. 그리고 멕시코시티 같은 고지대에서 달린다면 볼트는 훨씬 더 빨라져서 0.07초를 더 줄일 것이다. 그러므로 그는 애써 더 빨리 달리지 않아도 100m 기록을 9.4초까지도 향상할 수 있다.

002 인간은 만능선수일까?

인간은 동물계 챔피언들보다 다소 못하다는 식으로 비교당할 때가 많다. 치타는 고속도로 제한속도보다 빨리 달리고, 개미는 자기 몸무게의 몇 배를 나르고, 다람쥐와 원숭이는 공중곡예를 환상적으로 부리고, 물개는 초인적인 속도로 헤엄치고, 맹금류는 총 없이도 비둘기를 공중에서 낚아챌 수 있다.

이 때문에 우리는 무력감을 느끼기 쉽지만 사실 그럴 필요가 없다. 동물계의 그런 스타들은 모두 인간만큼 대단한 운동선수가 되려면 멀어도 한참 멀었다. 그런 동물들은 매우 특수한 일에만 아주 능숙하다. 진화 과정을 거치면서 아주 특수한 영역에서 경쟁자들을 위압하는 능력을 길러온 것이다.

하지만 우리는 사뭇 다르다. 몇 킬로미터를 헤엄칠 수도 있고 마라톤을 할 수도 있다. 100m를 10초 안에 달릴 수도 있고 공중제비를 돌 수도 있으며 자전거나 말을 탈 수도 있다. 높이뛰기로 2.4m를 넘을 수도 있고 총과 활을 정확히 쏠 수도 있다. 작은 물체를 100m 가까이 던질 수도 있고 자전거로 수백 킬로미터를 갈 수도 있다. 보트를 저을 수도 있고 몸무게보다 훨씬 무거운 물체를 머리 위로 들어 올릴 수도 있다. 신체 기량의 폭은 유달리 넓다. 잊어버리기 쉬운데, 신체 능력의 다양성에서 우리와 맞먹을 만한 생물은 없다. 우리는 지구에서 가장 뛰어난 만능선수다.

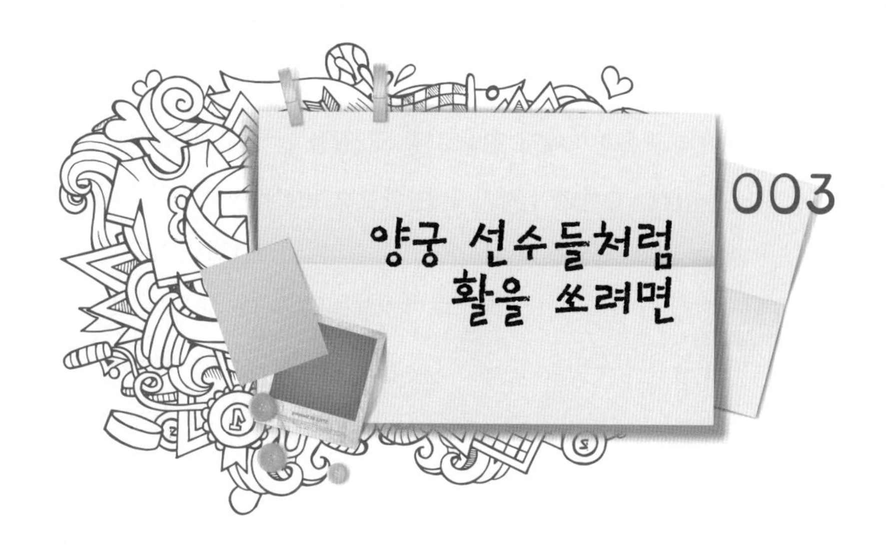

003 양궁 선수들처럼 활을 쏘려면

양궁은 극적인 참여 스포츠이지만 발사 장면을 다시 보여주는 대형 비디오 모니터나 성능 좋은 쌍안경이 없으면 무슨 일이 일어나는지 보기가 그리 쉽지 않다. 양궁 선수들은 화살 72발을 70m 떨어진 원형 과녁에 쏜다. 과녁은 지름이 122cm이고 10개 동심원 고리로 나뉘어 있는데, 각 고리의 폭은 6.1cm다.

맨 안쪽의 두 고리는 노란색인데, 그곳을 화살로 맞히면 10점과 9점을 따게 된다. 바깥쪽으로 가면서 보면 그다음 두 고리는 빨간색에 8점과 7점이고, 그다음 두 고리는 파란색에 6점과 5점이다. 그다음 두 고리는 검은색에 4점과 3점이고, 마지막 두 고리는 흰색에 2점과 1점이다. 과녁에서 이보다 바깥 부분을 맞히면 (혹은 과녁을 아예 못 맞히면) 0점을 기록하게 된다. 그런 색색의 동심원들은 125×125cm 정사각형 종이에 인쇄되어 있고, 그 종이는 화살이 관통하지 못하도록 뒤에서 보호층이 받치고 있다.

세계 최고 양궁 선수는 한국의 여자 선수 박성현이다. 박성현은 2004

년 아테네 올림픽에서 72발로 총 682점을 기록해 개인전과 단체전 금메달을 땄다. 박성현이 자기가 쏜 화살로 10점과 9점만 득점했다면 그 총점을 어떻게 얻었을지 계산해볼 수 있다. 화살 T발이 10점을 올리고 나머지 72−T발이 9점을 올렸다면 10T+9(72−T)=682이므로 T=34가 곧 10점 득점 횟수임을 알 수 있다. 9점 득점 횟수는 72−34=38이었을 것이다. 만약 박성현이 10점, 9점, 8점만 올렸다면, 10점은 35회, 9점은 36회, 8점은 1회 득점했을 것이다.

화살 1발로 특정 점수를 얻는 일의 어려운 정도는 그 득점을 하기 위해 맞혀야 하는 원형 고리의 넓이에 따라 결정된다. 그런 고리 10개의 바깥쪽 원 반지름은 각각 6.1, 12.2, 18.3, 24.4, 30.5, 36.6, 42.7, 48.8, 54.9,

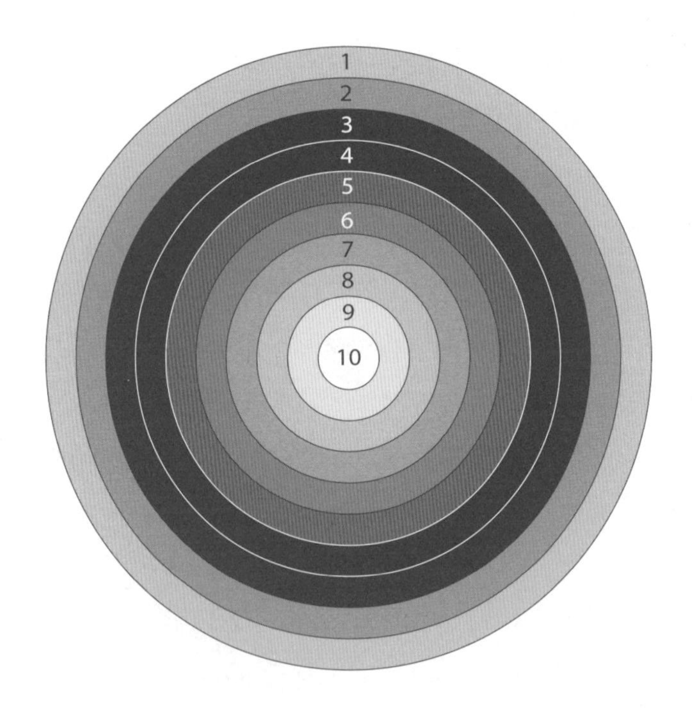

세계 최고 양궁 선수로 평가받는 박성현 선수

61cm다. 원의 넓이는 반지름 제곱 곱하기 $\pi(\fallingdotseq 3.14)$이므로 바깥쪽 원 넓이에서 안쪽 원 넓이를 빼서 각 원형 고리의 넓이를 계산해낼 수 있다. 따라서 예컨대 화살이 9점을 올리는 고리의 넓이는 $\pi(12.2^2-6.1^2)=\pi\times 6.1\times 18.3=350.7$이다. 모든 고리의 넓이를 일일이 계산해 보이진 않겠지만 같은 원리를 적용하면 각각의 넓이를 아주 쉽게 구할 수 있다. 그렇다면 화살이 특정 점수를 올릴 가능성은 과녁에서 해당 부분이 차지하는 넓이의 비율로 나타낼 수 있다.

원형 과녁의 전체 넓이는 $\pi\times 61^2=11,689.9$㎠이므로 과녁 안에만 들어가도록 아무렇게나 쏜 화살 1발이 9점을 올릴 확률은 전체 넓이에 대한 9점짜리 고리 넓이의 비율인데, 실제로 그 값은 350.7/11,689.9=0.03, 즉 3%이다. 모든 고리의 상대적 넓이를 이런 식으로 계산해보면 무작위로 쏜 화살이 각각의 고리를 맞힐 확률을 전부 알아낼 수 있다.

여기에는 간단한 패턴이 하나 있다. 그런 확률은 과녁에서 바깥쪽으로 갈수록 고리마다 2%씩 높아진다. 가장 맞히기 어려운 곳은 무작위로 쏜 화살이 맞을 가능성이 1%(0.01)인 중심 고리이고, 가장 맞히기 쉬운 곳은 1점을 올릴 가능성이 19%(0.19)인 가장 바깥쪽의 고리이다.

고리별로 그런 확률과 해당 점수를 곱한 값, 즉 평균 기여 점수를 모두 합산하면 화살 1발을 무작위로 과녁에 쏠 때 예상 득점으로 3.85라는 값을 얻게 된다. 화살 72발을 무작위로 쏠 경우 얻게 될 평균 점수는 그 값 곱하기 72, 즉 반올림 어림수로 277이 된다. 다들 예상했듯이 이는 세계 기록인 682점보다 훨씬 낮은 점수다. 277이라는 점수는 아무 기술 없이 화살을 완전히 무작위로 쏘는 (단, 과녁의 어떤 부분을 맞히기는 하는) 전략으로 올리게 될 득점이다.

이런 계산을 하면서 화살을 무작위로 쏘는 사람이 늘 원형 과녁을 맞힌다고 가정했다. 그런데 정확도가 그만큼도 안 되어 과녁이 인쇄된 125×125cm 정사각형 안의 어딘가를 무작위로 맞힌다면 어떨까. 넓이가 15,625㎠인 그 정사각형에서 반지름 61cm의 최외곽 원 바깥 부분을 맞히면 0점을 기록하게 된다. 이 경우 전반적인 확률과 득점은 모두 최외곽 원 넓이를 정사각형 넓이로 나눈 값, 즉 11,689.9÷15,625=0.75라는 비율만큼 줄어든다. 그러므로 과녁을 둘러싼 정사각형 안에 화살 72발을 무작위로 쏠 때 평균 득점은 207.4점으로 떨어진다.

계산 실력을 시험해보고 싶다면 다트를 무작위로 던지는 사람이 얻게 될 점수를 계산하는 데 똑같은 원리를 적용해보아도 좋다. 계산해보면 알겠지만 다트의 평균 점수는 1발당 13점이어서 3발이면 39점이 된다.

평균은 기묘한 개념이다. 평균 깊이 3cm의 호수에 빠져 죽은 통계학자에게 물어보라. 그래도 평균이 워낙 눈과 귀에 익고 또 간단하게 여겨지다 보니 우리는 그 개념을 찰떡같이 믿는다. 하지만 정말 그래야 할까? 크리켓 선수 두 명을 상상해보자. 그들을 앤더슨과 원이라고 부르겠다. 그들은 국제 경기의 마지막 승부를 가릴 결승전에서 뛰고 있다. 스폰서들은 그 시합의 최우수 투수와 타자에게 상금을 거액 주기로 했다. 앤더슨과 원은 타격 성적에는 신경 쓰지 않고(상대 팀의 타격 성적이 좋지 않게 나오기를 원하지만) 투수로서 큰 상을 받기 위해 전력을 다하고 있다.

1회에 앤더슨은 초반에 타자 몇 명을 아웃시키지만 오랫동안 아주 경제적인 투구를 한 뒤 교체되어 결국 17점 실점에 타자 3명 아웃, 즉 아웃당 평균 실점 5.67이라는 성적을 거둔다. 그다음 앤더슨 팀이 공격으로 넘어가자 원은 최상의 컨디션을 보이며 타자들을 줄줄이 아웃시켜 결국 40실점에 7아웃, 즉 아웃당 평균 실점 5.71이라는 성적을 거둔다. 따라서 1회의 투구 평균 성적은 5.67 대 5.71로 앤더슨이 더 낫다(아웃당 평

투수	1회 기록	1회 평균	2회 기록	2회 평균	합계 기록	종합 평균
앤더슨	3아웃 17실점	5.67	7아웃 110실점	15.71	10아웃 127실점	12.7
원	7아웃 40실점	5.71	3아웃 48실점	16	10아웃 88실점	8.8

균 실점이 더 적다).

2회에 앤더슨은 초반에 점수를 많이 내주지만 종반에는 타자들을 꼼짝 못하게 잡아 110실점에 7아웃으로 평균 15.71의 성적을 거둔다. 이어서 원은 마지막 회에 앤더슨 팀에게 공을 던진다. 그는 1회에서만큼 좋은 결과를 얻진 못하지만 그래도 48실점에 3아웃으로 평균 16이라는 성적을 거둔다. 따라서 2회의 투구 평균 성적도 15.71 대 16으로 앤더슨이 더 낫다.

투구 성적이 가장 좋은 선수에게 주는 최우수투수상은 누가 받아야 할까? 앤더슨이 1회 평균도 나았고 2회 평균도 나았다. 분명히 수상자는 한 명뿐이다. 하지만 스폰서는 관점을 달리하여 종합 성적을 살펴본다. 두 회 동안 앤더슨은 127실점에 10아웃으로 아웃당 평균 실점 12.7이라는 성적을 거두었다. 한편 원은 88실점에 10아웃으로 평균 8.8이라는 성적을 얻었다. 1회와 2회의 평균이야 앤더슨이 낫지만 투수상은 종합 평균이 분명히 더 나은 원이 받는다!

005 커브 돌기에서 유리한 레인은?

커브를 돌며 전력 질주해야 하는 200m 달리기 같은 트랙 경주에서 안쪽 레인과 바깥쪽 레인 중 어디에 있는 것이 나을지 생각해본 적이 있는가? 육상 선수들은 선호하는 것이 확고하다. 키가 큰 주자들은 바깥쪽 레인의 완만한 커브를 도는 것보다 안쪽 레인의 급한 커브를 도는 일을 더 어려워한다. 단거리 주자들이 실내에서 경주하는 경우에는 상황이 훨씬 심각하다. 그런 실내 경기장은 트랙 한 바퀴가 200m에 불과해서 커브가 훨씬 급하고 레인 폭도 1.22m에서 1m로 줄어들어 있다. 그런 조건을 너무 심각하게 제약하다 보니 실내선수권대회에서는 가장 느린 기록으로 예선을 통과해 본선에서 안쪽 레인을 배정받은 선수가 출전을 포기하는 것이 흔한 일이 되었다. 안쪽 레인에서는 우승할 확률이 매우 희박한데다 부상 위험도 상당하기 때문이다. 그래서 실내선수권대회에서는 대체로 그 종목이 빠지게 됐다.

그렇다면 커브가 그리 급하지 않은 실외에서는 어떨까? 육상 선수들은 대부분 맨 바깥쪽 레인을 꺼린다. 경주 전반에 (추월당하지 않는 한)

다른 선수들이 보이지 않아 그들의 속도를 감안하며 달릴 수 없기 때문이다. 한편 안쪽 레인의 선수는 자기 레인의 안쪽을 나타내는 금속 재질의 경계를 옆에 두게 되는데, 대부분 그 경계선 쪽보다는 옆 레인의 안쪽을 나타내는 단순한 흰색 페인트 선 쪽으로 붙는다. 보통 예선을 가장 빠른 기록으로 통과한 선수들이 가운데 두세 레인을 배정받는데, 이로 미루어 보면 확실히 가운데 레인이 유리한 듯하다.

주자의 체격도 요인 중 하나다. 키가 크고 다리가 긴 선수는 안쪽 레인에서 달리기가 더 힘들 것이다. 마음껏 뛰려면 보폭을 줄이거나 자기 레인의 바깥쪽으로 붙어 달려야 할 수도 있다. 잠재적으로 훨씬 더 중요한 요인은 바람이다. 만약 200m 경기 중 바람이 마지막 직선 구간에 직각으로, 즉 커브를 도는 주자들의 정면 쪽으로 분다면 누구든 바깥쪽 레인에 있고 싶을 것이다. 그래야 커브 구간에 이미 어느 정도 진입한 위치

커브 안쪽 레인에서 달리면 힘을 더 많이 써야 한다.

에서 출발하면서 바람을 그리 오랫동안 거슬러 달리지 않아도 되기 때문이다. 안쪽 레인의 주자들은 그렇지 못하다.

끝으로, 안쪽 레인에서 달리면 힘을 더 많이 써야 한다. 이는 쉽게 입증할 수 있다. 육상 경기 트랙의 커브 두 곳은 반원 모양이다. 맨 안쪽 레인의 안쪽 선이 그리는 원의 반지름은 36.5m이고 각 레인의 폭은 1.22m이다. 따라서 바깥쪽으로 갈수록 코스의 원 반지름이 커지고, 원형 경로 안에서 뛰기 위해 추가로 써야 하는 힘이 적어지며, 주자가 사실상 원의 더 작은 일부를 달리게 된다. 8번 레인이 그리는 원의 반지름은 36.5+(7×1.22)=45.04m이다. 질량이 m인 주자가 반지름이 r인 원형 경로 안에서 속도 v로 달리는 데 필요한 힘은 mv2/r이다. 따라서 r가 커지며 커브가 완만해질수록 속도 v를 유지하는 데 필요한 힘은 줄어든다.

만약 똑같은 주자 두 명이 각각 1번 레인과 8번 레인에서 200m 경주 중 전반 100m를 뛰면서 같은 힘을 쓴다면 1번 레인 주자는 8번 레인 주자가 도달한 속도의 90% 정도 되는 속도에 도달할 것이고, 8번 레인 주자는 거기까지 뛰는 데 걸린 시간이 1번 레인 기록의 90% 정도 될 것이다. 이는 매우 큰 요인이다. 200m를 20초에 주파하는 사람에게는 경주 전반의 기록을 1초나 줄일 만한 가치가 있다. 하지만 실제로는 바깥쪽 레인에서 달리는 것에 그렇게 큰 체계적 이점은 없고 주자는 완전한 원운동에 드는 힘의 일부만 쓰면 전력 질주하면서 커브를 돌 수 있다.

이 간단한 수학 모형이 완벽하다면 200m 주자들은 모두 바깥쪽 레인에서 가장 좋은 기록을 낼 것이다. 실제로 최고 기록은 대부분 3, 4번 레인에서 나온다. 이 사실도 약간 한쪽으로 치우쳐 있다. 큰 선수권대회 본선에서는 가장 빠른 기록으로 예선을 통과한 선수들이 그런 레인을 배정

받기 때문이다. 안쪽 레인에서 상대 선수들을 볼 수 있고 자기 속도를 그들의 속도와 비교해 가늠할 수 있다는 심리적·전략적 이점은 완만한 커브를 달린다는 역학적 이점을 넘어서는 데 도움이 되는 듯하다.

적절한 실례들을 비교하면서 200m 달리기에 커브가 미치는 영향을 확인해보자. 직선 트랙에서 세워진 세계 기록과 커브가 있는 트랙에서 세워진 세계 기록을 비교해보는 것이다. 요즘은 200m 직선 트랙이 매우 드물다. 이플리 로드의 옛 옥스퍼드대학교 경주로(로저 배니스터Roger Bannister가 1954년에 최초로 1.6km를 4분 안에 달린 곳)에 그런 트랙이 하나 있었다. 그 트랙은 내가 1974년 입학했을 때만 해도 거기 있었지만 1977년 졸업할 무렵엔 없어진 상태였다. 1968년 멕시코시티 올림픽 때 고지대에서 커브를 돌며 19.83초라는 200m 세계 기록을 세운 토미 스미스Tommie Smith는 이미 1966년 산호세의 직선 신더 트랙에서 19.5초라는 놀라운 기록을 세웠다.

이 기록은 한참 지난 뒤에야 타이슨 게이Tyson Gay가 깼다. 게이는 2010년 버밍엄대회에서 65세 된 스미스가 지켜보는 가운데 19.41초라는 기록을 세웠다. 게이가 커브를 돌며 세운 최고 기록은 19.58초다. 이런 기록 차이를 보면 커브를 돌 경우 속도가 상당히 느려진다는 것을 알 수 있다. 하지만 운이 좋아 200m 직선 트랙을 뛰는 내내 뒤에서 순풍이 분다 해도 자기 위치와 체력 안배 방식을 판단하는 데 커브와 다른 주자들의 위치를 참고하지 못하면서 그렇게 긴 거리를 전력 질주하는 것이 주자들에게는 아무래도 어색한 일이다.

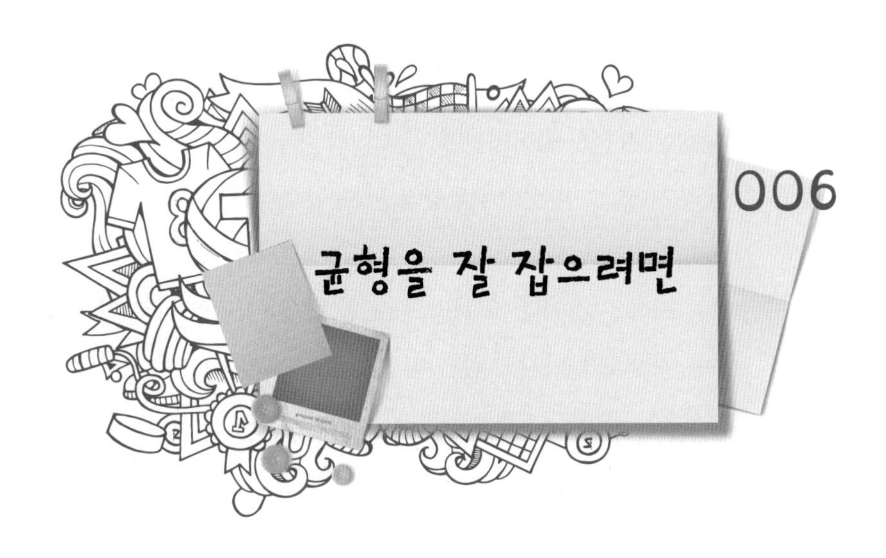

006 균형을 잘 잡으려면

거의 모든 스포츠에서 매우 유용한 자질이 하나 있다면 그것은 균형감이다. 평균대 위의 체조 선수든, 하이다이빙 선수든, 해머던지기 선수든, 상대편 수비진을 헤치며 나아가는 럭비 포워드든, 레슬링 선수든, 상대편을 메치려는 유도 선수든, 찌르기를 하는 펜싱 선수든 가장 중요한 것은 균형이다.

간단한 실험으로 균형을 얼마나 잘 잡는지 알아보고 균형을 잡을 때 근육을 어떻게 조절해야 하는지 감을 잡아보자. 한쪽 발을 다른 쪽 발 바로 앞에 둔 채, 이를테면 왼발 뒤꿈치가 오른발 발가락에 닿게 한 채 그냥 가만히 서 있기만 해보라. 체중은 주로 앞발이나 뒷발에 실리도록 옮겨도 되지만 양손은 계속 내리고 있어야 한다. 아마 힘을 빼고 완전히 가만히 서 있기가 의외로 힘들게 느껴질 것이고 종아리 근육이 끊임없이 이리저리 긴장될 것이다. 그 상태에서 양팔을 옆으로 벌리면 균형 잡기가 훨씬 수월해질 것이다.

이제는 몸을 한쪽으로 기울여보라. 몸을 그다지 많이 기울이지 않아도 균형을 완전히 잃어버리게 될 것이다. 두 발을 앞뒤로 나란히 일직선상에 두지 말고 떨어뜨려 정상적인 자세로 서면 양손을 내리고 있어도 가만히 있기가 한결 수월해진다. 아마도 이는 어쨌든 평소에 서 있을 때 취하는 자세일 것이다. 마지막으로, 한 발을 다른 발 바로 앞에 두는 그 어려운 자세로 돌아가되 몸을 천천히 쭈그려 앉아보라. 몸이 지면에 가까워질수록 균형 잡기가 쉬워진다는 사실을 알게 될 것이다.

이런 약간의 운동에서 균형을 잘 유지하는 데 도움이 되는 간단한 원리를 몇 가지 알아낼 수 있다.

몸의 무게중심을 지나는 수직선이 두 발이 형성하는 기저면의 밖에 떨어지지 않게 하라. 일단 그 선이 기저면 밖으로 나가면 곧 균형을 잃게 될 것이다. 직접 실험을 해볼 수도 있다. 몸을 꼿꼿이 편 채 얼마나 많이 옆으로 기울일 수 있는지, 자신이 언제부터 넘어지기 시작하는지 확인해

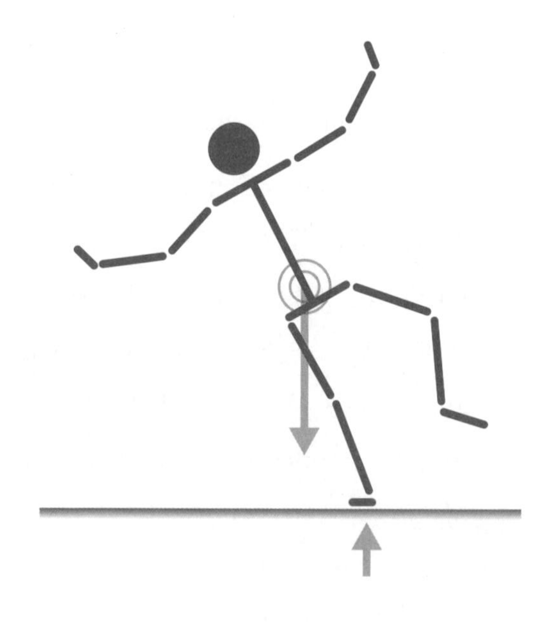

보라. 하이다이빙 선수는 종종 그런 불안정성을 이용해 다이빙을 시작한다. 즉 몸을 앞으로 계속 기울인 끝에 자신의 움직임을 중력에 내맡기면서 다이빙을 시작하는 것이다.

기저면을 최대한 넓혀라. 그러면 무게중심이 기저면 밖으로 나가기가 어려워진다. 한 발이 아닌 두 발로 서 있을 수 있다면 이 원리가 늘 도움이 될 것이다.

무게중심을 가능한 한 낮게 유지하라. 여자 체조 선수들이 평균대 위에서 몸을 흔들 때 낮게 쭈그리고 앉는 자세를 자주 취하는 것도 이 때문이다. 그럴 때 그들은 한쪽 발만 평균대 위에 두고 다른 쪽 다리는 평균대 아래로 드리우기도 하는데, 그러면 무게중심이 훨씬 더 내려간다. 평균대를 다리 사이에 끼고 걸터앉아보면 균형 잡기가 수월할 것이다. 무게중심을 그 자세에서보다 많이 낮추기는 어렵다.

체중을 되도록 몸 중심에서 멀리 분산해라. 이는 앞에서 양팔을 옆으로 벌렸을 때 한 일이다. 그렇게 하면 질량의 분포 상태가 바뀐다. 질량의 더 많은 부분을 몸 중심에서 멀리 떨어뜨릴수록 몸의 관성, 즉 움직이지 않으려는 성질이 커진다. 몸의 관성을 그런 식으로 키운다고 해서 몸이 전혀 안 흔들리지는 않겠지만 결정적으로 그렇게 하면 몸이 더 천천히 흔들리게 될 것이다. 그러면 필요에 따라 무게중심을 옆이나 아래로 옮기며 자세를 바로잡을 시간을 번다.

줄타기 곡예사들이 기다란 막대를 들고 있는 이유도 바로 이 때문이다. 그들은 자신이 좀 더 천천히 흔들리게 해서 위험한 불균형을 바로잡을 시간을 더 번다. 그런 유용한 막대가 없다면 고층 건물 사이에 높이 친 밧줄 위를 걷는 사람은 가벼운 바람이 흔들기만 해도 영락없이 떨어져 죽고 말 것이다.

레슬링, 유도 경기를 지켜보라. 거기서 서로 겨루는 선수들은 교묘한 방법으로 상대편이 균형을 잃게 만들려고, 다시 말해 자기 힘을 이용해 상대편이 위의 주요 원리 중 하나를 어기게 만들려고 끊임없이 애쓴다.

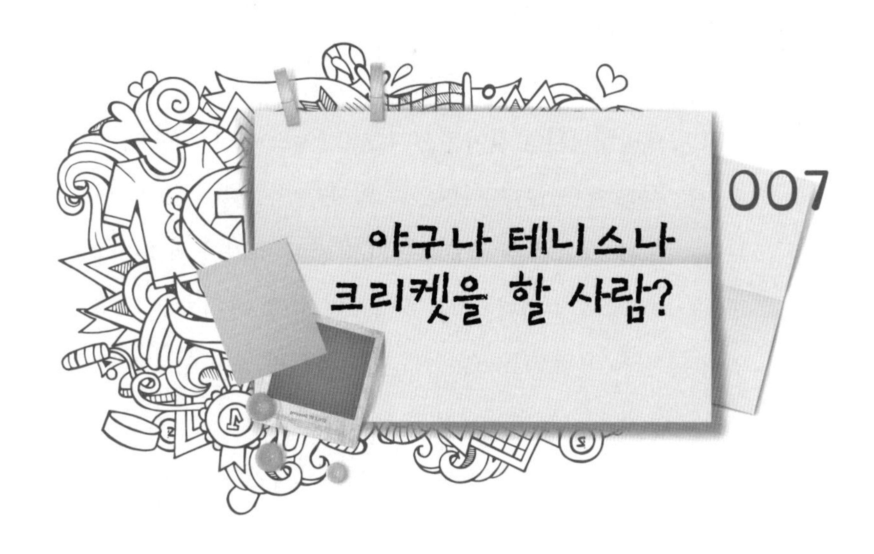

많은 사람이 특이한 옷차림으로 작고 둥근 포물체를 때리거나 쫓으며 시간을 보낸다. 야구, 테니스, 크리켓 같은 경기에서는 누군가 아주 속도가 빠른 포물체 중 하나를 받아 처리해야 한다. 그들에게는 포물체를 피하거나 재주껏 되받아쳐 반응할 시간이 몇 분의 1초밖에 없다. 이 세 가지 스포츠 가운데 가장 빠른 반응이 필요한 경기는 어느 것일까?

각 경우에 공은 크기가 다르며 피처(야구 투수)나 서버나 볼러(크리켓 투수)가 다양한 속도로 던지거나 쳐서 보낼 수 있다. 야구는 공이 공중으로만 날아간다는 단순한 특징이 있지만 크리켓과 테니스에서는 공이 땅에 부딪힌 후 스핀 때문에 예측 불가능하게 되튀어 오른다. 세 경우 모두 공은 공중에서 방향을 바꿔 리시버를 여러모로 헷갈리게 할 수 있다. 하지만 여기서는 그런 추가적 어려움은 무시하고 이 세 스포츠의 각각에서 날아오는 공에 리시버가 얼마나 빨리 반응해야 하는지에만 초점을 맞춰보자.

먼저 크리켓을 살펴보자. 크리켓 경기에서 투수와 타자가 마주 보는 구역인 크리켓피치의 길이는 20.12m(22야드)이다. 구속이 아주 빠른 투수들은 시속 160km(100마일), 즉 약 45㎧가 넘는 속도를 낸다. 투수는 보통 속도를 높이기 위해 도움닫기를 길게 하지만 마지막에 팔을 곧게 편 채 공을 놓아야 한다. 그러지 않으면 '투구 반칙'으로 '노볼no-ball'이 선언된다. 타자가 위킷 1m 앞에 서 있다고 치면 공이 배트에 도달하기까지 19.12/45=0.42초를 앞두고 있는 셈이다.

반면에 야구의 투수는 도움닫기를 하지 않는다. 제자리에서 허용된 두 가지 자세인 '와인드업'과 '스트레치' 가운데 하나로 투구 예비동작을 한다. 크리켓에 패스트볼러fast bowler가 있다면 야구에는 파워피처power pitcher가 있다. 그런 속구 투수는 투구 속도에 의지해 타자의 허를 찌르려고 한다. 타자는 자신을 향해 공이 던져질 때 투수에게서 18.44m 떨어진 곳에 있다. 정상급 투수들이 던질 수 있는 가장 빠른 공은 시속 160km(=45㎧) 정도로 날아간다(야구에서는 크리켓에서와 달리 투수가 공을 던질 때 팔을 구부려도 된다). 따라서 야구 타자의 반응 시간은 겨우 18.44/45=0.41초로 크리켓 타자의 반응 시간보다 조금 짧다.

테니스 선수는 어떨까? 갈수록 라켓 기술이 발달함에 따라 서브 속도가 빨라지다 보니 정상급 테니스 경기는 거의 공이 오가지도 않고 서브로만 점수가 나다시피 할 위험에 처했다. 기록부에 따르면 가장 빠른 서브 기록은 빌 틸던Bill Tilden이 1931년에 낸 시속 263km(73㎧, 163.6마일)이다. 그 속도를 어떻게 측정했는지는 모르겠다. 더 믿을 만한 기록은 그레그 루세드스키Greg Rusedski가 1998년 미국 인디언웰스에서 냈다는 시속 239km(67㎧, 149마일)이다.

여자 선수의 가장 빠른 서브 기록은 비너스 윌리엄스Venus Williams가

테니스에서는 공이 땅에 부딪힌 후 스핀 때문에 예측 불가능하게 되튀어 오른다.

1998년에 낸 시속 206km(58㎧, 128마일)이다. 테니스 코트는 길이 24m에 단식의 경우 너비 823cm이다. 서버와 리시버가 코트 양쪽 끄트머리의 모퉁이에 있다면 공이 이동하는 거리(땅에서 공까지의 높이 차이는 무시한다)는 두 변의 길이가 78과 27인 직각삼각형의 나머지 빗변 길이에 해당한다. 피타고라스의 정리에 따르면 그 값은 6,084+729의 제곱근인 25.16m이다. 가령 정상급 서브가 시속 225km(62.6㎧, 140마일)로 날아간다고 치면, 그리고 공이 서비스코트 지대에서 되튈 때 줄어드는 속도를 무시한다면, 리시버는 반응을 보일 시간이 25.16/62.6=0.40초 정도 있는 셈이다.

이 세 가지 어림셈과 관련하여 가장 흥미로운 점은 야구 선수가 테니스 선수나 크리켓 선수보다 100분의 1~2초 더 빨리 반응하느냐, 느리게 반응하느냐 하는 것이 아니다. 오히려 세 가지 스포츠에서 필요한 반응 시간이 100분의 몇 초밖에 차이가 안 날 정도로 놀랍도록 비슷하다는 데 있다. 이들 세 종목은 제각기 자극에 대한 인간의 반응을 거의 한계까지 밀어붙여왔다.

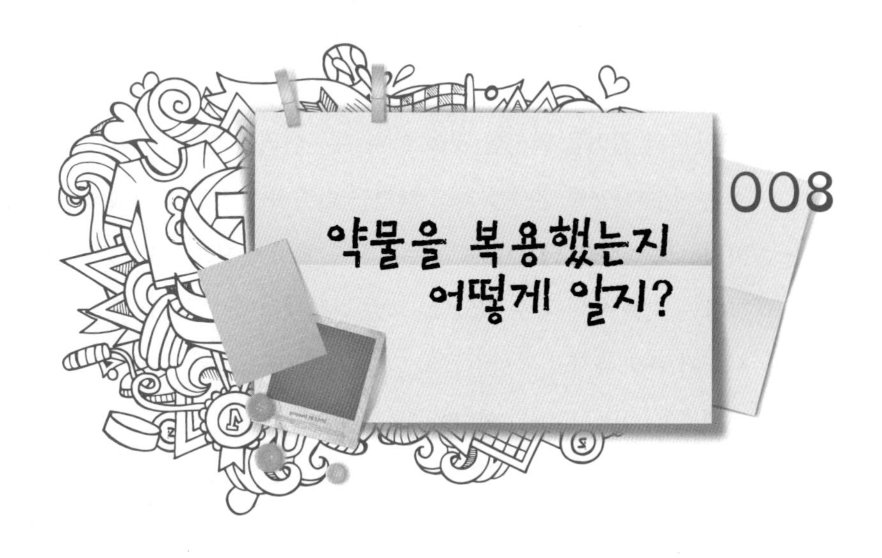

가능성과 확률은 생활에서 중요한 역할을 한다. 유아 돌연사와 DNA 일치에 대한 법원 판결에서 건강 위험과 안전 위험에 이르기까지 온갖 경우가 확률 개념과 밀접하게 관련되어 있다. 확률 판단은 논란의 여지도 많고 방심하면 알아채기 어려운 함정도 많이 따르는 일이다. 생사가 걸린 사법 절차에서 '전문가' 증인들의 무지 때문에 심각한 오심이 발생해왔다.

확률 판단의 위험성은 스포츠계에서도 거의 그에 못지않게 많다. 약물 검사를 통과하지 못하면 선수 생활이 끝날 수도 있고 기록, 선수권, 거액의 상업 계약을 박탈당할 수도 있다. 따라서 잘못될 염려가 없는 방법으로 운동선수들을 검사하는 것은 매우 중요한 일이다. 하지만 오래전부터 공인 검사기관이 일을 제대로 해내지 못한 사례가 있어왔다. 그 결과 선수들의 경력이 결딴나기도 했고 1994~1998년 다이앤 모달Diane Modahl의 사례에서는 영국육상연맹이 붕괴되기도 했다.

야구는 흥미로운 예다. 일류 선수들은 스테로이드를 계획적으로 사용해 공전의 위업을 달성한 것이 아니냐는 혐의를 받는다. 미국 야구에서는 무작위로 약물 검사를 하고 자격을 박탈하는 제도를 시행하진 않지만 익명으로 검사를 해보면 매번 우려할 만한 수준으로 스테로이드를 사용한다는 것을 확인할 수 있었다. 그런 검사에서 선수 중 5%가 스테로이드 사용자로 밝혀지고 과학자들이 그 검사가 95% 정확하다고 말한다고 가정해보자. 이는 무엇을 의미할까?

선수 1,200명이 검사를 받는다고 치자. 그렇다면 선수들 중 60명(5%)은 스테로이드 사용자이고 나머지 1,140명은 '깨끗할' 것이다. 부정행위자 60명 중 95%, 즉 57명은 약물 검사자들이 정확하게 식별해낼 것이다. 하지만 깨끗한 선수 1,140명 중 57(1,140의 5%)명은 검사자들이 부정확하게 약물 비사용자로 기록할 것이다.

이는 정신이 번쩍 들게 하는 통계다. 선수 1,200명을 제대로 검사해보면 양성반응자가 114명 나올 것이다. 그중 57명은 약물 복용 유죄 판결을 받고 57명은 무죄 판결을 받을 것이다. 따라서 어떤 선수의 검사 결과가 양성이라 해도 그가 실제로 약물을 복용해왔을 확률은 50%에 불과한 셈이다.

여기서 이야기한 것은 조건부 확률에 대한 매우 중요한 추론의 한 가지 예다. 그 추론은 영국 턴브리지웰스의 토머스 베이즈Thomas Bayes 목사가 1763년에 「확률론의 한 문제에 대한 에세이Essay Towards Solving a Problem in the Doctrine of Chances」라는 논문에서 처음 언급했다. 베이즈가 이야기하는 주제는 검사를 통과하지 못한 선수가 약물 복용자일 확률과 약물 복용자가 검사를 통과하지 못할 확률의 관계다. 약물 검사 결과가 양성으로 나오는 사건을 E라 하고 선수가 약물을 복용한 사건을 F라고 하자. 그러면 다음과 같이 나타낼 수 있다.

P(E)=약물 검사 결과가 양성으로 나올 확률

P(F)=선수가 약물 복용자일 확률

P(E/F)=약물을 복용 중인 선수의 검사 결과가 양성으로 나올 확률

P(F/E)=검사 결과 양성으로 나온 선수가 실제로 약물을 복용해왔을 확률

P(E/F)와 P(F/E)가 서로 다른 개념임을 아는 것은 매우 중요하다. 법정에서 검사들은 배심원들이 그 두 확률을 같은 개념으로 착각하게 만들려고 애쓰는 것으로 악명 높은데, 그런 착오를 '검사의 오류prosecutor's fallacy'라고 한다.

우리가 알고 싶은 확률은 P(F/E)이다. 선수 1,200명에 대한 예에서는

확률론의 베이즈 정리를 최초로 서술한 토머스 베이즈

P(F)=0.05이므로 선수가 약물을 사용하지 않을 확률은 P(not F)=0.95가 된다. 검사의 정확도가 95%이므로 P(E/F)=0.95이다. 앞서 확인했듯이 1,200명 중 57명(4.75%)이 약물을 사용하지 않는데도 검사 결과가 양성으로 나왔으므로 P(E/not F)=0.0475이다. 베이즈 목사는 그런 값들이 모두 하나의 공식으로 서로 관련되어 있음을 보여주었다.

$$P\left(\frac{E}{F}\right) = \frac{P\left(\frac{E}{F}\right) \times P(F)}{P\left(\frac{E}{F}\right) \times P(F) + P\left(\frac{E}{\text{not } F}\right) \times P(\text{not } F)}$$

이 예에서는 식이 다음과 같아진다.

$$P\left(\frac{E}{F}\right) = \frac{0.95 \times 0.05}{0.95 \times 0.05 + 0.0475 \times 0.95} = 0.513$$

이렇듯 베이즈의 공식은 P(F/E)가 P(E/F)와 전혀 다르다는 사실을 보여준다. 이 예에서는 P(F/E)가 용납하기 힘들 정도로 적으므로 좀 더 나은 검사로 약물 복용 선수와 비복용 선수를 더욱 정확히 분별해야 할 것이다.

홍팀 대 청팀의 축구 경기가 열린다고 해보자. 홍팀이 골을 넣을 확률은 p이고 청팀이 골을 넣을 확률은 1−p라고 하자. 총 골이 홀수 개 기록될 경우 홍팀이 그 시합에서 이길 확률은 어떻게 될까?

만약 한 골만 기록된다면 홍팀이 이길 확률은 그냥 p, 즉 그들이 바로 그 한 골을 넣을 확률이다. 하지만 세 골이 기록된다면 어떻게 될까? 홍팀(R)과 청팀(B)의 가능한 득점 순서와 최종 결과는 다음과 같다.

RRR 3−0　BRB 1−2
RRB 2−1　BRB 1−2
RBR 2−1　BBR 1−2
BRR 2−1　BBB 0−3

이 여덟 가지 결과 각각이 발생할 확률은 각 골의 발생 확률을 곱해서 구할 수 있다. 예컨대 RRB의 확률은 $p \times p \times (1-p) = p^2(1-p)$이다. 나머지 확률도 같은 방식으로 구하면 된다.

총 세 골이 들어가는 경기에서 홍팀이 이길 확률은 어떻게 될까? 그 확률은 홍팀이 이길 수 있는 네 가지 경우의 확률을 그냥 더한 값이다. RRR의 확률은 p^3이고 RRB, RBR, BRR의 확률은 각각 $p^2(1-p)$이다. 그러므로 총 세 골이 들어가는 경기에서 홍팀이 이길 확률은 다음과 같다.

$$P(\text{홍팀 승}) = p^3 + 3p^2(1-p) = p^2(3-2p)$$

만약 홍팀이 더 강해서 득점 확률이 p=2/3로 훨씬 높다면 그들이 이길 확률은 P=20/27로 2/3(=18/27)보다 조금 높다. 만약 두 팀의 실력이 막상막하여서 p=1/2+s라면(여기서 s는 아주 적은 값이다) $p^2(3-2p)$는 대략 다음과 같다.

$$P(\text{홍팀 승}) = \frac{1}{2} + \frac{3s}{2}$$

만약 s가 0이어서 두 팀의 득점 확률이 같다면 총 세 골이 들어가는 경기에서 두 팀이 이길 확률도 P=1/2로 같을 것이다. 하지만 s가 양수라면 홍팀의 득점 가능성이 아주 조금 더 있는 셈인데, 홍팀이 이길 확률에서는 그 값이 3s/2로 증폭된다. 분명히 홍팀은 총 세 골이 들어가는 경기에서 이길 가능성이 한 골만 들어가는 경기에서 이길 가능성보다 크다. 물론 그렇다고 해서 홍팀이 그런 경기에서 '반드시' 이긴다는 뜻은 아니다. 가끔 더 약한 팀이 이기기도 하지만 장기적으로 보면 경기 횟수가 많아질수록 '더 나은' 팀의 승률이 높아지게 마련이다.

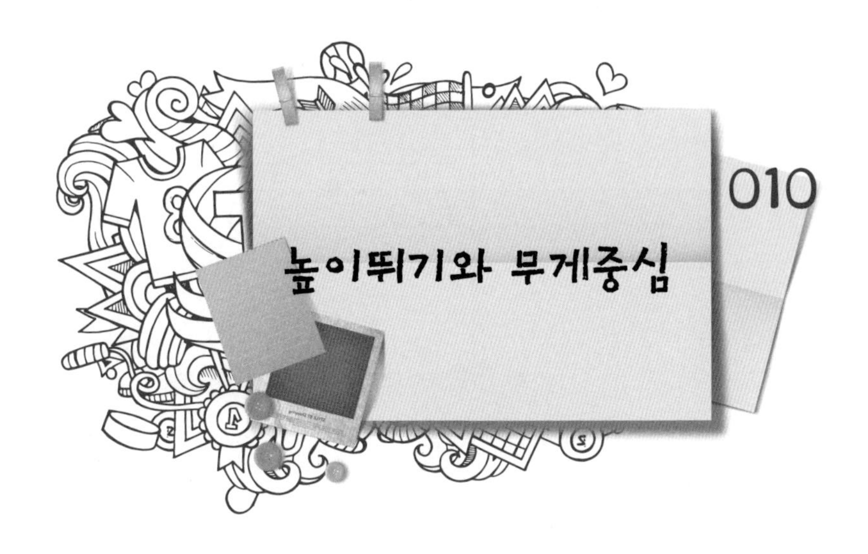

몸을 땅에서 가능한 한 높이 솟구치려고 노력하는 육상 종목이 두 가지 있다. 바로 높이뛰기와 장대높이뛰기이다. 이런 활동은 생각만큼 간단하지 않다. 선수들은 먼저 자신의 힘과 에너지를 이용해 중력을 거스르며 자기 몸을 공중으로 쏘아 올려야 한다. 높이뛰기 선수를 U라는 속도로 수직으로 쏘아 올린 질량 M의 포물체로 간주하면 도달할 수 있는 높이 H는 $U^2=2gH$라는 공식으로 구할 수 있다. 여기서 g는 중력 때문에 발생하는 가속도다. 막 도약하는 선수의 운동 에너지는 $1/2MU^2$인데, 이는 선수가 최고 높이 H에서 얻는 위치 에너지 MgH로 전환될 것이다. 둘을 등호로 연결하고 정리하면 $U^2=2gH$라는 식을 얻을 수 있다.

다루기 까다로운 요소는 H 값이다. 그것은 정확히 무엇일까? 선수가 뛰어넘는 높이는 아니다. 오히려 H는 선수의 무게중심이 올려지는 높이다. 즉 다소 미묘한 요소이다. 높이뛰기 선수의 몸은 막대 위를 통과하는데 그의 무게중심은 막대 아래를 통과하는 일도 가능하기 때문이다.

물체가 L자처럼 구부러진 모양이면 무게중심이 물체 밖에 있을 수 있

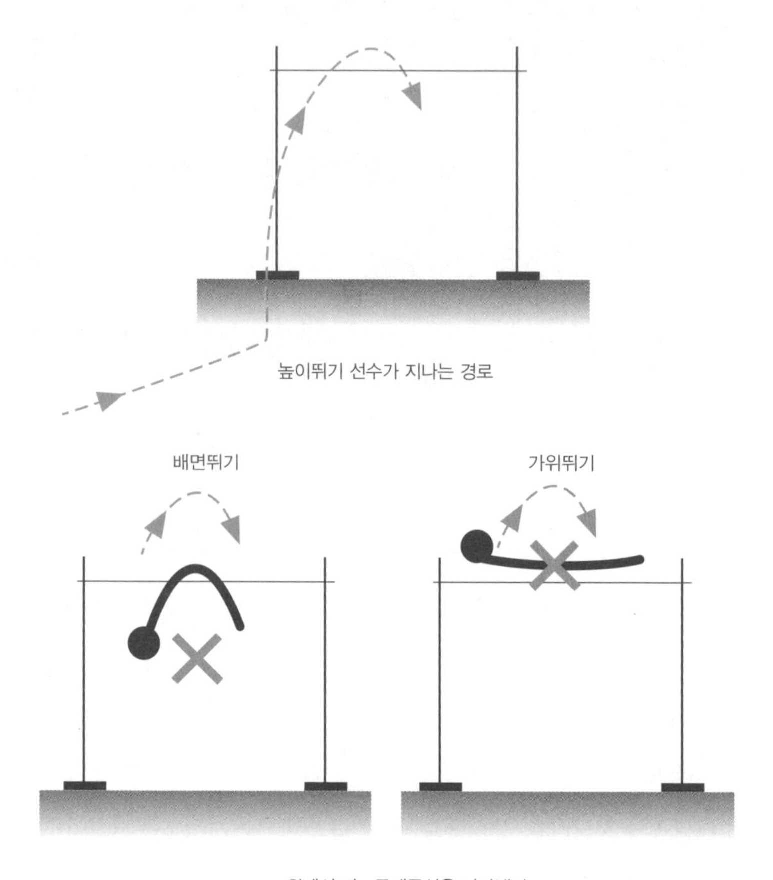

위에서 X는 무게중심을 나타낸다.

다. 그런 가능성 덕분에 높이뛰기 선수는 자신의 무게중심이 있는 위치와 도약 중 그 중심이 지나는 경로를 통제할 수 있다. 높이뛰기 선수의 목적은 무게중심은 가능한 한 막대 아래를 낮게 통과하게 하면서 몸은 막대 위를 깨끗하게 통과하게 하는 것이다. 그런 식으로 그는 H를 높이기 위해 폭발적인 도약 에너지를 최적으로 활용할 것이다.

포스버리의 배면뛰기 기술은 훌륭한 높이뛰기 선수라면 모두 사용한다.

학교에서 처음 배우는 간단한 높이뛰기 기술인 '가위뛰기'는 결코 최적의 방법이 아니다. 가위뛰기로 막대를 넘으려면 몸 전체는 물론이고 몸의 무게중심도 막대 위를 통과해야 한다. 실제로 몸의 무게중심은 막대의 30cm 정도 위를 지날 것이다. 이는 높이뛰기 막대를 넘는 매우 비효율적인 방법이다. 정상급 선수들이 사용하는 기술은 이보다 훨씬 더 정교하다.

'스트래들straddle'이라는 구식 기술에서는 선수가 가슴을 막대로 향한 채 막대 둘레를 구르듯이 돌아 넘었다. 이는 세계 정상급 높이뛰기 선수들이 1968년까지 선호했던 방법이다. 1968년에는 미국의 딕 포스버리Dick Fosbury가 완전히 새로운 기술을 선보여 사람들을 놀라게 했다. '배면뛰기Fosbury Flop'라는 이 기술에서는 몸을 뒤로 뉘어 막대를 넘었다. 배면뛰기로 포스버리는 1968년 멕시코시티 올림픽에서 금메달을 땄다. 스트래들보다 훨씬 배우기 쉬웠던 포스버리의 기술은 지금 훌륭한 높이뛰기 선수라면 모두 사용한다. 몸이 유연할수록 막대 근처에서 몸을 더 많이 구부려 무게중심을 더욱 낮출 수 있다. 2004년 올림픽 남자 높이뛰기 우승자인 스웨덴의 스테판 홀름Stefan Holm은 높이뛰기 선수치고는 작은 편이지만 몸을 놀라울 정도로 많이 구부릴 수 있어서 정점을 지날 때면 U자에 가까운 모양으로 만들었다. 홀름은 2m 40cm에 놓인 막대를 가뿐히 넘지만 그의 무게중심은 그곳보다 훨씬 아래를 지난다.

성공한 운동선수들은 특출한 사람들이다. 보통 어떤 수준에서든 주요 대회에서는 성공과 실패를 가르는 차이가 아주 작으므로 선수에게 유리하게 작용할 만한 요인이라면 무엇이든 중요하다. 정상급 선수들은 대부분 학창 시절에 자신의 특정 운동 종목에 입문한다. 그들은 학교 행사와 선수권 대회에 출전하고 아마 학교 밖의 클럽에도 가입하려고 노력한 끝에 연령대별 대회에서 지역이나 국가의 대표 선수로 선발될 것이다.

영국의 연령대별 학생 대회는 보통 9월 1일 시작되는 학년에 기초한다. 반면 유럽이나 국제 규모의 대회는 1월 1일이 시작일인 역년에 기초한다. 어떤 체계가 쓰이든 같은 연령대에 속하는 선수들이라도 나이 차가 최대 1년까지 날 수 있다. 대회의 연령대가 2년(15~17 혹은 17~19)에 걸쳐 있다면 나이 차가 두 배로 늘어날 것이다. 성장 속도와 육체적 성숙 상태가 다양한 10대 청소년에게 이런 나이 차는 매우 중요하다. 결과적으로 학년의 1사분기(영국의 경우 9~12월)에 태어나는 아이들은 2~4사분기에 태어나는 아이들보다 덩치도 크고 힘도 세서 실질적으로 유리해질 것이다. 그들은 대부분 학교 팀에 들어가거나 특별 지도 대상자로 선발되어 어린 동급생들보다 운동선수로 성공할 확률이 높아질 것이다.

아마 그런 편향은 해당 스포츠 종목에 대한 관심을 잃지 않고 성인 선수가 되는 10대 비율에도 영향을 미칠 것이다. 성공한 운동선수들의 생년월일에 대한 몇몇 연구에서는 1사분기 생일이 유망하며 생일 편향을 명백히 보여준다는 사실을 확실히 입증했다.

012 체공 시간을 늘리려면?

사람들은 대부분 포물체를 최대한 멀리 보내고 싶으면 (적어도 지면 높이에서는) 45도로 발사해야 한다고 믿는다. 이것은 공기 항력이 주요 요인이 아니라면 꽤 진실에 가까운 생각이다. 이는 크리켓 구장 경계선 근처에서 공을 잡아 던지거나 축구 구장에서 골킥을 하려고 할 때 알고 있으면 유용한 경험칙인데, 두 경우 모두 포물체를 최대 사거리까지 보내는 것이 주요 고려 사항일 수 있기 때문이다.

하지만 때로는 거리보다 시간에 투자하고 싶은 경우도 있다. 경기장 중앙에서 킥오프로 럭비 경기를 시작하는 키커는 공을 높이 차 올려 공이 공중에 오래 떠 있게 하려고 한다. 그래야 그 공을 잡으려고 기다리는 불운한 상대편이 있는 곳에 자기 편 선수들이 많이 가 있을 수 있기 때문이다. 그와 비슷하게 오픈 플레이에서 '개리오웬' 방식으로 공을 높이 차 올리면 공격수들이 상대편 수비진을 압박할 시간을 많이 벌 수 있다. 축구 선수들은 골문 근처로 프리킥과 코너킥을 할 때 공을 높이 띄우려고 노력한다. 그래야 자기 팀 선수들이 공격 구역에 모일 시간이 더 많아지기 때문이다.

럭비공을 속도 V로 지면에 대해 θ의 각도로 차면 그 공은 포물선 경로를 따라 거리 $R=V^2/g \times \sin2\theta$($g=9.8m/s^2$는 중력가속도)만큼 날아간 후 다시 땅에 떨어질 것이다. 최대 사거리가 나오는 것은 sin2θ가 최댓값 1을 취할 때, 다시 말해 2θ가 90도, 즉 θ가 45도일 때이다. 만약 공이 마지막에 특정 장소에 떨어지게 하려고 한다면 어떻게 될까. 이는 곧 공의 도달 거리 R 값을 고정한다는 말이다.

여기서 그런 목적을 달성하는 방법은 '두' 가지가 있다. 각도 A의 사인값은 각도 (180−A)의 사인값과 같으므로 sin2θ=sin(180−2θ)이기 때문이다. 도달 거리 R는 발사각 θ에 대해서나 90−θ에 대해서나 같을 것이다. 예를 들어 완만한 발사각 15도로 얻는 도달 거리는 발사각 75도에 따르는 높은 비행경로로 얻는 도달 거리와 같다. 물론 발사 속도가 같다면 높이 올라가는 공이 공중에 더 오래 머물 것이다. 이런 두 가지 비행경로가 아래 그림에 나타나 있다.

공이 거리 R를 가는 데 걸리는 시간은 R/(Vcosθ)이다. 따라서 두 킥으로 공이 비행하는 시간의 비율은 t(high)/t(low)=cosθ/cos(90−

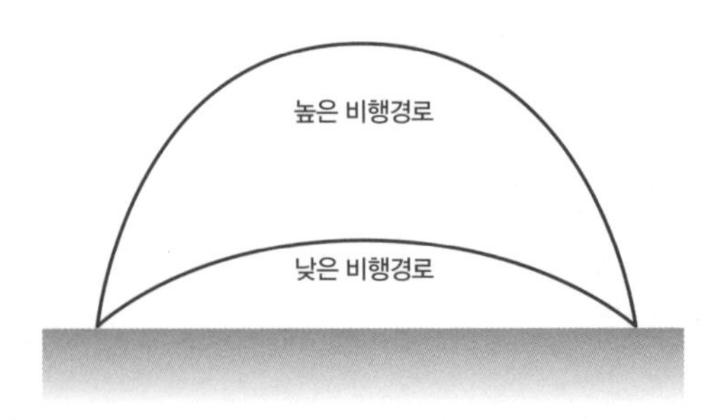

θ)=cotθ이고 두 킥으로 공이 도달하는 최고 높이의 비율은 h(high)/h(low)=$\cot^2\theta$이다. 75도로 차 올린 높은 비행경로의 공이 15도로 차 올린 낮은 비행경로의 공보다 공중에 3.7배 더 오래 머물고 14배 더 높이 올라간다는 것을 알 수 있다.

이상에서 살펴보았듯이 선수들은 포물선 운동에 대한 간단한 기하학을 이용하면 동료 선수들이 구장에서 새 위치를 차지하거나 상대 수비수를 수로 압도할 시간이 좀 더 필요한 상황에서 '시간을 벌어'줄 수도 있고 상대 수비수들이 태양(또는 투광조명등) 쪽에서 날아오는 높은 공을 받게 하여 그들을 눈부시게 해버릴 수도 있다.*

* 경기 전략을 크게 변화시킬 바람을 비롯한 주요 요인은 무시했다. 옆바람이 불면 높이 올라간 공이 예상 비행경로에서 옆으로 많이 벗어날 것이다. 그러면 수비수와 공격수 모두 공의 비행경로를 예상할 수 없게 되는데, 공격수들이 거기서 이득을 보느냐 못 보느냐는 자기들이 하기에 달렸다!

013 카약 경기에서 이기려면?

카누 경기와 카약 경기는 아주 오래전의 전통적인 공동체에 기원을 두며 카약kayak이라는 말은 이누이트어 '카약qajaq'에서 유래했다. 사실상 카누는 팀원이 무릎을 꿇고 외날 노를 한쪽으로 저으며 타는 반면, 카약 팀원은 좌석에 앉아 양날 노를 배 좌우로 번갈아 젓는다. 카누는 개방형이지만 카약은 선수 몸에 꼭 맞는 덮개로 물이 전혀 들어오지 않게 할 수 있다. 카약은 배를 뒤집어 물속에 들어갔다가 다시 나오며 360도 회전을 해도 물이 한 방울도 카약 안으로 들어오지 않을 정도로 방수가 된다.

올림픽에서는 카누, 카약 선수 한 명이나 두 명 또는 네 명이 500m나 1,000m의 직선 코스에서 경주하는 모습을 볼 수 있다. 그런 경주는 배의 종류와 선수의 수를 나타내기 위해 C1, C2, K1, K2 등으로 부른다. 조정에서와 달리 키를 조종하는 선수는 따로 없다. 카누, 카약 선수들은 스스로 코스를 따라 배를 조종해야 하며 모두 진행 방향을 향한다.

베이징 올림픽의 500m 경기 우승 기록을 보면 남자 C1은 1분 49.140초로 우승했고 남자 K1은 훨씬 빠른 1분 37.252초로 우승했다. 그런 경

카약은 좌석에 앉아 양날 노를 배 좌우로 번갈아 젓는다.

향은 K2와 C2 종목에서도 유지된다. 실은 같은 거리를 갈 때 여자 카약 선수들이 남자 카누 선수들보다 훨씬 빠르다. 분명히 카약에서는 양날 노로 더 빠른 스트로크가 가능하며 배 모양도 더 날씬하다 보니 항상 더 빨리 물살을 가르며 나아갈 수 있고 같은 인력人力으로도 배를 더 효율적으로 추진할 수 있다.

그런데 노를 젓는 사람이 많아지면 도움이 될까, 방해가 될까? 두 명이 노를 젓는 카약은 배에 동력을 공급하는 '엔진'이 두 배로 많은 셈이지만, 물살을 헤치며 나아가는 무게 또한 두 배 가까이 많다. 어느 쪽이 지배적 요인일까?

배가 물살을 헤치며 나아가게 하는 데 필요한 동력은 주로 물 때문에 선체에 작용하는 마찰 항력을 극복하기 위한 것으로, 항력 D 곱하기 수상 주행 속도 V와 같다. 그런 항력은 물과 접촉하는 선체의 면적 $A \propto L^2$(L은 배의 길이)과 수상 주행 속도의 제곱에 비례한다. 따라서 다음과 같이 된다.

$$\text{필요한 동력} = D \times V \propto L^2V^2 \times V \propto L^2V^3$$

그런데 만약 노 젓는 사람 N명이 배에 탄다면 배의 부피는 L^3에 비례하고 L^3은 팀원 수 N에 비례하므로(팀원을 많이 태우려면 더 큰 배가 필요하다) $L \propto N^{1/3}$이다. 따라서 다음과 같이 된다.

$$\text{항력을 극복하는 데 필요한 동력} \propto L^2V^3 \propto N^{2/3}V^3$$

하지만 노 젓는 사람들이 공급하는 동력은 그들의 수에 비례한다.

$$\text{팀원이 공급하는 동력} \propto N$$

항력을 극복하는 데 필요한 동력을 노 젓는 사람들이 공급하므로 $V^3N^{2/3} \propto N$일 것이다. 따라서 노 젓는 사람의 수가 늘어남에 따라 배의 속도가 어떻게 바뀔지 알 수 있다.* 바로 $V \propto N^{1/9}$이다.

이렇듯 추가 팀원이 공급하는 증가한 동력은 물살을 가르며 움직여야 할 증가한 무게의 영향력보다 조금 더 크다. 하지만 훨씬 큰 것은 아니다. 추가 팀원으로 얻는 이익은 N이 얼마만큼 증가하든 매우 천천히 늘어난다. 배가 일정한 속도로 나아간다고 가정하면(실제로 그런 경우는 별로 없다. 특히 장거리에서는 그러기가 더욱더 힘들다) 완주 시간은 코

* 그런 경향은 무산소 운동의 특징으로, 약 400m보다 짧은 거리에만 적용된다. 그보다 훨씬 긴 거리에서는 그런 운동이 유산소 운동으로 변한다. 그렇게 되면 노 젓는 사람이 공급하는 동력은 그들의 근육량, 즉 몸무게에 비례할 것이므로, 팀원의 총수는 그런 출력 대 중량비 및 속도와 비교적 무관해질 것이다.

스 길이를 V로 나눈 값일 것이다. 따라서 완주 시간 T는 N에 따라, 즉 $T \propto N^{-1/9}$이라는 관계에 따라 변할 것이다.

그런 간단한 원칙은 실제로 유효할까? 그 원칙으로 예측해보면 남자 1인조 종목의 우승 기록을 남자 2인조 종목의 우승 기록으로 나누고, 남자 2인조 종목의 우승 기록을 남자 4인조 종목의 우승 기록으로 나눌 경우 그런 비율은 각각 대략 2의 아홉제곱근, 즉 $2^{1/9}$=1.08 정도이다. 남자 1,000m 카약 종목의 실제 기록으로 다음과 같은 결과를 얻을 수 있다.

$$\frac{T(1인조)}{T(2인조)} \quad \frac{206.32}{191.81} = 1.08$$

$$\frac{T(2인조)}{T(4인조)} \quad \frac{191.81}{175.71} = 1.09$$

여자 500m 카약 종목의 실제 기록으로는 다음과 같은 결과를 얻을 수 있다.

$$\frac{T(1인조)}{T(2인조)} = \frac{110.67}{101.31} = 1.09$$

$$\frac{T(2인조)}{T(4인조)} = \frac{101.31}{92.23} = 1.10$$

이런 계산 결과는 간단한 수학 모형을 이용해 예측한 값 $2^{1/9}$=1.08과 놀라울 정도로 비슷하다. 날씨, 노 젓는 방식, 카약 디자인이 별의별 영향을 미치긴 하겠지만 완주 시간을 결정하는 지배적 요인은 아무래도 단순한 동력 요인과 항력 요인인 듯하다.

카약 경기가 아니라 조정 경기를 한다고 해도 앞장에서와 같은 원리를 적용할 수 있다. 앞서 확인했듯이 카약에서 추가 팀원으로 증가한 동력은 물살을 헤치며 밀고 나아가야 할 추가 무게와 극복해야 할 추가 항력을 간신히 누르고 이긴다. 하지만 이는 근소한 차로 거두는 승리다. 배의 속도는 겨우 배에서 노 젓는 사람 수의 아홉제곱근에 비례해 증가하고(속도 $\propto N^{1/9}$) 경주 거리를 완주하는 데 걸리는 시간도 같은 비율로 감소한다.

조정 경기와 카약 경기는 한 가지 흥미로운 차이점이 있다. 카약에는 키를 조종하는 콕스가 타지 않는다는 점이다. 콕스를 추가하면 배의 동력은 커지지 않고 무게, 크기, 항력만 증가하므로 콕스가 있는(유타) 4인승 배는 콕스가 없는(무타) 4인승 배보다 느리게 갈 것이다. 콕스가 있는 경우 노 젓는 선수들이 조종을 걱정하지 않아도 되며 결승점까지 최단 경로에서 벗어나는 배의 위치를 바로잡는 데 에너지를 쓰지 않아도 된다. 그들은 오로지 노 젓기에만 주력할 수 있다. 콕스는 팀원을 격려하고 노 젓는 속도를 지시하는 데에도 중요한 역할을 한다. 그런 도움은 보통 아주 가볍긴 하지만 동력을 제공하지 않는 '짐'이 배에 실린 상황의 결점을 충분히 메울 수 있을까?

실례로 1980년 모스크바 올림픽 자료에서 유타 및 무타의 2인조(페어), 4인조(포어) 경기 우승 기록을 보면, 운전과 격려가 향상된 효과가 노를 젓지 않는 선수의 부정적 영향보다 크지 않음을 확인할 수 있다. 콕스 없는 배의 기록이 콕스 있는 배의 기록보다 항상 더 좋다.

노 젓는 선수의 수	유타	무타	기록 비율 유타 / 무타
페어: N=2	422.5초	408.0초	1.04
포어: N=4	374.5초	368.2초	1.02

추가 팀원 1명 때문에 배 크기와 항력은 커지지만 동력은 커지지 않는 경우 앞장에서처럼 동력과 항력을 살펴보면 노 젓는 선수 N명과 콕스 1명으로 코스를 완주하는 데 걸리는 시간이 다음과 같음을 알 수 있다.

$$T(\text{유타}) \propto (N + 1)^{2/9}/N^{1/3}$$

반면에 콕스가 없는 경우 완주 시간은 다음과 같다.

$$T(\text{무타}) \propto N^{-1/9}$$

그리고 두 시간의 비율은 다음과 같아진다.

$$\frac{T(유타)}{T(무타)} = \left\{ \frac{(N+1)}{N} \right\}^{2/9}$$

예상대로 우변의 수는 항상 1보다 크다(N+1이 N보다 크므로). 따라서 콕스와 함께 같은 거리를 완주하는 데 걸리는 시간은 콕스가 없는 경우 완주 시간보다 항상 길 것이다. 하지만 완주 기록이 얼마나 더 느려질지 계산해볼 때는 조심해야 한다. 지금까지 노 젓는 선수들의 몸집이 모두 같다고 가정해왔다. 이는 노 젓는 선수들에 대해서는 꽤 괜찮은 근사계산 방법이지만 콕스에 대해서는 그렇지 않다. 조정팀은 추가 하중과 항력을 최대한 줄이기 위해 되도록 작고 가벼운 콕스를 쓰려고 한다. 콕스의 몸무게가 노 젓는 선수 몸무게의 절반 정도 나간다고 가정하는 것이 더 나은 근사계산 방법이다. 그렇게 가정하면, 완주 시간에 대한 추산에서 콕스는 몸무게로 따졌을 때 팀원 총수를 N+1이 아닌 N+ $\frac{1}{2}$ 로 늘린다고 볼 수 있다. 결과적으로 콕스가 있는 배와 콕스가 없는 배의 완주 시간 비율을 좀 더 잘 추산하면 다음과 같아진다.

$$\frac{T(유타)}{T(무타)} = \left\{ \frac{(N+\frac{1}{2})}{N} \right\}^{2/9}$$

이 비율은 페어(N=2)의 경우 $(25/16)^{1/9}=1.05$이고 포어의 경우 $(81/64)^{1/9}=1.03$이다. 이는 앞의 표에 나오는 1980년 올림픽 기록 비율과 매우 비슷하다.

끝으로, 올림픽 역사상 크나큰 미스터리 중 하나는 어떤 콕스를 둘러싼 수수께끼다. 1900년 파리 올림픽에서 네덜란드의 한 유타페어팀은 자기네 콕스가 너무 무겁다고 생각해 그를 경기에서 빼버렸다. 그리고 관중 가운데 열 살 정도로 보이는 작은 프랑스 소년을 선택해 그의 자리에 앉혔다. 콕스가 무경험자였는데도 그들은 금메달을 땄다. 하지만 경주가 끝나자마자 소년이 사라지는 바람에 아무도 그 아이가 누군지 알아내지 못했다.

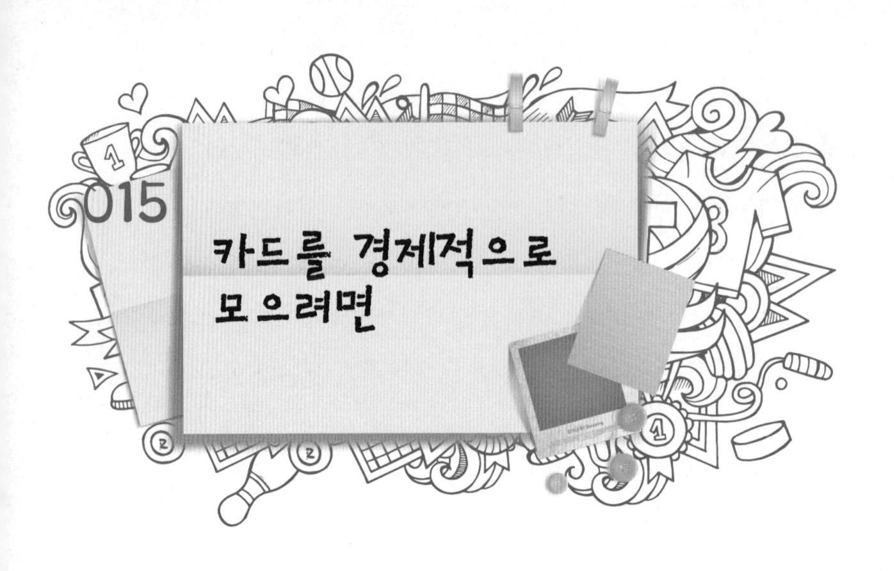

015 카드를 경제적으로 모으려면

한때는 카드 수집이 크게 유행했다. 풍선껌, 시리얼, 차茶를 많이 사서 모아야 하는 전투기 카드, 동물 카드, 배 카드, 운동선수 카드 등이 있었다(그런 카드는 모두 남자아이들을 대상으로 했던 모양이다). 마치 오늘날의 파니니 '스티커' 같은 스포츠 카드 가운데 영국에서 인기를 끈 종목은 축구였는데(미국에서는 야구였다), 나는 모든 선수의 카드가 같은 수로 생산된다는 가정에 늘 의심을 품고 있었다. 어찌된 일인지 다들 50장 세트를 완성하려면 마지막으로 '바비 찰턴Bobby Charlton' 카드가 필요해서 그것을 손에 넣으려고 애쓰는 듯했다. 나머지 카드는 모두 친구들과 여분의 카드를 교환해서 얻을 수 있었지만, 그 필수적인 카드 한 장은 다들 부족해했다. 그래서 풍선껌을 계속 샀다.

심지어 내 아이들도 비슷한 수집벽이 있다는 사실을 알고 나니 안심이 되었다. 수집 대상은 바뀌었을지 몰라도 기본 생각은 같았다. 그런데 수학이 그런 일과 무슨 관계가 있을까? 흥미로운 문제는 이것이다. 한 세트를 다 모으려면 카드를 몇 장이나 사야 한다고 봐야 할까? 단, 각 카드는 같은 수로 생산되어 다음번에 뜯을 상품에 들어 있을 확률이 같다고 가정하자.

내가 우연히 발견한 스포츠 카드 세트는 50장으로 구성되어 있다. 내가 처음 입수하는 카드야 분명히 내가 아직 입수하지 못한 카드일 테지만 두 번째 카드는 어떨까? 그 카드를 내가 아직 입수하지 못했을 확률은 49/50이다. 다음에는 그럴 확률이 48/50, 47/50 등이 될 것이다. 서로 다른 카드 40장을 손에 넣은 후에는 다음 카드가 아직 입수하지 못한 카드일 확률이 10/50일 것이다. 따라서 새로운 카드를 한 장 더 입수하려면 평균적으로 카드를 50/10=5장 더 사야 한다. 그러므로 50장 세트를 다 모으기 위해 사야 할 카드의 평균 총수는 50개 항의 합, 즉 (50/50+50/49+50/48+……+50/3+50/2+50/1)일 것이다. 여기서 첫 항은 맨 처음 무조건 새 카드를 얻는 경우에 해당하고 그다음 줄줄이 이어지는 항은 각각 50장 세트 중 빠져 있는 두 번째 카드, 세 번째 카드 등을 입수하려면 카드를 몇 장 더 사야 하는지 말해준다.

각 항의 분자에 있는 공통 인수 50을 괄호 밖으로 꺼내면, 위 식은 간단히 50(1+1/2+1/3+……+1/50)이 된다. 괄호 안에 있는 항들의 합은 그 유명한 '조화'급수다. 괄호 안에 있는 항의 개수가 많아지면(50이면 충분히 많다) 그 합은 0.58+ln50에 아주 가까워진다. 여기서 ln50=3.9는 50의 자연로그다. 따라서 카드 세트를 완성하기 위해 사야 하는 카드의 평균 장수는 대략 다음과 같다.

$$\text{사야 하는 카드 수} \fallingdotseq 50 \times [0.58 + \ln 50]$$

내 스포츠 카드 50장 세트의 경우 답이 224.5이므로 나는 한 세트를 다 채우려면 평균적으로 카드를 225장 정도 샀어야 한다고 봐야 할 것이다. 그런데 계산 결과를 보면 그런 카드 수집 과정의 전반보다 후반이 얼마나 더 어려워지는지 알 수 있다. 세트의 절반에 해당하는 카드 25장을 모으기 위해 사야 하는 카드의 수는 (50/50+50/49+50/48+……+50/26)인데, 이는 50항까지 합산한 조화급수에서 25항까지 합산한 조화급수를 빼고 거기에 50을 곱한 값이다. 따라서 다음과 같이 된다.

$$\text{세트의 절반을 모으기 위해 사야 하는 카드 수}$$
$$\fallingdotseq 50 \times [\ln 50 + 0.58 - \ln 25 - 0.58] = 50 \ln 2 = 0.7 \times 50 = 35$$

즉 35장만 사면 50장 세트 중 25장을 입수할 수 있는 셈이다. 이는 곧 내가 나머지 25장을 마저 입수하려면 225−35=190장 정도를 사야 한다는 뜻이다.

나는 원래 제조업자들이 그런 계산을 했는지 궁금하다. 그들은 이와 같이 계산했어야 했다. 그런 계산을 하면 특정 장수의 카드로 구성된 세트를 시판해 장기적으로 얻을 만한 최대 수익을 추산할 수 있기 때문이다. 하지만 그것은 최대 가능 수익에 불과하다. 수집자들은 카드를 서로 교환할 테니 특정 카드를 새로 사지 않고 기존 카드와 맞바꿔 입수할 수도 있기 때문이다. 당신과 친구들이 카드를 서로 바꾸면서 수집하면 어떤 영향을 미칠 수 있을까?

가령 당신에게 친구가 F명 있고 각자 한 세트씩 가질 수 있도록 F+1 세트를 모으기 위해 모두 카드를 공동으로 관리한다고 치자. 그러려면 카드를 몇 장이나 사야 할까? 카드 세트가 50장으로 구성되고 친구끼리 카드를 공유한다면 평균 답은 다음에 가까울 것이다.

$$50 \times [\ln 50 + F\ln(\ln 50) + 0.58]$$

반면 모두가 교환 없이 각자 한 세트씩 수집했다면 F+1세트를 완성하기 위해 총 $(F+1)50[\ln 50+0.58]$장 정도를 샀어야 했다. 따라서 카드를 공유하는 경우에는 156F장의 구입비가 절약되는 셈이다. F=1이라고 해도 이는 상당히 절약한 것이다.

016 불타는 바퀴

장비를 이용하는 스포츠에서는 해당 장비를 개선하는 방법을 알아내는 데 기술적 관심을 둔다(모든 관계자가 시즌마다 새 장비를 사게 하는 일이 더 중대한 급선무인 경우가 많긴 하지만). 사이클링은 엔지니어들에게 매우 친숙한 도전 과제 중 하나다. 우리는 벨로드롬에서 경주 기록을 100분의 몇 초 줄이기 위해 보디슈트, 새로운 핸들 디자인, 디스크휠이 도입되는 것을 보아왔다.

제기해볼 만한 한 가지 흥미로운 문제는 자전거의 바퀴 무게와 프레임 무게 중 어느 쪽을 줄이는 편이 더 유익한가 하는 것이다. 자전거를 움직이려면 사이클리스트는 프레임과 탑승자와 바퀴의 총질량 M을 속도 v로 나아가게 하는 데 필요한 운동 에너지 $1/2Mv^2$을 공급해야 한다. 하지만 이는 바퀴를 돌리는 데 필요한 회전 에너지도 공급해야 한다. 회전 에너지는 $1/2Iw^2$인데, 여기서 w는 회전 중인 바퀴의 각속도로 바퀴 반지름을 r라 할 때 속도와 $v=rw$라는 관계에 있다. I값은 바퀴의 관성이다(두 바퀴가 서로 똑같고 미끄러지지 않는다고 가정한다). 그 값은 바퀴를 움직이기가 얼마나 힘든지를 말해주는데, 질량이 바퀴 중심에서 멀리 퍼져 있을수록 커진다. 관성은 항상 바퀴 질량 m과 바퀴 반지름 r의 제곱에 비례한다. 따라서 $I=bmr^2$인데, 여기서 비례 상수 b는 모든 질량이 바깥쪽의 림에 있으면(바퀴살은 바퀴의 나머지 부분에 비하면 아주 가벼우므로 무시하자) 1이고 바퀴가 빈틈없는 디스크휠이면 1/2이다.

따라서 사이클리스트가 프레임과 탑승자와 두 바퀴를 속도 v로 나아가게 하면서 두 바퀴를 돌리기 위해 공급해야 하는 총에너지는 다음과 같다(m_{frame}은 자전거 프레임 질량과 탑승자 질량의 합이다).

$$총에너지 = \frac{1}{2}(2m + m_{frame})v^2 + 2 \times \frac{1}{2} Iw^2$$

$I=bmr^2$이고 $v/r=w$이므로 다음과 같은 식을 얻을 수 있다.

$$총에너지 = \frac{1}{2} v^2 \{ m_{frame} + 2(1 + b)m \}$$

그러므로 바퀴 운동 때문에 사이클리스트가 소모하는 에너지는 b=1인 전통적인 고리 모양 바퀴의 경우 바퀴 질량의 4배에 비례하고 b=1/2인 디스크휠의 경우 바퀴 질량의 3배에 비례한다. 흥미롭게도 위 식에서 바퀴의 반지름은 상쇄된다. 바퀴는 크기가 작아도 질량 또한 작지 않는 한 더 이로울 것이 없는 것이다. 자전거 무게를 줄이기 위해 신소재를 개발한다면 감량분이 같아도 각 바퀴의 질량을 줄이는 편이 프레임 질량을 줄이는 편보다 서너 배 더 유익할 것이다.

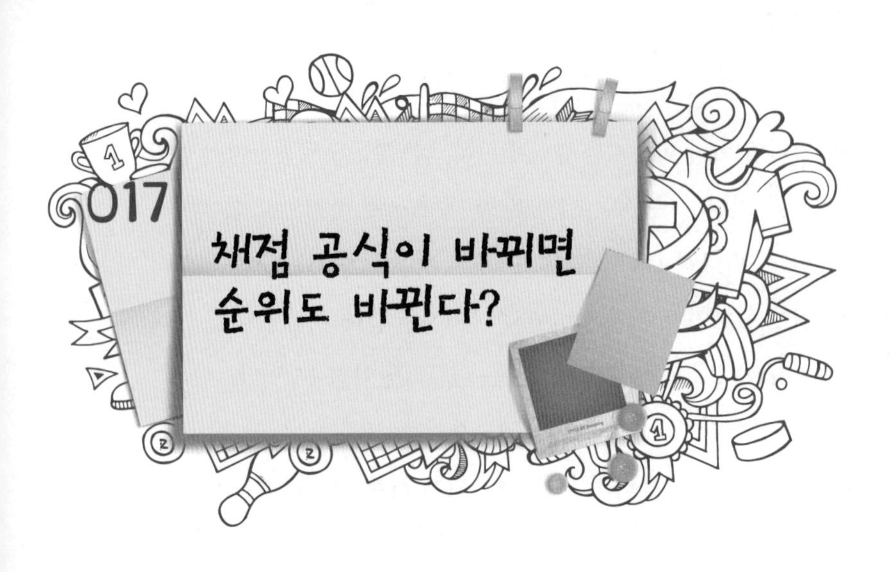

10종경기는 이틀에 걸쳐 열리는 트랙경기와 필드경기 10종목으로 구성된다. 이것은 육상 선수들에게 육체적으로 가장 힘든 경기다. 첫날에는 100m 달리기, 멀리뛰기, 포환던지기, 높이뛰기, 400m 달리기 경기가 벌어진다. 둘째 날에는 참가자들이 110m 허들, 원반던지기, 장대높이뛰기, 창던지기, 그리고 마지막으로 1,500m 달리기 경기에 출전한다. 그런 갖가지 종목의 결과(시간과 거리)를 조합하기 위해 점수제를 개발해왔다. 각 성적에는 채점표에 따라 점수를 부여한다. 그런 종목별 점수를 차례차례 합산하는데, 10종목 경기가 모두 끝난 후 총점이 가장 높은 선수가 우승자가 된다. 여자 7종경기도 똑같은 방식으로 진행되지만 종목이 3개 적다(100m 허들, 높이뛰기, 포환던지기, 200m 달리기, 멀리뛰기, 창던지기, 800m 달리기).

10종경기와 관련하여 가장 주목할 만한 점은 성적별로 부여하는 점수를 보여주는 표가 상당히 자유롭게 발명한 작품이라는 사실이다. 그 표는 누군가 1912년 처음 고안했고 관계자들이 그 이후 간간이 경신해왔다. 데일리 톰슨Daley Thompson은 1984년 올림픽에서 우승하면서 1점이 부족해 10종경기 세계 기록을 깨지 못했지만 이듬해에 채점표가 개정되어 자기 점수가 올라가는 바람에 소급적으로 새로운 세계 기록 보유자가 되었다! 지금 세계 기록은 체코의 로만 제블레Roman Sebrle가 2001년 세운 9,026점이다.* 누군가 종목별 세계 기록을 모두 깬다면, 12,500점 정도를 기록하게 될 것이다. 10종경기 대회 중 종목별로 달성된 역대 최고 성적을 모두 합산하면 10,485라는 총점이 나온다. 1912년 채점표를 만들 때는 당시 각 종목의 세계 기록을 세우면 (대략) 1,000점을 얻게 해두었다. 하지만 기록이란 계속 경신되게 마련이다.

지금은 예컨대 우사인 볼트의 100m 달리기 세계 기록인 9.58초면 10종경기에서 1,202점을 얻겠지만, 10종경기에서 세워진 역대 최고로 빠른 100m 기록은 '겨우' 10.22초로 1,042점에 해당한다. 가장 높은 득점을 올릴 수 있는 현재 세계 기록은 위르겐 슐트Jürgen Schult의 원반던지기 기록 74.08m로, 1,383점으로 환산된다.

이상의 내용을 살펴보면 몇 가지 중요한 의문이 떠오른다. 채점표가 바뀌면 어떻게 될까? 훈련에 투자한 것이 가장 많은 점수로 돌아오는 종목은 무엇일까? 어떤 유형의 선수가 10종경기에서 가장 유리할까? 달리기 선수, 던지기 선수, 뜀뛰기 선수?

채점표의 설정은 오랜 기간에 걸쳐 발달해왔는데, 세계 기록, 최상급 선수들의 수준, 역대 10종경기 성적에 중점을 둔다. 하지만 근본적으로 이는 인간이 선택한 것이다. 만약 다른 선택을 한다면, 같은 성적에 다른

* 놀랍게도, 60분 안에 완료해야 하는 10종경기에서 로베르트 즈멜리크Robert Zmelik가 보유하고 있는 7,897점이라는 기록도 있다!

점수가 부여될 것이고 종합 우승자가 바뀔 수도 있다. 2001년 국제육상경기연맹IAAF 채점표는 다음과 같은 간단한 수학적 구조를 보인다.

기록 시간(T)이 짧을수록 높은 점수를 줘야 하는 각 트랙경기에서 부여하는 점수는 다음 식으로 구한다(분수 점수가 나오지 않도록 소수점 이하는 반올림한다).

$$\text{트랙경기 점수} = A \times (B - T)^C$$

여기서 T는 트랙경기에서 선수가 기록한 시간이고 A, B, C는 점수를 공평하게 매기기 위해 종목별로 선택한 수다. B 값은 시간 기록의 커트라인을 나타낸다. 그 시간 이상을 기록하면 0점을 받으므로 T는 항상 B보다 적다. 이와 비슷하게 기록 거리(D)가 길수록 점수를 많이 줘야 하는 뜀뛰기 경기와 던지기 경기는 각 종목의 채점 공식이 다음과 같다.

$$\text{필드경기 점수} = A \times (D - B)^C$$

A, B, C 값은 10종경기의 종목마다 다른데 다음 표에 나와 있다. 기록 거리가 B 이하이거나 기록 시간이 B 이상이면 0점을 얻는다. 거리의 단위는 뜀뛰기의 경우 센티미터, 던지기의 경우 미터이고, 시간의 단위는 모두 초이다.

종목	A	B	C
100m 달리기	25.4347	18	1.81
멀리뛰기	0.14354	220	1.4
포환던지기	51.39	1.5	1.05
높이뛰기	0.8456	75	1.42
400m 달리기	1.53775	82	1.81
110m 허들	5.74352	28.5	1.92
원반던지기	12.91	4	1.1
장대높이뛰기	0.2797	100	1.35
창던지기	10.14	7	1.08
1,500m 달리기	0.03768	480	1.85

어느 종목이 득점하기 '가장 쉬운지' 감을 잡을 수 있도록 아래 표를 한번 보라. 이 표를 보면, 종목마다 900점씩 따서 총 9,000점을 얻으려면 어떻게 해야 할지 알 수 있다.

종목	900점
100m 달리기	10.83초
멀리뛰기	7.36m
포환던지기	16.9m
높이뛰기	2.1m
400m 달리기	48.19초
110m 허들	14.59초
원반던지기	51.4m
장대높이뛰기	4.96m
창던지기	70.67m
1,500m 달리기	247.42초(=4분 7.4초)

10종경기 채점 공식에는 흥미로운 패턴이 하나 있다. 지수 C 값이 달

리기 종목에서는 약 1.8이고(허들에서는 1.9) 뜀뛰기 종목에서는 약 1.4이고 던지기 종목에서는 약 1.1이라는 것이다. C〉1이라는 사실은 점수제가 '누진적'인 제도이며, 따라서 성적이 좋아질수록 득점하기가 유리해짐을 나타낸다. 이는 현실적인데, 다들 알다시피 해당 종목에 능숙해질수록 실력을 전과 같은 폭으로 향상하기가 어려워지지만 초보 때는 쉽게 실력을 쑥쑥 늘릴 수 있다. '역진적' 점수제에서는 C〈1일 것이고 '중립적' 점수제에서는 C=1일 것이다. IAAF 채점표는 달리기 종목에 대해 극히 누진적이고 뜀뛰기 종목에 대해서도 꽤 누진적이지만 던지기 종목에 대해서는 거의 중립적이다.

총점이 개별 종목들 간에 어떻게 분포하는지 감을 잡을 수 있도록 다

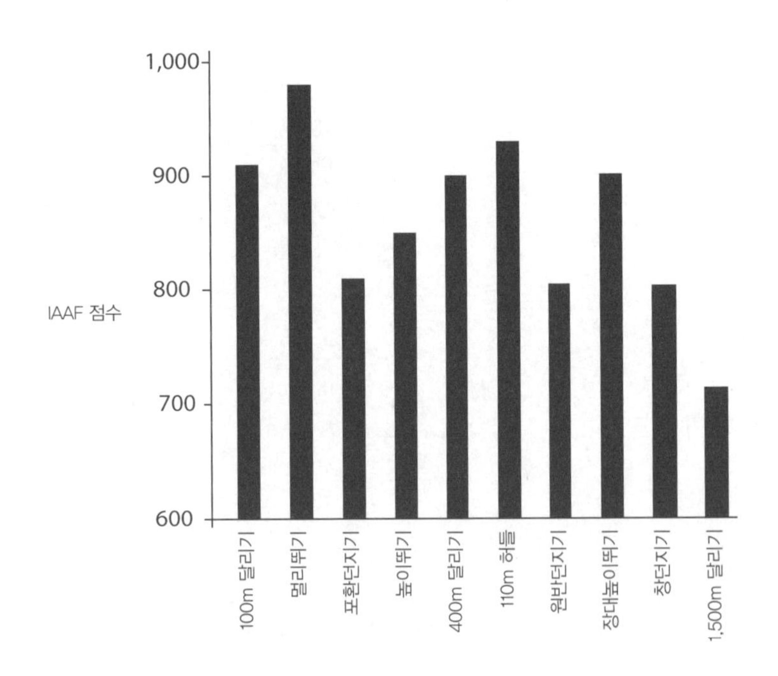

음 도표를 보라. 이를 보면 역대 상위 100위권에 드는 남자 10종경기 성적의 평균이 10종목 간에 어떻게 분포하는지 알 수 있다.

점수가 멀리뛰기, 허들, 단거리 달리기(100m와 400m) 쪽으로 상당히 치우쳐 있다는 것이 명백하다. 그런 종목의 성적은 모두 단거리 전력 질주 속도와 밀접하게 관련되어 있다. 반면에 1,500m 달리기와 세 가지 던지기 종목은 점수가 다른 종목보다 훨씬 낮다. 코치로서 10종경기 선수를 성공적으로 키워내고 싶다면 우선 덩치 크고 힘 좋은 단거리 · 허들 선수를 만들어내고 던지기에 필요한 힘과 기술적 능력은 나중에 키워라. 10종경기 선수들은 모두 1,500m 달리기 준비에는 별로 신경 쓰지 않고 그냥 일반적인 중장거리 달리기 훈련에만 의지한다.

채점 공식이 바뀌면 그런 종목도 바뀔 것이다. 기존 공식은 종목별 전문 선수들의 최고 성적이 아니라 10종경기 선수들의 (최근) 성적 자료에 주로 기반을 둔다. 이는 현 채점표의 온갖 편향을 강화한다. 정상급 10종경기 선수들이 지금 그 위치에 있는 것은 바로 현 채점표 덕분이기 때문이다. 연습 삼아 물리학에 따른 한 가지 간단한 변화를 고려해볼 수 있다. 1,500m 달리기는 예외가 될 수 있지만 단거리 달리기, 던지기, 뛰기를 막론하고 각 종목에서 관건이 되는 것은 바로 선수가 내놓는 운동에너지다. 그런 에너지는 선수의 속도의 제곱에 비례한다. 높이뛰기 선수나 장대높이뛰기 선수가 넘는 높이, 멀리뛰기 선수가 도달하는 수평거리는 모두 도약 속도의 제곱에 비례한다. 그리고 일정 속도로 달려 시간 기록을 내는 데 필요한 운동 에너지 또한 $(거리/시간)^2$에 비례하니 모든 종목에 대해 C=2로 설정해보면 어떨까.

만약 그렇게 하고 A 값과 B 값을 적절히 선택하면 10종경기 선수 상위 10위권에 재미있는 변화가 나타난다. 제블레는 9,318이라는 새 점수로 2위가 되는 반면, 현재 2위인 드보락은 세계 신기록 9,468점으로 제블레를 제치고 1위를 차지하게 된다. 다른 순위들도 새 공식에 따라 적절히 바뀐다. 그런 변화의 패턴이 재미있다. 모든 종목에 대해 C=2로 설정한 점수제는 극히 누진적이어서 성적이 우수한 선수들에게 매우 유리하다. 하지만 그런 점수제는 단거리 · 허들 선수보다 실력파 던지기 선수들에게 극적으로 유리하다. 지금 던지기 종목에 적용되는 C=1.1이라는 값이 크게 바뀌기 때문이다.

이상은 온갖 점수제와 관련된 어려운 문제, 즉 다른 선택의 여지가 있었던 주관적 요소가 늘 존재한다는 문제를 잘 보여준다.

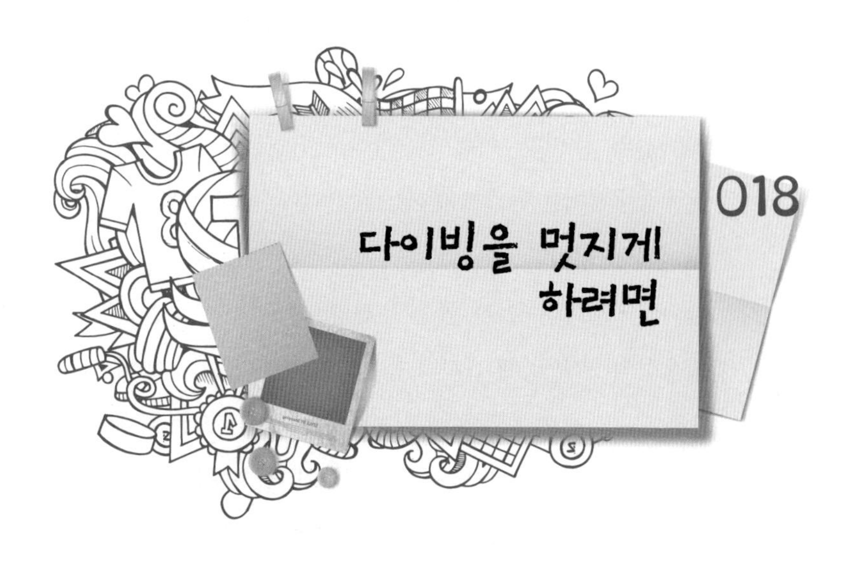

018 다이빙을 멋지게 하려면

다이빙은 어쩌다 보니 불합리하게 수상 스포츠로 분류된 듯한 운동 경기다. 이 경기는 올림픽에서 수영 경기 스케줄의 일부를 차지하지만 공중에서 벌어지는 운동인 만큼 수영이나 수구보다 체조나 트램펄린에 더 가깝다.

다이빙 경기는 수면 위 10m 높이에 고정된 준비대에서 뛰어내리는 하이다이빙, 수면 위 3m 높이의 도약판에서 뛰어내리는 스프링보드다이빙 두 가지가 있다. 하이다이빙은 개념상 더 단순하다. 다이빙 선수들은 바로 서거나 달리거나 물구나무선 자세에서 낙하를 시작하는데, 그 자세에서 선수의 무게중심은 준비대 위 1.2m, 수면 위 11.2m 정도에 있다. 일단 선수들의 온갖 공중제비를 무시하면 그들은 중력을 받으며 거리 s를, $s=1/2gt^2$에 따른 시간 동안 떨어질 것이다. 여기서 g=9.8㎨는 중력가속도다. 키가 180cm인 선수가 팔과 손을 쭉 편 채로 머리 쪽부터 물에 들어간다면 무게중심이 손가락 끝에서 약 1.2m 위에 있을 테니 그가 낙하한 거리는 10m 정도 될 것이다. 이를 s 값으로 이용하면 체공 시간이 1.4

초였음을 알 수 있다. 이는 선수가 심사위원들을 감탄시키는 데 필요한 일련의 공중제비를 완료해야 하는 시간이다. 그리고 선수는 14㎧의 속도로 물에 닿을 것이다.

결과적으로 입수할 때 몸을 유선형으로 만들어 충돌 면적을 줄이지 않으면 물과 부딪힐 때 몹시 고통스러울 것이다. 입수할 때 몸의 윤곽을 매끈하고 가늘게 만들면 물이 비켜나며 선수의 몸으로 대체될 시간이 생긴다. 우아하지 않게 입수하면, 즉 배치기 다이빙을 하면 '아야!' 하고 비명이 나올 것이다. 마치 물보다 훨씬 딱딱한 뭔가와 부딪치는 것 같을 것이다.

가령 공중제비를 세 바퀴 반 돌고 싶다고 치자. 그러려면 1.4초 동안 3.5번, 즉 2.5rev/s의 속도로 회전해야 한다. 이는 분당 회전수로 환산하면 150rpm인데, CD 플레이어에서 재생 중인 디스크가 도는 속도 200rpm과 견줄 만하다. 한 바퀴의 각도가 2π라디안$_{rad}$이므로 공중제비를 모두 도는 데 필요한 각속도는 5π=15.7rad/s이다.

다이빙 선수들은 공중제비를 다 돌고 나면 최대한 수직에 가까운 자세로 회전 없이 물에 들어가야 한다.

스프링보드다이빙은 전혀 다르다. 도약판은 수면 위 3m 높이에 있지만 선수는 도약판에 저장되어 있는 탄성 에너지를 이용해 위로 뛴다. 하지만 똑바로 위로 뛰지는 않는다. 그랬다가는 내려오면서 도약판과 위험하게 다시 부딪칠 것이다. 수직에서 5도 정도 벗어나는 각도로 약 6㎧ 속도로 뛰면 몸의 무게중심이 포물선 경로를 따르는 다이빙을 하게 될 것이다. 정점이 수영장 위 6m 정도 높이에 있는 그 포물선 경로 덕분에 선수는 필요한 공중제비를 돌 시간으로 1.8초가 생긴다. 그 시간이 하이다이빙 선수가 얻을 수 있는 1.4초보다 길다는 점을 주목하라. 다이빙 시작점이 수영장에 7m나 더 가깝긴 하지만 속도가 줄어드는 상승 경로는 선수에게 시간을 많이 벌어주며 이 두 종목이 실제로 얼마나 서로 다른지를 보여준다.

다이빙 선수들은 공중제비를 다 돌고 나면 최대한 수직에 가까운 자세로 회전 없이 물에 들어가야 한다. 그렇게 하면 심사위원들의 기대대로 물을 튀기지 않고 부드럽게 입수하게 된다. 그런 입수를 하려면 정확한 타이밍과 수백 시간의 연습이 필요하다. 수영장 수면에 물을 뿌려 잔물결을 만들면 선수들이 공중제비를 마무리하면서 수면의 위치를 판단하는 데 도움이 된다. 그들은 아이스스케이팅 선수들이 더 빨리 회전하기 위해 쓰는 요령과 정반대 방법으로 회전 속도를 줄인다. 회전 운동에서는 회전 중인 물체의 관성과 각속도의 곱이 일정하게 유지되므로 관성을 줄이면 더 빨리 회전하게 된다. 스케이팅 선수의 관성은 선수의 질량과 선수 반지름의 제곱을 곱해 구할 수 있다. 회전 중 팔을 안쪽으로 모음으로써 스케이팅 선수들은 관성을 1/2로 줄일 수 있는데, 그러면 회전의 각속도가 약 20rad/s, 즉 3rev/s까지 2배로 증가하게 된다.

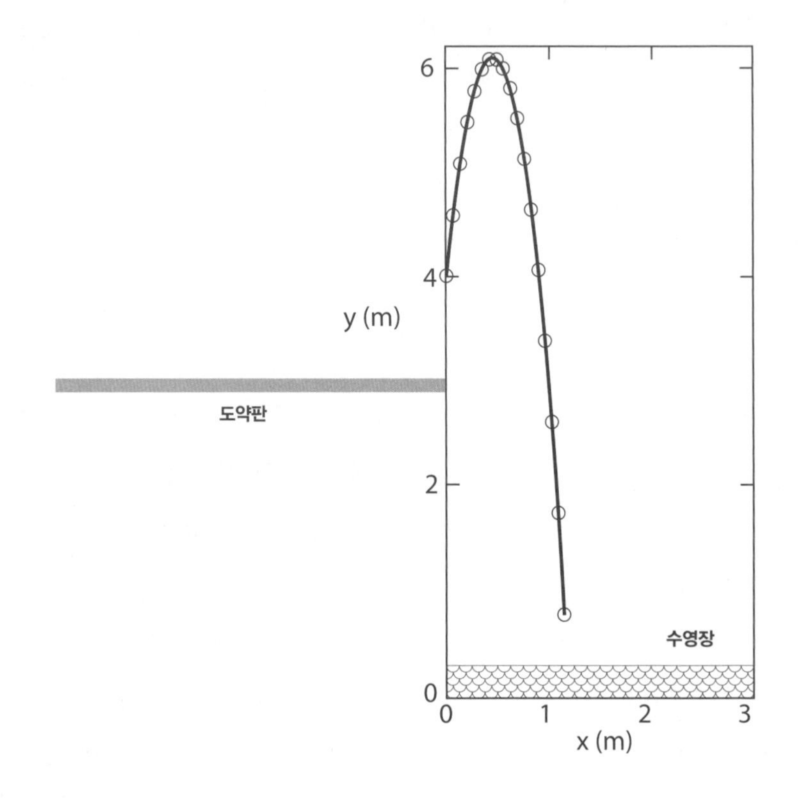

다이빙 선수들은 공중제비를 도는 단계에서 몸을 동그랗게 말아 몸의 반지름과 관성을 줄임으로써 빨리 회전한다. 하지만 다이빙이 끝날 무렵에는 몸을 완전히 곧게 편다. 그러면 길이가 2배로 늘어 관성이 4배로 증가하며 각속도가 4분의 1로 준다. 그런 동작을 정확하게 하면 물에 들어가 다이빙을 마칠 때 무시해도 될 정도로만 회전하게 된다.

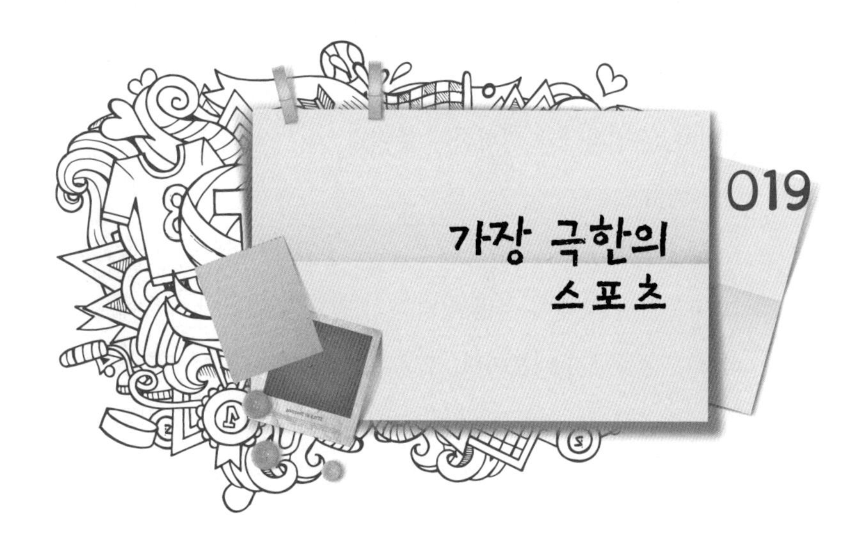

가장 극한의 인간 활동은 무엇일까? 우주 비행사, 전투기 조종사, 포뮬러 1 레이서, 스카이다이버, 아카풀코 암벽 다이버, 봅슬레이 선수? 나열하자면 끝도 없다. 하지만 그들을 모두 능가하는 한 후보가 있다. 바로 드래그카drag-car 레이서다. 이 경주는 올림픽에서 볼 수 없다. 이를 보려면 폐기된 비행장이나 인적 드문 소금평원에 가야 한다.

드래그카는 바퀴가 달린 로켓 같은 자동차로 정지 상태에서 출발해 약 400m(1/4마일)를 4.5초 안에 주파한다. 그런 자동차들은 나사NASA에서 발사하는 로켓보다 빨리 가속되며 시속 약 530km/h(330마일(mph)) 이상의 최고 속도에 도달한다. 포뮬러 1 경주용 자동차는 드래그카가 정지 상태에서 출발할 때 최고 속도로 출발선을 지난다 해도 결국에는 드래그카에 질 것이다.

드래그카 운전자가 경험하는 가속도와 감속도는 6g에 이르는데, 감속 단계에서 자동차 속도를 줄이기 위해 낙하산을 편 다음에는 그보다 더 커진다. 그래서 선수들에게는 망막 박리가 심각한 문제다. 소음도 관중,

정비사, 운전자에게 위험한 수준이다. 좋은 청력 보호구를 반드시 착용해야 한다.

드래그카 운동은 매우 흥미롭다. 몇 분의 1초 동안 속도를 올린 후 그 자동차는 차체에 실린 상당량의 연료와 엔진이 공급하는 일정한 동력으로 운동하기 때문이다. 연료 소비에 따른 질량 변화를 무시하면 동력은 힘 곱하기 속도, 즉 $mdV/dt \times V$이다. V는 자동차의 속도이고 m은 자동차의 질량이다. 그 동력이 일정한 동력 P 값과 같다고 두면 시간 t에 속도는 $V^2=2Pt$라는 관계를 만족시키고, 자동차가 정지 상태에서 출발한다고 가정할 때 그 차가 t=0인 출발점에서부터 이동한 거리는 $x=(8P/9)^{3/2}t^{3/2}$이다.

이런 식들을 보면, 거리 x를 간 후 도달하는 속도가 $V=(3Px/m)^{1/3}$이 되리라는 것을 알 수 있다. 이는 드래그카 경주의 경험칙으로, 엔지니어 로저 헌팅턴Roger Huntington의 이름에 따라 '헌팅턴의 법칙'이라고 불린다. 하지만 간단한 역학을 이용해 그 법칙을 쉽게 증명할 수 있다. 드래그카 역학에서는 (미터법은 아니지만 편리한) 구식 단위, 즉 P에는 마력, V에

드래그카 레이스는 가장 극한의 인간 활동이다.

는 mph, 자동차 질량 m에는 파운드를 사용한다. 헌팅턴의 법칙에 따르면, mph 단위의 속도는 K 곱하기 (마력 단위의 동력/파운드 단위의 질량)$^{1/3}$과 같다. 이 간단한 설명에서 K 값을 계산해보면 270이 나오지만 실제로 여러 자동차에 대해 측정을 해보면 약 225라는 값을 얻게 된다. 수학 모형이 얼마나 간단한지를 감안해보면 차이가 아주 크진 않다.

계산 결과를 보면 드래그카의 속도는 경과 시간의 제곱근과 400m 코스에서 달린 거리의 세제곱근에 비례해 증가함을 알 수 있다.

미끄러운 경기장은 운동선수들의 골칫거리다. 그런 경기장은 예기치 못한 결과와 원치 않는 부상을 가져온다. 여러 스포츠에서 마찰 작용의 존재와 이해는 선수들에게도 매우 중요하고, 신발, 장비, 경기장 표면재를 생산하는 업체들에도 아주 중요하다.

예를 몇 개 들어보자. 원반던지기 선수들은 매끈한 시멘트 표면에서 회전해야 하는데, 매끄러운 정도가 적절하지 않으면 미끄러지거나 너무 천천히 회전하게 된다. 축구 선수와 럭비 선수들은 잔디 구장 표면에서

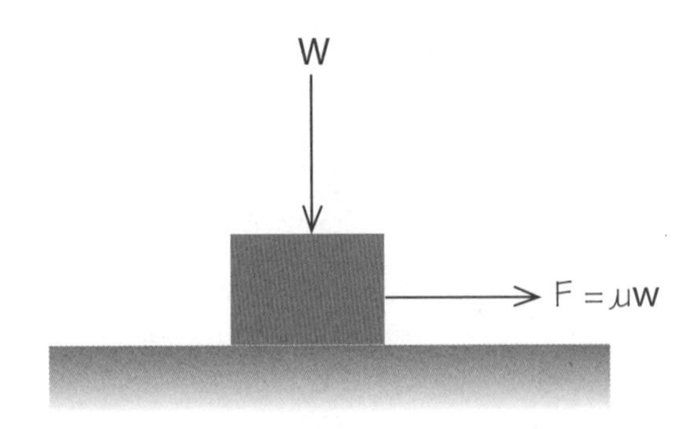

갑자기 방향을 틀거나 속도를 바꿔야 하는데, 그런 구장 표면은 젖은 상태냐 마른 상태냐에 따라 매우 다르게 작용할 수 있다. 창던지기 선수들은 창을 던진 후 갑자기 멈춰 설 수 있도록 도움닫기의 타이밍을 잘 맞춰야 한다. 높이뛰기 선수들은 도약 구역의 표면에 도약발이 절대 안 미끄러지도록 제대로 위치시켜야 한다. 그러지 않으면 심각한 부상을 입을 수 있다. 레슬링 선수들은 발과 링 표면의 마찰 덕분에 상대편을 밀치면서 버틸 수 있다.

한쪽 발을 땅에 내딛고 땅을 뒤로 밀어 앞으로 나아가려고 노력할 때(이를 보통 '걷기'나 '달리기'라고 한다) 실제로 앞으로 나아가려면 마찰이 꼭 필요하다. 마찰이 발생하는 이유는 신발과 지면이 접촉하는 부분에 느슨한 분자 결합이 생기기 때문이다. 신발이 지면에서 다시 떨어지려면 그 결합이 깨져야 한다. 축구 선수들은 다리를 앞으로 또는 비스듬히 움직일 때 축구화가 징 때문에 잔디밭에 들러붙어서 매우 심각한 무릎 인대 부상을 입기도 한다.

얼마간 새 웸블리 스타디움 잔디밭은 그런 부상을 유발할 확률이 특히 높은 듯해서 국내 결승전과 국제 경기 때 거기서 뛴 럭비 선수, 축구 선수들의 심한 불평을 샀다. 경기장 표면의 마찰 정도가 크면 선수들이 더 빨리 피곤해지기도 한다. 이를테면 롤러하키는 아이스하키보다 속도를 내기가 어려운 만큼 훨씬 더 고되게 보이기도 한다.

신발과 지면의 분자 결합으로 전진 운동을 저지하는 마찰력은 지면에 수직으로 가하는 힘, 즉 몸무게 W에 비례한다. 그런 무게가 증가하면 두 표면의 물질들이 더 가까이 밀착되며 그들 간의 분자 결합이 더욱 강해진다. 비례 상수인 마찰 계수 μ는 두 표면의 고유한 속성도 감안해 정하는 값이다. 콘크리트 위의 고무는 얼음 위의 강철보다 훨씬 덜 미끄러진다. 마른 물질은 대부분 그 계수가 0.3과 0.6 사이에 있다. 우리에게 친숙한 물질의 마찰 계수 중 가장 작은 값은 음식이 눌어붙지 않는 냄비의 코팅재로 유명한 테플론의 0.04이고 가장 큰 값은 사실상 각종 실리콘고무의 계수로 1과 2 사이에 있다. 마른 잔디 구장 위의 가죽 · 고무 운동화에 대한 마찰 계수는 0.3 정도로 봐도 좋다. 그 계수는 구장이 젖으면 0.2 정도로 줄어들 것이고 얼음이 끼면 훨씬 더 줄어들 것이다.

그 의미인즉, 마른 표면 위에서 몸무게의 3분의 1 미만인 힘을 뒤쪽으로 가해 달리기 시작하면 발로 땅을 안정적으로 디디며 앞으로 나아간다는 것이다. 하지만 몸무게의 3분의 1보다 큰 힘을 가하면 그 힘이 신발과 경기장 사이의 마찰력을 넘어서면서 발이 미끄러질 것이다. 그런 식이면 미끄러지지 않고 달릴 수 있는 속도에 상당한 한계가 있는 셈이다. 그래서 실제로는 징, 스파이크, 잔물결 모양의 밑창이 부착된 특수한 운동화를 신어 땅을 좀 더 확고하게 디디며 미끄러질 위험 없이 뒤로 훨씬 큰 힘을 가할 수 있다.

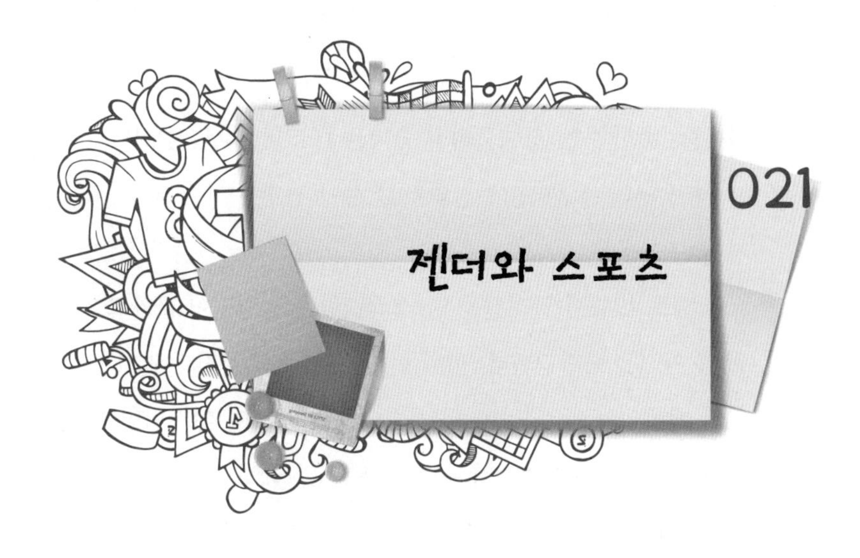

올림픽에서 남녀가 성별과 무관하게 참가해 서로 겨루는 스포츠는 두 가지뿐이다. 하나는 마술馬術, equestrianism 경기이고 다른 하나는 그리 유명하지 않은 특정 요트 종목들이다. 1984년 전에는 사격 경기도 남녀 구별 없이 참가할 수 있었지만 그해에 로스앤젤레스 올림픽에서는 성별에 따라 분리된 경기가 도입되었다. 올림픽 최초의 여자 우승자는 윔블던 선수권 대회에서 다섯 차례나 우승한 영국 테니스 선수 샬럿 쿠퍼Charlotte Cooper였다. 그녀는 1900년 7월 11일 단식 결승에서 이기고 이어서 레지널드 도허티Reginald Doherty와 함께 혼합 복식에서도 우승했다. 그해에는 참가 선수 1,077명 중 11명만 여자였고 1904년 세인트루이스 올림픽에는 여자가 6명만 참가했다.

1900년 근대 올림픽에 도입된 최초의 마술 종목은 오늘날과 같은 종목이 아니다. 그중에는 말 높이뛰기와 말 멀리뛰기도 있었다. 높이뛰기에서는 두 말이 1.9m를 넘어 공동으로 우승했는데, 우승자 중 한 명은 그 경기에서 4위를 한 말도 탔다. 멀리뛰기의 우승 기록은 6.1m였다. 마장마술, 종합마술, 장애물비월 종목은 1912년에 시작했지만 마장마술에는 자국 군대 중 한 곳에 장교로 소속된 선수들만 출전할 수 있었는데, 경기 중 그들은 군복도 착용해야 했다.

실제로 1948년 금메달을 딴 스웨덴팀은 올림픽이 끝나고 8개월이 지난 후 자격을 박탈당했다. 팀원 한 명이 그들의 주장과 달리 장교가 아니었기 때문이다. 1952년에는 그런 이상한 규정이 폐지되면서 여자와 민간인도 마장마술에 출전할 수 있게 됐다. 그래도 그들은 장애물비월에는 1912년부터 줄곧 출전할 수 있었지만 군인 선수와 군마는 그 종목에 출전하지 못했다. 3일에 걸쳐 진행되는 가장 힘든 종목인 종합마술, 즉 말 '트라이애슬론'에서는 1952년부터 여자 선수들이 남자 선수들과 함께 실력을 겨룰 수 있었다. 하지만 미국 대표로 출전한 최초의 여자 선수 헬레나 듀폰Helena du Pont은 1964년에 가서야 선발되었다.

오늘날에는 모든 마술 종목에 남녀 모두 참가할 수 있고 단체전의 경우 남녀 조합이 어떻게 되어도 무방하다. 마술 경기는 인간과 동물이 함께 출전하는 유일한 올림픽 종목이라는 점에서도 독특하다.

마술 경기는 1968년까지만 해도 남자 선수들이 전부 휩쓸었지만 그 이후 마장마술 종목에는 올림픽 대회마다 거의 여자 금 · 은 · 동 메달리스트가 있었다. 장애물비월 종목에는 여자 입상자가 그보다 적었으며 모두 은 · 동 메달리스트였다. 종합마술 종목에는 1984년 이후 올림픽 대회마다 거의 여자 메달리스트가 있었다. 마장마술에서 남자 출전자들이 육체적으로 유리할 것이 없다는 점이야 누구나 예상할 수 있지만 문외한들은 장애물비월과 종합마술에서도 남자 출전자나 여자 출전자나 다를 것이 없다는 점을 잘 모른다. 그 두 종목에서는 장애물 뛰어넘기를 열망하거나 주저하는 말을 부리며 다루는 기술은 물론이고 상당한 체력도 필요하다. 하지만 67세인 일본 선수가 베이징 올림픽에 참가했다는 사실을 보면(그는 1964년 도쿄 올림픽에도 출전한 바 있다) 그런 종목들이 올림픽의 여느 종목과 같지 않다는 것을 알 수 있다.

요트 경기는 부분적으로 성 중립적인 또 다른 스포츠다. 2004년 아테네 올림픽에서는 남자 종목 4개, 여자 종목 4개, 남녀 혼성 종목 3개(레이저급, 49er급, 토네이도급) 경기가 열렸지만 세 혼성 종목에서 메달을 딴 여자 선수는 없었다. 베이징 올림픽에서는 혼성 종목에 여자 선수가 한 명만 출전했지만 메달을 따지 못했다. 당시 혼성 종목은 핀급(벤 아인슬리Ben Ainslie가 우승했다), 49er급, 토네이도급이었다. 2012년 올림픽 요트 경기에서는 남자 종목 6개와 여자 종목 4개(새 종목 1개 포함)가 열렸으나 남녀 모두 출전 가능한 혼성 종목 경기는 더 열리지 않는다. 어쩌면 그런 상황이 자극제가 되어 여자 선수들이 더 참가할지도 모른다.

사격은 당연히 남녀 혼성 경기가 될 가능성이 큰 스포츠로 보이는데, 실제로 1984년까지는 전 종목에 남녀가 모두 참가할 수 있었다. 그해에는 몇몇 여자 종목이 도입되었으나 여자 경기가 열리지 않는 종목에서는 아직도 여자 선수들이 남자 선수들과 함께 겨룰 수 있었다. 그런 혼성 경기에서 메달을 딴 여자 선수는 두 명뿐이다. 중국의 잰 챈Zhan Chan은 1992년 바르셀로나 올림픽 때 스키트 종목에서 금메달을 땄고(그 종목은 그 뒤 남자 종목으로 바뀌었고 그녀는 남자 선수들을 상대로 타이틀을 방어하지 못했다) 마거릿 머덕Margaret Murdock(미국 육군 장교이자 유일한 여자 출전자)은 1976년에 50m 라이플 종목에서 은메달을 땄다.

올림픽 사격 경기는 많이 발전했다. 1900년 파리 올림픽에서는 살아 있는 비둘기들을 표적으로 썼다! 경기의 목표는 최대한 표적을 많이 맞히는 것이었고 출전자들은 두 발이 빗맞으면 탈락했다. 비둘기 300여 마리가 총에 맞았다. 그 이후 올림픽에서는 살아 있는 비둘기 표적이 요즘에도 보는 클레이 표적으로 대체되었다.

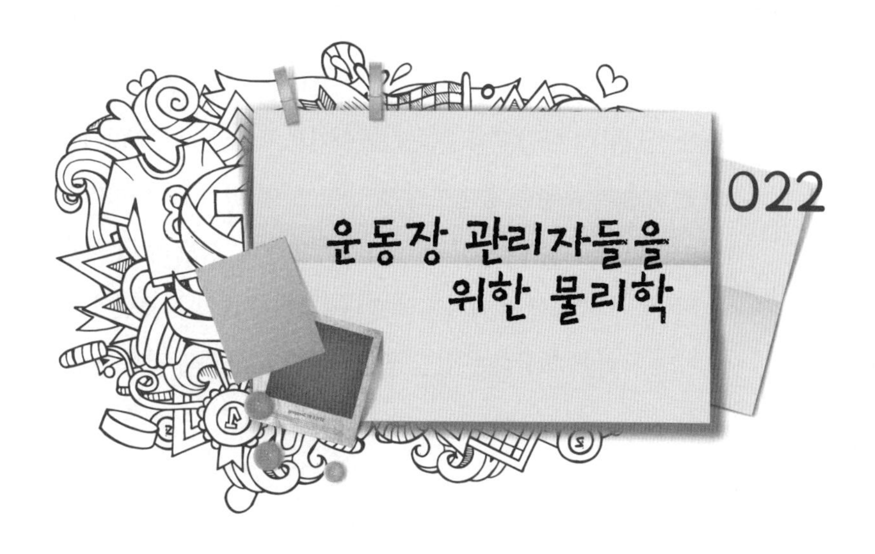

022 운동장 관리자들을 위한 물리학

운동장에 세심하게 주의를 기울여야 한다. 사실상 그런 요건은 학교 수준에서 여러 스포츠가 활기를 잃는 원인이 되어왔다. 잔디 크리켓 투구장, 잔디 · 신더 달리기 트랙, 잔디 하키 트랙을 안전하게 유지하려면 비용이 아주 많이 든다. 현실성 있는 경기장용 인조 잔디 같은 인공 표면을 사용하는 경우 유지비가 줄어들긴 하지만 처음에 많이 지출해야 한다. 잔디 경기장은 날씨, 특히 햇볕과 비에 많이 좌우된다. 지면은 햇볕을 너무 많이 받으면 바싹 마르며 딱딱해지고 수분이 너무 많으면 질척질척해져 부상을 유발하기 쉬워진다. 경기장에 얼마나 자주 물을 뿌려야 할까? 그리고 그렇게 뿌린 물 또는 하늘에서 떨어진 빗물은 얼마나 빨리 증발해버릴까?

태양은 지구 표면에 평균적으로 R=1,366W/㎡ 정도의 복사 밀도로 에너지를 내리쬔다. 얼마나 많은 양이 흡수되어 지면 가열과 수분 증발에 쓰이는지는 햇볕이 쬐는 표면의 종류에 달려 있다. 내린 지 얼마 안 된 눈은 받은 빛의 90%를 반사하지만 운동장에서는 태양 에너지의 약

25%만 잔디밭에 반사되어 우주로 돌아가므로 나머지 0.75R가 흡수되어 잔디밭 표층의 수분을 증발시킬 것이다. 햇볕 면적 A에 비치고 물의 기화열이 L이라고 해보자. 물의 기화열이란 온도 상승 없이 물을 수증기로 바꾸는 데 필요한 에너지를 말한다. 넓이가 A인 지표면에서 물이 초당 d미터 높이에 해당하는 양만큼 증발된다면 다음과 같은 식을 얻을 수 있다.

$$0.75 \times R \times A = L \times \text{매초 증발하는 물의 질량}$$

물의 밀도가 ρ라면 매초 손실되는 질량은 ρAd이다. 따라서 우리가 선택한 넓이 A는 그냥 상쇄되어버리는데, 이는 말이 된다. 햇볕의 강도가 어느 곳에서나 같다면 증발 속도 또한 어느 곳에서나 같을 테니 경기장 크기는 문제가 되지 않는다(부분적으로 지붕이 덮고 있거나 측면에 높은 구조물이 있는 스타디움에서는 상황이 다를 수도 있다). 이상에 따르면 증발 현상 때문에 지표수는 높이가 $d=3R/4\rho L$의 속도로 줄어들게 된다.

기상학자들의 말에 따르면 R=1,366W/㎡, 물의 밀도는 1,000㎏/㎥이고 물의 기화열은 측정해보면(고등학교 과학 시간에 실제로 그런 측정을 한다) $L=2.5\times10^6$J/㎏이다. 이로써 초당 증발 속도를 알아낼 수 있다. 그 값이 매우 작으므로 여름에 햇볕이 비치는 낮 10시간을 초로 환산해(60×60×10초) 거기에 곱하자. 그러면 하루 증발 속도가 나오고 물 높이가 하루에 d=1.5cm씩 증발로 줄어든다는 것을 알게 될 것이다.

위의 추정치에 이르는 과정에서 늘 그렇듯이 여러 부분을 단순화했다. 잔디의 질, 토양 배수, (대부분의 프로 축구 구장에서처럼) 인조 잔디와 진짜 잔디를 혼합한 정도, 바람과 그늘이 어떠냐에 따라 상당한 차이가 나타날 수 있다. 하지만 추정치는 축구장도 축구장이지만 정원에 물을 얼마나 자주 뿌릴지 결정하는 데도 도움이 될지 모른다. 새벽 4시가 그 일을 하기 가장 좋은 시간이다!

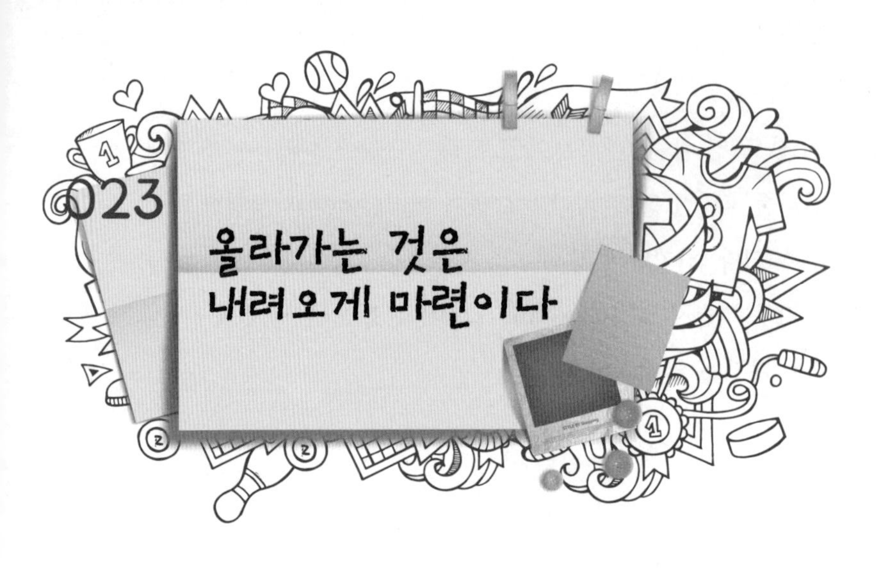

023 올라가는 것은 내려오게 마련이다

롤러코스터를 타봤다면 힘이 가장 크게 느껴지는 위치는 코스에서 가장 낮은 곳이라는 사실을 이해할 것이다. 자기 몸무게의 하향력이 360도 회전 구간의 준準원운동 때문에 느껴지는 하향 원심력으로 강화되는 곳이다. 비슷한 일이 남자 철봉 종목의 화려한 체조 동작에서도 일어난다. 철봉에서 크게돌기를 할 때 체조 선수는 양팔을 쭉 편 채 철봉을 잡고서 몸을 곧게 유지하며 완전히 한 바퀴 회전해야 한다.

남자 선수들만 대회에서 철봉 연기를 한다. 여자 선수들은 이단평행봉을 이용해 다른 갖가지 빠른 연결 동작을 해 보인다. 하지만 여자 선수들도 이단평행봉 중 한 봉에서 루틴의 일부로 크게돌기를 할 수 있다. 실제로 2000년 올림픽 여자 체조 종합 우승자인 류쉬안Liu Xuan은 여자 체조 선수 최초로 이단 평행봉에서 '한 팔' 크게돌기를 해 보였다. 지금 그 기술에는 그녀의 이름을 따서 지은 명칭이 붙어 있다.

크게돌기를 하려면 엄청난 힘과 기술이 필요하다. 철봉은 지면에서 2.5m 위에 올라가 있는 2.4cm 두께의 강철봉이다. 선수들은 그 봉을 꽉 잡고 있기 위해 가죽 재질의 손바닥 보호구를 사용한다. 그런데 체조 선수가 '크게'돌기를 할 때 경험하는 힘은 얼마나 클까? 롤러코스터에서와 마찬가지로 그 힘은 선수의 몸이 수직으로 철봉 아래에 있을 때 가장 크다. 그런 상황에서 선수는 자기 몸무게의 하향력뿐만 아니라 원운동으로 인한 원심력도 느낀다. 체조 선수의 질량이 M이고 관성 모멘트가 I이며 몸의 무게중심과 철봉 간의 거리가 h라면 그가 돌기 동작의 정점에 올라가 수직으로 철봉 위에 있을 때의 회전 에너지를 그가 수직으로 철봉 아래에 있을 때의 회전 에너지와 관련지을 수 있다. 선수가 철봉을 도는 각속도는 전자의 위치에서는 w이지만 후자의 위치에서는 W로 증가해 있다. 속도가 그렇게 증가하는 이유는 선수의 무게중심이 철봉 위 h의 높이에서 철봉 아래 h의 높이로 떨어지기 때문이다. 다시 말해 그런 낙하의 결과로 위치 에너지 2Mgh가 상실됨에 따라 회전 에너지가 증가해 각

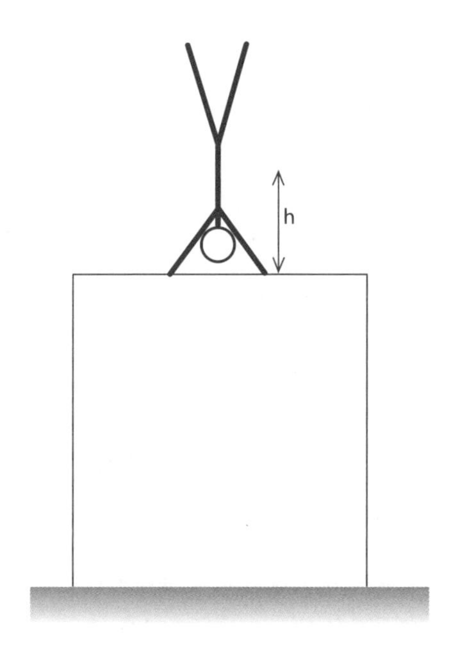

속도가 W로 빨라지는 것이다. 돌기 동작의 맨 아래 위치와 맨 위 위치 간의 에너지 보존을 다음과 같이 표현할 수 있다.

맨 아래에서의 회전 에너지 = 맨 위에서의 회전 에너지 +
상실되는 위치 에너지

$$1/2\ IW^2 = \frac{1}{2}\ Iw^2 + 2Mgh$$

돌기 동작의 맨 아래 위치에서 체조 선수가 받는 힘은 그의 몸무게 Mg와 그의 무게중심이 반지름 h의 원을 그리며 각속도 W로 회전함에 따라 생기는 원심력 MhW^2의 합이다. 이 둘을 합치면 다음과 같은 식을 얻을 수 있다.

$$\text{체조 선수가 느끼는 최대 힘} = Mg + MhW^2 = Mg + \frac{Mg + 4M^2gh^2}{I + Mhw^2}$$

체조 선수의 관성 모멘트를 $I=Mk^2$이라고 적으면(k는 회전 반지름이라고 한다) 선수가 느끼는 총 힘은 다음과 같아진다.

$$Mg(1 + \frac{1 + 4h^2}{k^2} + \frac{kw^2}{g}\ )$$

실제로 오른쪽의 마지막 항은 둘째 항보다 훨씬 작다. 만약 체조 선수가 정지된 물구나무서기 자세에서 시작한다면 w는 사실상 0이 될 것이다. 체조 선수 몸의 질량 분포를 정확하게 나타내는 모형을 만들어볼 수 있다. 그 모형은 대략 원통형 몸통에 그보다 가는 튜브형 다리 두 개와 더 가느다란 튜브형 팔 두 개가 달린 형태일 것이다. 하지만 어림잡아보면 회전 반지름은 h 치수와 거의 같을 것이다. 아마 h보다 조금 더 길 텐데 몸의 질량은 중심에서 옆 방향보다 수직 방향으로 더 멀리 분포하기 때문이다. 맨 위에서의 일반적 각속도가 2~3/s, g=9.8㎨, 일반적 몸 크기에서 h=1.3m이므로 대략 다음과 같은 결과를 얻게 된다.

$$\text{체조 선수가 느끼는 총힘} \fallingdotseq Mg(1 + 4 + 1.2) \fallingdotseq 6Mg$$

위에서 여러 부분을 단순화했고 k와 h의 값으로 특정한 수를 선택했다는 점을 감안하면(h/k 값을 10% 작게 잡으면 총힘은 5Mg에 더 가까워진다) 총힘이 대략 5~6Mg일 것이라고 결론지어야 한다. 즉 가속도가 5~6g인 셈이다! 그 압력은 매우 심한 수준이다. 물론 체조 선수의 머리는 반지름이 h=1.3m보다 작은 원을 그리며 회전하므로 더 작은 힘을 느끼긴 한다. 설령 움직이지 않고 수직으로 물구나무선 자세에서 시작하더라도 그 힘을 1g 정도 줄일 수 있을 뿐이다.

흥미롭게도 만약 롤러코스터 탑승자가 원형 구간을 돈다면 그 맨 아래에서 느낄 힘도 6Mg 정도인데, 그런 위험한 압력을 피하기 위해 실제 롤러코스트 트랙은 원형으로 만들지 않는다. 간단한 계산을 해보면 가장 기본적인 체조 동작을 하는 데에도 엄청난 힘이 필요하다는 것을 알 수 있다. 그러니 집에서 따라 하지 마시라!

024 왼손잡이 대 오른손잡이

조사 결과에 따르면 사람들 가운데 90% 정도는 오른손잡이이고 10% 정도는 왼손잡이인데, 소수는 (어떤 일은 왼손으로, 어떤 일은 오른손으로 하는) 혼混손잡이mixed-handed이고 극소수는 양손잡이로 모든 또는 대부분의 일을 어느 쪽 손으로든 똑같이 잘할 수 있다. 그런 불균형이 지속되는 이유에 대한 이론이 많긴 하지만 널리 받아들여진 단일한 설명은 없다. 사람들은 칼처럼 손에 쥐는 무기가 군사 활동에 쓰이던 시절에 왼손잡이 중 적은 일부가 상당히 유리하지 않았는지 궁금해해왔다.

혹시 영국의 오래된 성에서 나선형 계단과 마주하게 됐다면 그 나선형이 오른손잡이 공격자보다 오른손잡이 방어자에게 유리하도록 오른쪽으로 돌아가며 올라간다는 점을 알아차릴 것이다. 방어자는 칼을 안쪽으로 휘두를 공간이 있지만 맞은편의 딱한 오른손잡이 공격자는 칼을 휘두르려 해도 계단의 중앙 벽이 계속 거치적거린다. 그런 성을 공격하기 위한 왼손잡이 특공대가 있다면 그들은 오른손잡이 동료들보다 훨씬 좋은 결과를 거둘 것이다. 어떤 사람들은 왼손잡이가 손재주가 필요한 일을 할 때 유리한 점이 있을지 모른다고 말해왔다. 몸의 왼쪽은 뇌의 우반구가 통제하기 때문이다. 이 흥미진진한 주제에 대한 재미있는 조사 결과를 보고 싶으면 크리스 맥매너스Chris McManus의 『오른손, 왼손*Right-Hand, Left-Hand*』을 읽어보라.

소수의 혼손잡이와 양손잡이는 차치하고 운동선수들 중 90%는 오른손잡이이고 10%는 왼손잡이라고 가정해보자. 권투, 야구, 크리켓, 펜싱, 유도 같은 스포츠에서 오른손잡이 선수와 왼손잡이 선수가 서로 맞닥뜨리면 어떻게 될까? 오른손잡이 선수들은 시합의 90%에서는 오른손잡이 상대편을 만나고, 시합의 10%에서만 왼손잡이와 겨루는 비교적 익숙지 않은 경험을 할 것이다.

왼손잡이 대 오른손잡이 시합은 왼손잡이에게 유리하다.

반면 왼손잡이 선수들은 시합의 90%에서 오른손잡이를 만날 것이므로 오른손잡이를 이기는 데 필요한 요령을 많이 체득할 것이다. 오른손잡이들은 왼손잡이를 이기는 데 필요한 요령을 그만큼 체득하지 못할 것이다. 왼손잡이들은 시합의 10%에서만 다른 왼손잡이와 겨루는 익숙지 않은 경험을 하겠지만 맞붙는 두 왼손잡이 중 어느 한쪽도 상대보다 불리한 상황에 있지 않을 것이다. 따라서 전반적으로 오른손잡이 대 오른손잡이 시합과 왼손잡이 대 왼손잡이 시합은 대등하게 펼쳐지지만 왼손잡이 대 오른손잡이 시합은 그런 시합 경험이 더 많은 왼손잡이에게 유리하다.

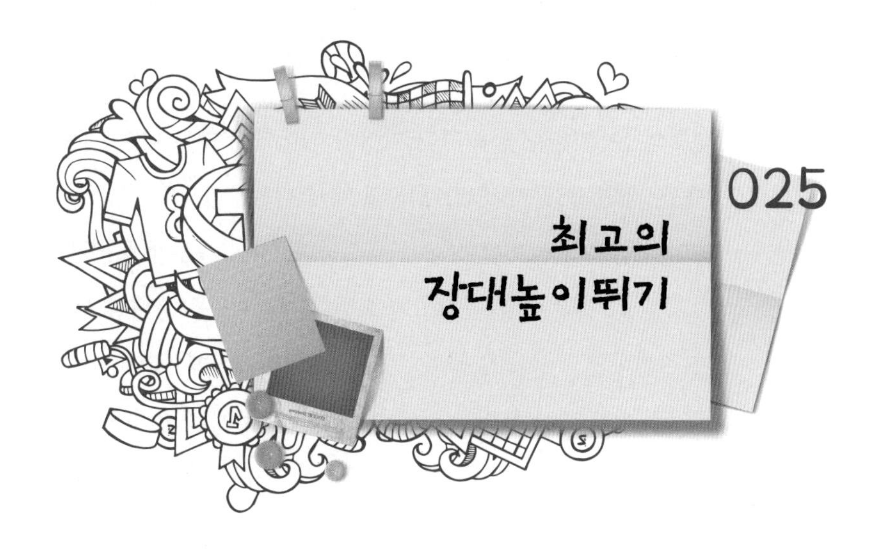

장대높이뛰기는 매우 실용적인 이유로 생겨났다. 유럽의 저지대 국가들과 잉글랜드 이스트앵글리아의 펜스 지방에서는 농지를 가로질러 가려고 하면 얽히고설킨 습지와 도랑, 자잘한 관개 · 배수용 수로들이 자꾸 방해가 되었다. 그래서 모든 시골집에서는 그런 도랑을 뛰어넘는 데 쓰려고 장대를 어느 정도 준비해놓고 있었다. 결국 그런 기술을 예찬하는 농촌 스포츠 대회가 곳곳에서 열리기 시작했는데, 그 목적은 높이 뛰는 것이 아니라 멀리 뛰는 데 있었다.

장대높이뛰기가 1896년 올림픽 종목이 되었을 때(여자 경기는 2000년 채택됐다) 선수들은 서양물푸레나무나 대나무, 알루미늄으로 만들어진 장대를 사용했고 잔디나 톱밥, 모래가 깔린 곳에 착지했다. 높이뛰기 방식은 발부터 착지해야 하고 목이 부러지면 안 된다는 부담이 있었던 만큼 단순했다! 결국 신기술 덕분에 이 종목은 완전히 바뀌었다. 유리섬유 · 탄소섬유 장대와 에어매트리스 착지 구역이 도입되어 선수들이 자신의 엄청난 운동 능력을 충분히 활용할 수 있게 된 것이다. 지금은 장대가 선수의 몸 크기와 힘에 따라 다양한 길이와 무게로 나오는데, 정상급 선수들은 대회 중 골라 쓸 장대를 몇 개 준비해둔다. 힘과 몸무게가 증가하면 선수들은 더 뻣뻣한 장대가 필요하다. 자기 몸무게에 비해 너무 약한 장대를 쓰지 않는 것은 매우 중요하다. 뛰는 도중 장대가 부러져버리면 아주 심각한 부상을 입을 수 있다. 어쩌면 에어매트리스 밖의 땅바닥에 떨어질 수도 있고 부러진 장대의 뾰족한 부분에 찔릴 수도 있다.

남자 세계 기록은 종목을 막론하고 최고 수준이다. 그 수치는 실외 장대높이뛰기의 경우 6.14m, 실내 장대높이뛰기의 경우 6.15m인데 둘 다 세르게이 붑카Sergei Bubka가 1994년 세운 기록이다. 여자 세계 기록은 5.06m로 옐레나 이신바예바Yelena Isinbayeva가 2009년 세운 것이다. 두 성적 모두 2위 선수의 기록보다 훨씬 앞서 있다.

장대높이뛰기 선수들은 도움닫기 주로를 스무 발 정도에 내달리면서 장대 무게중심의 한쪽에 있는 두 손잡이를 쥐고 장대를 나른다. 그런 상황에서 장대를 수평으로 유지하려면 장대 무게의 5배 정도 되는 힘을 써

장대의 탄력성은 단순히 선수를 공중으로 발사하는 투석기처럼만 쓰이는 것이 아니다.

야 할 수도 있다. 그다음 선수는 가로대를 지지하는 수직 기둥 아래의 작은 박스에 장대를 재빨리 꽂는다. 그리고 장대를 구부려 자신의 운동 에너지 중 일부를 탄성 에너지로 저장하고 한쪽 다리를 늘어뜨리며 뛰어 장대가 꽂힌 점을 중심으로 크게 곡선을 그리며 올라간다. 곧 그는 다리를 수직으로 올리며 몸을 L자 모양으로 구부림에 따라 엉덩이와 머리의 높이가 같아질 것이다. 장대가 저장했던 탄성 에너지를 도로 내놓으며 바로 펴질 때 선수는 두 팔로 자기 몸을 끌어올려 장대와 평행해지게 한 후 장대 끝에서 위로 떨어져 나간다. 그다음 몸을 비틀어 가슴이 가로대와 마주 보게 한 채로 가로대를 넘는다(그와 반대로 배면뛰기를 하는 높이뛰기 선수들은 뒤로 누운 자세로 가로대를 넘는다). 그래서 선수가 몸을 가로대 위에서 구부리고 있을 때 전반적인 무게중심은 가로대 아래를 통과하게 된다. 에어매트리스 착지는 등으로 하는 것이 가장 좋다. 발부터 착지하면 발목을 삐게 될 것이다.

키가 큰(183cm) 선수는 무게중심이 지면 위 1.2m 정도에 있을 것이다. 100m를 10.5초에 달리는 속도(v=9.5㎧)로 달려와 장대를 박스에 꽂을 수 있다면, 그리고 장대를 최대한 효율적으로 다룬다면 자신의 무게중심을 최대 $v^2/2g$=4.6m만큼 올릴 수 있다(g=9.8㎨는 중력가속도). 따라서 자신의 무게중심을 지면 위 1.2+4.6=5.8m의 높이로 올릴 수 있는 셈이다. 유리섬유 장대를 이용하면 선수의 최고 기록을 50~90cm 더 높일 수 있는데, 장대의 탄력성이 더 큰 만큼 선수가 장대를 구부릴 때 잃는 에너지가 줄어들기 때문이다. 또 장대가 잘 구부러지면 선수가 좀 더 완만한 각도로 도약하며 장대에 저장한 에너지를 덜 잃을 수 있다. 그러므로 장대의 탄력성은 단순히 선수를 공중으로 발사하는 투석기처럼만 쓰이는 것이 아니다.

장차 붑카의 뒤를 이어 최고 장대높이뛰기 선수가 될 사람은 자신의 도약 에너지를 그렇게 최적으로 활용하는 법을 깨닫고 자기 힘을 이용해 몸을 끌어올려 수직으로 물구나무선 자세에서 손을 장대 끝에서 떼며 날아오를 수 있을지 모른다. 그렇게 하면 무게중심이 (장대의 탄력성과 팔길이 때문에) 1.8m 정도 더 올라갈 테니 7.6m를 뛰어넘을 수 있겠다고 생각하게 될 것이다. 전체 과정에서 가장 중요한 요인은 장대를 나르며 도달한 도약 속도이다. 그 속도를 제곱한 값에 따라 선수의 무게중심이 처음에 올라갈 높이가 결정되기 때문이다. 그런 속도가 결정되는 데 중요한 역할을 하는 힘은 장대를 구부리고 몸을 그 위로 높이 끌어올리는 능력도 좌우한다. 물론 아무리 기술이 크게 발달해도 마치 예전에 유리섬유가 대나무를 대체했듯이 유리섬유를 대체할 더 가볍고 역동적인 신종 장대는 만들어지지 않을 것이라고 가정한다.

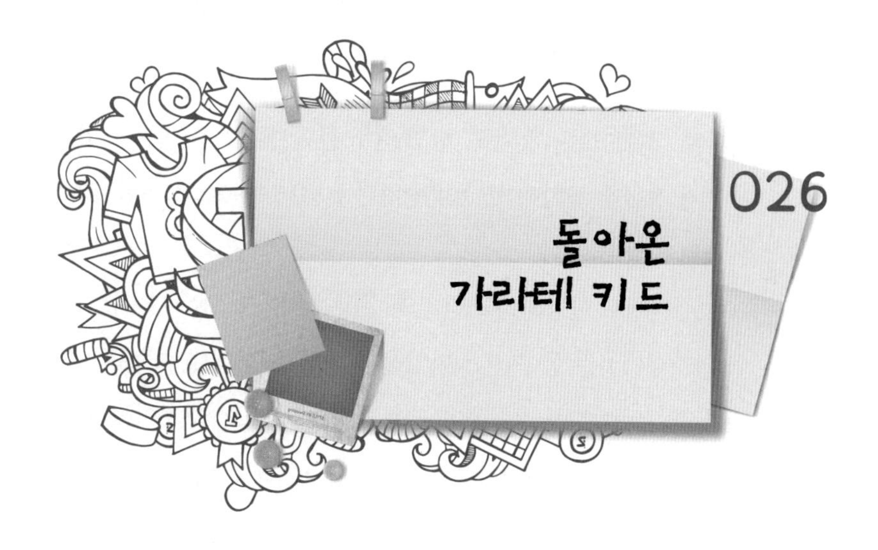

올림픽 대회에는 두 가지 무술 종목이 있다. 바로 일본의 스포츠 유도*(1964년 도쿄 올림픽 때 남자 종목이, 1992년 바르셀로나 올림픽 때 여자 종목이 도입되었고 1988년에는 패럴림픽 종목이 되었다)와 한국의 스포츠 태권도**(1992년에 시범 종목이 된 후 2000년 시드니 올림픽 때 남녀 종목이 도입됐다)이다.

전 세계에서 널리 행하는 세 번째 주요 무술인 가라테가 올림픽 종목이 아니라는 것은 뜻밖의 사실이다. 가라테 도입은 일찍이 2001년부터 논의됐으나 2005년과 2009년에 IOC 프로그램 위원회에 상정된 정식 종목 채택안은 둘 다 부결되어버렸다.

보도에 따르면 가라테가 탈락한 이유는 세계 곳곳에 존재하는 각양각색의 규칙과 스타일 때문이다. 타격 금지 부위를 피해 겨루는 이들이 있는가 하면 그런 제약 없이 겨루는 이들도 있고 보호구를 착용하거나 착

* '유도柔道'는 '부드러움의 이치'라는 뜻이다.

** '태跆'는 발로 부수거나 때리기, '권拳'은 주먹으로 부수거나 때리기, '도道'는 그냥 그렇게 하는 기술을 의미한다.

용하지 않는 이들이 있는가 하면 권투 글러브를 끼는 이들도 있다. 그 모두를 공정하게 조화해 하나의 합의된 올림픽 종목으로 통합할 방법이 명확하지 않았다.

공식적으로 인정되는 스타일과 협회가 적어도 열두 가지는 있다. 올림픽 가라테에서는 한 가지 스타일을 선택해야 할 텐데, 이는 곧 수많은 선수가 자기가 익혀온 기술을 바꿔야 하며 그럴 필요 없는 이들에 비해 불리한 처지에 서게 될 것이라는 뜻이다. 그들을 모두 아우르는 일은 주요 종교의 여러 종파를 단일 교단으로 통합하는 정치와 비교되었다.

가장 인상적인 가라테 시범은 전통적으로 벽돌이나 나무판자를 단번에 손날로 내리쳐 격파하는 것이다. 그것이 검은띠 유단자에게 얼마나 쉬운 일인지 알아보자. 효과적인 가라테 타격의 열쇠는 표적을 때리기 전 마지막 순간의 속도와 가속도다.

매우 뛰어난 유단자는 7㎧ 정도 속도로 타격을 할 수 있다. 남자 팔의 평균 질량이 3.4㎏이므로 타격하는 팔의 운동량은 대략 7×3.4=24㎏㎧이고 표적과 접촉 시간이 5밀리초 미만이므로 유단자가 가하는 힘은 24÷0.005=4,800N 정도가 될 수 있다. 참고로 몸무게가 70㎏인 사람은 70×9.8=686N의 힘을 지면에 가한다. 4,800N의 충격력이 보통 질량이 5㎏ 정도인 머리를 때린다면 그 결과로 발생하는 가속도는 4,800/5=960㎨, 즉 약 96g이 될 것이다.

이를 판자, 벽돌 격파에 필요한 요건과 비교하면 어떨까? 다들 보면 알겠지만 판자를 가격하는 가라테 시범자들은 보통 두꺼운 판자 한 장이 아니라 얇은 판자 여러 장을 쌓아 전체 두께를 만든다. 이는 비교적 쉬운 도전 과제다. 튼튼한 판자 한 장을 깰 필요 없이 그냥 얇은 판자를 한 장

가라테는 규칙과 스타일이 각양각색이다.

씩 잇달아 깨기만 하면 되기 때문이다. 더미 맨 위에서 깨진 판자들의 연속적인 하향 운동력은 아래 판자를 깨는 데 도움이 된다. 겹쳐놓은 판자 두 장을 깨는 데 필요한 힘은 판자 한 장을 깨는 데 필요한 힘의 두 배보다 작다. 또 시범에서는 타격하는 손날과 나뭇결이 평행하도록 판자들을 모두 한 방향으로 맞춰 가장 깨기 쉽게 해놓는다. 그리고 판자 더미 한가운데를 치는 것이 중요하다.

고수는 집중력이 워낙 강해서 타격 속도가 충돌 발생 순간 최대에 이르게 할 것이다. 손을 다칠까 봐 긴장해서 타격 속도를 늦추면 판자에 가하는 힘이 크게 줄어들 것이다. 게다가 판자가 깨지지 않을 것이므로 손을 훨씬 더 많이 다치게 될 것이다. 1cm 두께의 20m×30cm 송판 여섯 장을 깨려면 3,100N 정도 힘이 필요하고 같은 넓이에 4cm 두께의 벽돌 한 장을 깨려면 약 3,200N이 필요하다. 따라서 검은띠 유단자가 가할 수 있는 힘 4,800N이면 벽돌 한 장이나 판자 여섯 장은 쉽게 격파할 수 있을 것이다.

027 지레의 원리

우리는 모두 지레를 익히 알고 있다. 지레에서 힘을 그 작용점에서 멀리 떨어진 곳에 가하면 큰 힘을 만들어낼 수 있다. 가장 중요한 수량은 지렛대가 받는 힘 또는 하중과 힘점이나 작용점에서 받침점까지 거리의 곱이다. 받침점은 평형 상태가 가능하도록 지렛대를 괴고 있는 점을 말한다. 다음 그림을 보면 세 가지 지레와 각 지레가 수반하는 힘의 균형 상태가 나와 있다.

이른바 '제1종' 지레에서는 받침점 한쪽의 작용점에 하중이 가해지고 지렛대의 균형을 잡는 데 필요한 하향력이 반대쪽의 힘점에 가해진다.

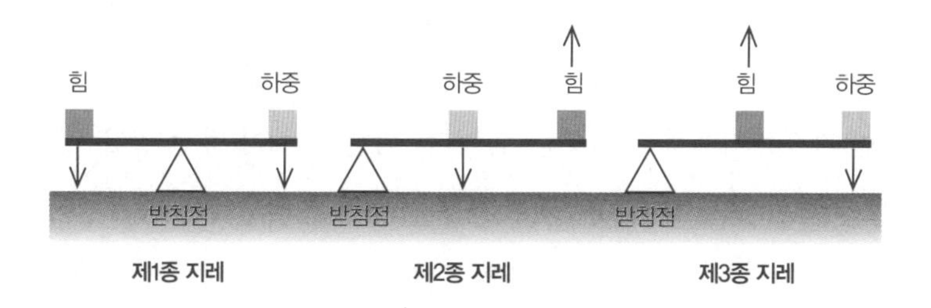

힘점과 받침점 간의 거리와 작용점과 받침점 간의 거리가 같으면 하중과 같은 크기의 힘을 가해야 지렛대의 균형을 잡을 수 있다. 하지만 힘점 · 받침점 거리가 작용점 · 받침점 거리보다 길면 하중보다 작은 힘으로도 균형을 잡을 수 있다. 균형이 잡히는 것은 힘과 힘점 · 받침점 거리의 곱이 하중과 작용점 · 받침점 거리의 곱과 같아질 때다. 이런 지레는 친숙하다. 몸무게가 같은 두 사람이 시소의 중심에서 같은 거리만큼 떨어져 앉아 있으면 이런 평형 상태가 나타난다.

'제2종' 지레는 다르다. 힘점 · 받침점 거리가 작용점 · 받침점 거리보다 긴데, 힘점과 작용점이 받침점을 기준으로 같은 쪽에 있으나 힘과 하중이 가해지는 방향은 서로 반대다. 어떤 사람이 시소 한쪽에 앉아 있는데 당신이 그의 뒤에서 시소를 들어 그를 올리려고 한다면 이런 지레 원리를 적용한 셈이다.

끝으로, '제3종' 지레에서는 작용점과 힘점의 위치가 뒤바뀌어 있어서 사용자가 자신보다 받침점에서 더 멀리 떨어져 있는 하중을 들어 올리려고 애쓴다. 이는 오히려 힘이 더 많이 드는 방법이다.

그런 세 가지 지레를 응용하는 경우가 올림픽 경기 일정과 선수 훈련 프로그램의 여기저기에 수시로 나타난다. 팔굽혀펴기를 한다면 제2종 지레로 움직이는 셈이다. 발가락이 받침점이고 몸무게가 하중인데, 그 하중을 극복하기 위해 팔 근육을 이용하여 힘을 위로 가하는 것이다. 앉아서 팔을 편 채 바벨을 잡은 후 팔을 당신 쪽으로 말아 바벨을 들어 올린다면 제3종 지레를 구현하는 셈이다. 다른 사람이 당신 발을 지면에 붙인 채 잡고 있게 하고 윗몸일으키기를 하는 경우에도 제3종 지레로서 움직이는 것이다. 노를 저어 물살을 가르며 나아가는 사람들은 노걸이를 받침점으로 삼아 노를 제1종 지레로 이용한다.

보기에 더 재미있으면서도 괴로운 응용 사례는 레슬링 경기에서 나타난다. 올림픽 레슬링을 다크 디스트로이어, 자이언트 헤이스택스 같은 연예인들이 하는 프로 레슬링과 혼동하면 안 된다. 올림픽 레슬링은 출전자들이 다섯 가지 공격 동작(테이크다운, 브레이크다운, 폴, 리버설, 카운터)이나 이스케이프(빠져나가기) 중 하나를 하려고 시도하는 훨씬 느리고 전략적인 격투기다. 올림픽에서는 '자유형'과 '그레코로만형'을 볼 수 있는데, 두 종목은 규칙이 다르다. 그레코로만형에서는 허리 아래에 홀드(상대편을 안아서 움직이지 못하게 하는 기술)를 걸면 안 되고 다리를 쓸 수도 없다. 자유형에서는 홀드에 그래도 제약이 좀 있긴 하지만 다리를 쓸 수 있고 허리 아래에 홀드를 걸어도 된다.

그런 레슬링 종목 모두에서 가장 효과적이라고 여겨지는 홀드가 바로 제2종 지레를 응용하는 기술이다. 제3종 지레처럼 작용하는 홀드는 가장 비효율적인 방법이고 제1종 지레처럼 작용하는 홀드는 효율성이 그 중간에 있다.

스포츠 영역 전반에 걸쳐 각양각색의 힘겨루기 경기를 지켜볼 때 여러분은 출전자가 받침점 위치를 신중히 선택하고 자신의 상당한 힘과 균형의 힘으로 무거운 무생물이나 다른 출전자를 옮기려 할 때 이 세 가지 지레 중 어느 것을 적용하는지 알아차릴 수 있어야 한다.

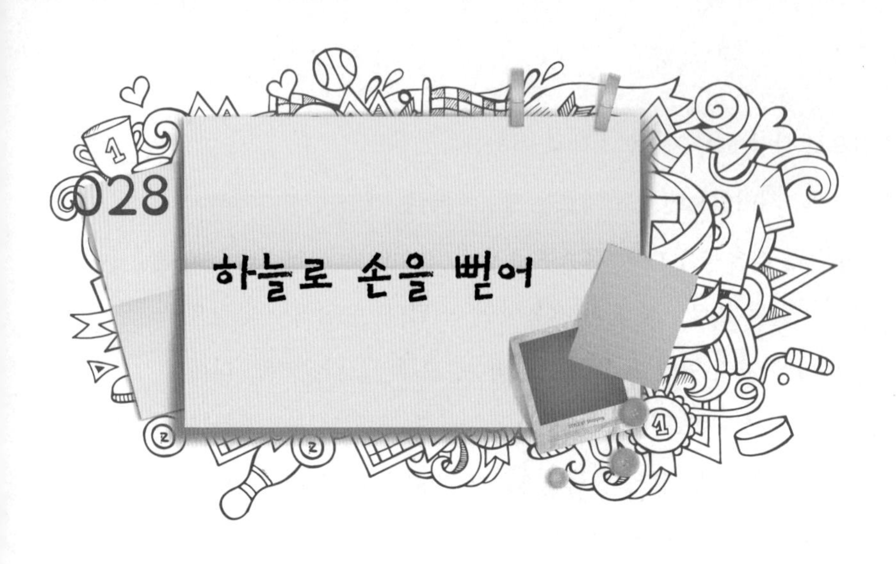

럭비 경기에는 타원형 공을 다시 경기장 안으로 던져 넣는 방법, 축구의 단순한 던지기보다 더 조직적이며 극적인 방법이 하나 있다. 바로 라인아웃이다. 라인아웃에서는 그 직전에 공을 경기장 밖으로 내보내지 않은 팀의 구성원이 던지는 공을 양 팀 선수들이 두 줄로 서서 기다린다. 그렇게 기다리는 선수들은 공을 붙잡거나 동료들에게 쳐 보내기 위해 뛰어오르기만 하는 것이 아니다. 그들 중 일부는 동료 선수들이 공중으로 던져주기도 한다. 라인아웃 도약에 대해서라면 선수는 키가 클수록 확실히 유리하다. 장신 선수가 없는 팀은 라인아웃을 할 때마다 공을 놓칠 것이다.

하지만 키가 크고 제자리에서(이 경우에는 도움닫기가 없다) 높이 도약할 수 있기만 해서는 공을 차지할 수 없다. 그런 선수는 공이 던져진 후 둘씩 짝을 지은 동료들이 공중으로 던져주는, 마찬가지로 덩치 큰 선수들과 경쟁하기 때문이다. 그들이 얼마나 높이 올라가는지 생각해본 적이 있는가? 몸집 좋고 힘 센 선수 두 명이 날아오는 공을 잡으려고 뛰어

오르는 라인맨의 다리를 한쪽씩 잡아 위로 들어 올린다. 두 선수의 팔은 처음에는 거의 수평이지만 들어 올리기 동작이 끝날 무렵에는 수직에 가까워진다.

몸이 탄탄한 운동선수들은 대부분 적어도 자기 몸무게 정도는 되는 힘을 가할 수 있으므로(정상급 역도 선수들은 훨씬 더 많이 들어 올릴 수 있다) 라인아웃에서 기둥 역할을 하는 두 선수는 적어도 두 사람의 상당한 몸무게 정도는 되는 상향력을 도약하는 선수에게 가할 것이다. 세 사람 모두 몸무게가 같다고 가정하면 도약 선수에게 작용하는 중력의 하향력이 곧 한 사람 몸무게이므로 결국 그는 도움을 안 받을 경우 느낄 한 사람 몸무게 크기의 하향 합력 대신 최소 한 사람 몸무게만 한 상향 합력을 느끼게 될 것이다.

키가 2m인 선수들이 라인아웃에서 줄을 서는 경우가 드물지 않은데, 그들은 팔을 자기 머리 위로 3/4m 더 뻗어 올릴 수 있다. 그들이 도약 선수의 넓적다리를 잡으면 도약 선수는 지면 위 4.5~5m 높이에 있는 공을

럭비 경기에서 조직적이고 극적인 방법이 바로 라인아웃이다.

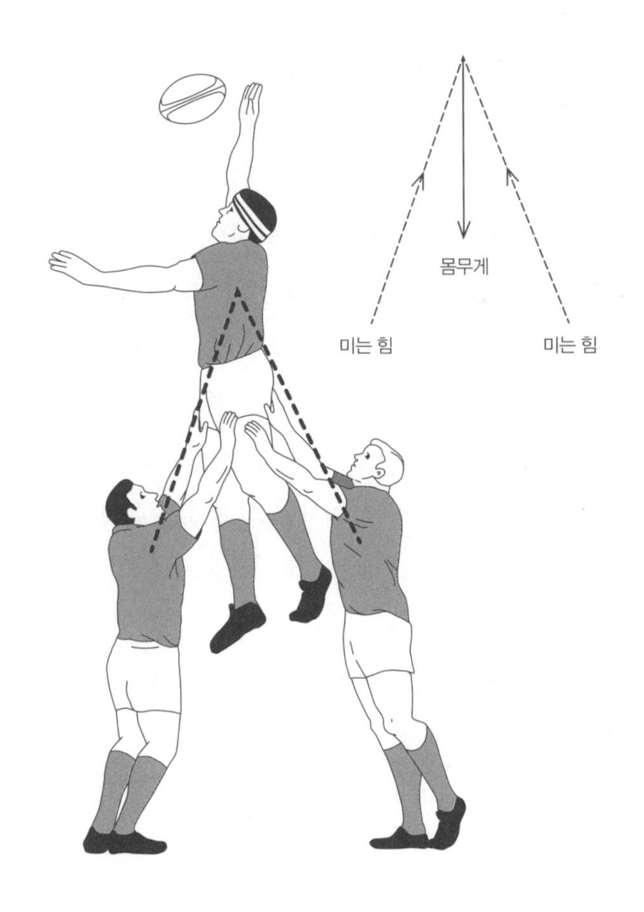

잡을 수 있다. 이는 인상적인 수치다.

올림픽 남자 장대높이뛰기에서는 6m를 넘으면 금메달을 딸 수 있고 높이뛰기 세계 기록은 '겨우' 2.45m이다. 하지만 내려올 때면 한참 떨어지는데, 에어매트리스가 놓인 착지 구역은 없다! 가해지는 힘으로 추산해보면 도약 선수는 약 3/4초 만에 최고 높이까지 올라간다. 터치라인에서 공을 경기장으로 던져 넣는 선수는 공의 아치형 비행경로가 정확히 해당 도약 선수의 공중 최고 위치에서 최고 높이 4.5~5m에 이르도록 공을 아주 정확히 던져야 한다.

공 던지는 선수의 팀은 해당 줄의 어느 선수에게 공을 던져야 할지 그에게 알려주는 신호를 정해두겠지만 그는 공을 공중의 그 주요 위치로 보낼 시간이 3/4초 정도밖에 없다.

남자 마라톤 경기는 전통적으로 올림픽 대회의 마지막 날 42.195km(26.22마일)라는 묘한 거리의 코스에서 열린다. 마라톤은 1896년 올림픽 대회가 근대식으로 재개될 때부터 올림픽 종목이었다. 이 새로운 올림픽 대회는 전통에 따라 아테네에서 열기로 했는데, 당연하게도 그리스인은 사람들의 마음을 울리며 그리스 역사를 상기하는 극적인 경기 종목을 하나 만들고 싶어 했다.

그들이 증폭하기로 한 울림은 고대 올림픽의 운동 종목이 만들어낸 울림이 아니라 전설 속에 간직된 울림이었다. 그들은 이 모두의 진실에 대해 역사학자들이 지금껏 즐겨온 논의를 파고들지 않고 페이디피데스Pheidippides라는 사자使者에 대한 고대 역사학자들의 이야기에서 실마리를 얻었다(후대의 한 저술가는 그를 필리피데스Philippides라는 이름으로 불렀다). 그 사자는 기원전 490년 8월 또는 9월에 페르시아군의 패전 소식을 가지고 전쟁터 마라톤에서 아테네로 가게 됐다. 그 지역에는 언덕과 바위가 많았고 사자가 선택했을 법한 갖가지 경로는 길이가 37km(23마일)

에서 41.8km(26마일)에 이르기까지 다양했는데, 1896년 사람들은 사자가 더 긴 거리를 택했을 거라고 추정했다. 아테네에 도착한 그는 '우리가 이겼다'는 기쁜 소식을 알리고는 곧바로 쓰러져 죽고 말았다.

1896년 아테네 올림픽 '마라톤' 경주에서 (2시간 58분 50초의 기록으로) 우승한 사람은 그리스의 무명 물장수 스피리돈 루이스Spiridon Louis였다. 이상하게도 그는 그리스 대표팀 선발을 위한 같은 코스 예선 경주에서는 (3시간 18분의 기록으로) 5위에 그쳤다. 다음은 당시 선두 그룹의 사진이다.

마라톤을 취미로 한다면 그 우승 기록에 감탄할지도 모른다. 하지만 그 기록은 겉보기와는 좀 다르다. 오늘날 마라톤을 정의하는 데 사용하는 거리는 1921년 5월에 가서야 IAAF가 표준화한 것이다. 초창기 마라톤에서 달린 실제 거리는 다음 표에 나와 있다.

년	거리(킬로미터)	거리(마일)
1896	40	24.85
1900	40.26	25.02
1904	40	24.85
1906	41.86	26.01
1908	42.195	26.22
1912	40.2	24.98
1920	42.75	26.56
1924 이후	42.195	26.22

초창기 올림픽에서 달린 실제 거리에 크게 신경 쓰는 사람은 아무도 없었다. 중요한 것은 각각의 경주에서 출전자들이 같은 거리를 달렸다는 점이다. 1904년 세인트루이스 올림픽의 마라톤 경주는 무능한 경찰들을 희화화한 코미디물 《키스톤 캅스Keystone Cops》의 한 장면 같았다. 그 경주는 차량이 오가는 도로에서 진행됐다. 선수들은 달리는 내내 차량을 이리저리 피해 다녀야 했는데, 한 선수는 개들에게 쫓겨 코스에서 벗어나기도 했다. 처음 결승선을 통과한 선수는 나중에 실격당했다. 코스의 절반 정도를 자동차로 간 사실이 밝혀졌기 때문이다. 그런 예측 불허의 변동 사항 때문에 코스 거리는 1920년 올림픽 때까지 39.9km(24.85마일)와 42.7km(26.56마일) 사이에서 다양했다. 1920년 이후에는 1908년 처음 쓰인 42.195km(26마일 385야드)가 새로운 표준 거리로서 모든 남자, 여자, 장애인 마라톤에 쓰여오고 있다. 그 표준 거리는 어디서 비롯되었을까?

이런 공식 마라톤 코스 거리가 있는 것은 영국 왕실 때문이다. 1908년 올림픽 대회가 런던에서 열렸을 때 육상 경기는 옛 화이트시티스타디움에서 열렸다. 왕실 사람들은 자녀들이 방 창문으로 출발 장면을 볼 수 있도록 마라톤 경주가 윈저 성문 밖에서 시작되게 할 수 있는지 물었다. 그리고 그 종목에서는 화이트시티스타디움 트랙의 결승선도 귀빈석의 국왕 에드워드 7세Edward VII 앞에 위치하도록 옮겼다. 그런 두 가지 특혜가 조합된 결과 지금의 상징적인 거리가 생겨났다.

1908년 올림픽 마라톤 경주는 매우 극적이었다. 마라톤이 스타디움의 관중 6만 8,000명 앞에서 끝나게 되어 있었는데, 선두 주자였던 이탈리아 선수 도란도 피에트리Dorando Pietri는 매우 괴로워하며 스타디움에 들어와서는 트랙 위에 쓰러져 방향 감각을 점점 더 잃어갔다. 그러자 결승 지점 근처에 있던 경기임원 두 명이 그를 불쌍하게 여겨 그의 팔을 부축하고 같이 걸어 결승선을 지났다. 하지만 그는 곧 실격당했다.

금메달은 스물두 살의 미국 선수 조니 헤이스Johnny Hayes가 땄다. 미국 대표로 출전한 수많은 아일랜드 태생 선수 중 한 명이었던 헤이스는 2시간 55분 18초 만에 코스를 완주했다. 하지만 아무도 헤이스를 기억하지 못한다. 피에트리의 운명에 왕실 사람들이 크게 감동해 이튿날 알렉산드라Alexandra왕비가 그에게 특별히 금도금 은컵을 수여했다. 그 후 4년간 헤이스와 피에트리는 프로 선수로 전향해 마라톤 경주에서 네 차례 만났는데, 매번 피에트리가 이겼다. 여러 해가 지난 후 영국의 달리기 선수 조 디킨Joe Deakin이 말한 바에 따르면 피에트리가 방향 감각을 잃고 쓰러진 이유는 그가 경주 중 관중들에게서 술을 상당히 많이 받아 마셨기 때문이었다고 한다.

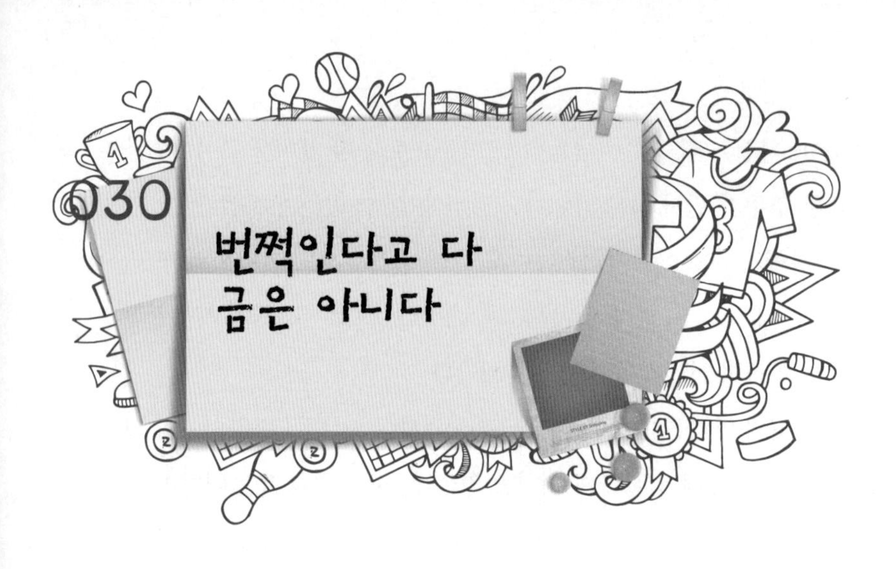

운동선수들에게 올림픽 금메달은 대부분 성취의 정점이다. 하지만 고대 그리스 올림픽 대회에는 메달이 없었다. 각 종목 우승자는 올리브관을 받았고 2위 선수와 3위 선수는 아무것도 받지 못했다. 1896년에 올림픽 대회가 부활됐을 때 우승자는 은메달을, 준우승자는 동메달을 받았다. 신기하게도 당시에는 금이 은보다 못하다고 여겨진 듯하다. 1900년 파리 올림픽에서는 메달을 전혀 수여하지 않고 컵 등 기념품만 주었는데, 남자 200m 자유형 수영 우승자인 오스트레일리아 선수 프레더릭 레인Frederick Lane은 말 동상을 상으로 받았다! 1904년에는 우승자에게 은메달 대신 순금 메달을 주었고 해당 선수에게 은메달과 동메달도 수여했다. 하지만 순금 메달은 1912년 이후 사라졌다. 그해 올림픽 '금'메달은 주재료 순은에다 화려한 금색을 내기 위해 금 6g을 입혀 만들었다. 그런 메달은 적어도 지름이 60mm, 두께가 3mm는 되어야 했다.

각 주최국이 해당 올림픽 대회에서 수여하는 메달의 제조를 책임진다. 1928년부터 1968년까지 올림픽 메달은 양면에 똑같은 무늬가 들어

갔는데, 이탈리아 미술가 주세페 카시올리Giuseppe Cassioli가 디자인한 것이다. 1972년부터는 주최국이 저 나름의 디자인을 메달 한 면에 적용할 자유가 점차 커졌다. 2010년 밴쿠버 동계 올림픽에서는 메달이 친환경적이라는 사실이 언론의 주목을 많이 받았다. 그 대회의 메달은 낡은 텔레비전과 컴퓨터 회로를 재활용해 얻은 금속으로 만들었다. 2008년 베이징 올림픽 금메달은 지름 70mm, 두께 6mm, 무게 120g으로, 귀한 옥으로 만든 고리를 금에 박아 넣은 형태였다. 2012년 런던 올림픽의 금메달은 지름 85mm, 두께 7mm, 무게 400g으로 하계 올림픽 역사상 가장 컸다.

1980년 하계 올림픽 때 카시올리가 디자인한 동메달

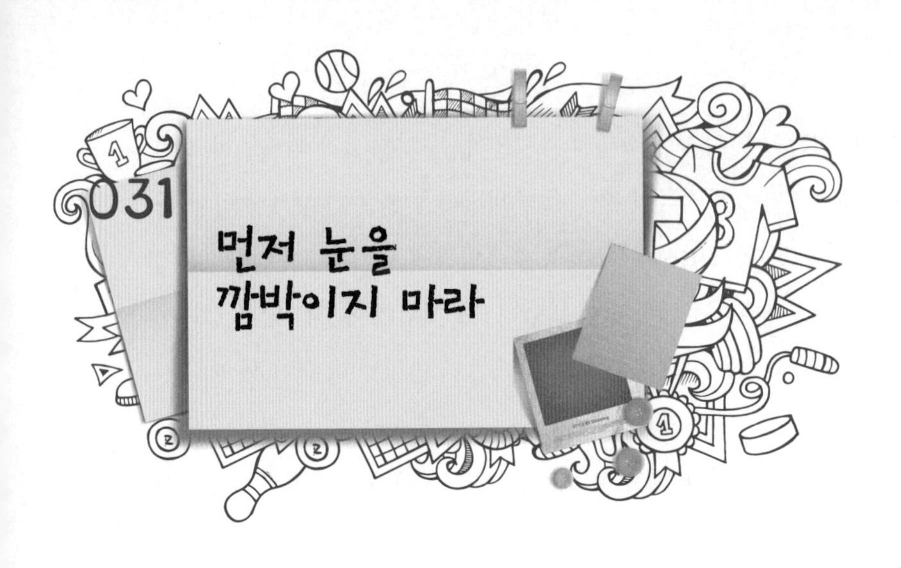

페널티킥은 언제든 긴장되는 일이지만 축구 경기 전체의 결과를 결정하는 승부차기는 골을 못 넣은 사람들에게 오래도록 영향을 미칠 것이다. 그렇다면 최고 전략은 무엇일까? 공을 무작위로 골문 안의 아무 데로나 차서 보내는 것은 결코 상대편이 확실한 전략으로 극복할 수 없는 전략이다.

하지만 활용 가능한 비무작위적 요소도 하나 있는 듯하다. 골키퍼와 페널티킥 키커들은 저마다 강한 쪽과 약한 쪽이 있을 텐데, 이는 이를테면 그들이 오른손잡이냐 왼발잡이냐 같은 문제에 달려 있을 것이다. 키가 아주 큰 골키퍼들은 자세를 낮춰 낮은 슛을 막는 데 비교적 취약할 수 있고 공을 관중석 뒤쪽으로 걷어내 버리는 데 익숙한 수비수 키커들은 공을 크로스바 위로 넘겨버리기 쉽다.

헌신적인 연구자들이 유럽 전역에서 벌어진 축구 경기의 페널티킥을 연구해왔다. 그들은 서로 협력하여 1,417건의 페널티킥에서 키커가 공을 차 보낸 곳과 골키퍼가 몸을 날린 방향에 대한 데이터를 모았다. 키커

	페널티킥 키커		
골키퍼	왼쪽으로 슛	가운데로 슛	오른쪽으로 슛
왼쪽으로 점프	60	90	93
가운데 그대로 있기	100	30	100
오른쪽으로 점프	94	85	60

와 골키퍼가 선택할 수 있는 슛 · 방어 방향을 오른쪽, 왼쪽, 가운데 세 가지로 나누면 성공적인 페널티킥(골이 들어가서 키커의 관점에서 볼 때 '성공적'인 페널티킥)의 백분율은 위 표에 나와 있는 것과 같다.

보다시피 골키퍼는 왼쪽보다 오른쪽으로 몸을 날리는 경우가 더 많은데 분명히 이는 전체 인구의 90% 정도가 오른손잡이라는 사실을 반영하는 현상이다. 실제로 골키퍼와 페널티킥 키커는 둘 다 그런 백분율을 이용해 최적의 페널티킥 공격 · 방어 전략을 생각해낼 수 있다.

최적의 전략은 발생 가능한 최악을 최소화하는 전략인데, 2인 게임에 참가한 사람들의 최적 전략을 추론하는 잘 연구된 간단한 수학 이론이 하나 있다. 이 이론은 유명한 수학자 존 내시John Nash가 만들었다. 내시의 생애는 상을 받은 영화 《뷰티풀 마인드A Beautiful Mind》의 소재가 되기도 했다. 내시는 결국 중요한 업적을 인정받아 노벨 경제학상을 수상했다. 페널티킥 키커 대 골키퍼의 경쟁에 대한 '내시 균형'은 키커가 슛의 37%는 왼쪽으로, 29%는 가운데로, 34%는 오른쪽으로 차 보내는 경우다. 골키퍼는 페널티킥 상황의 44%에는 왼쪽으로 몸을 날리고 13%에는 가운데 그대로 있고 43%에는 오른쪽으로 몸을 날리는 최적 전략을 채택해야 할 것이다.

만약 둘 다 최적 전략을 채택한다면 페널티킥의 80% 정도에서 골이 들어갈 것이다. 따라서 각 팀이 공격과 방어를 각각 다섯 번씩 하는 전형적인 승부차기에서는 모두 그런 최적 전략으로 임한다면 두 골 정도가 들어가지 않을 것이다.

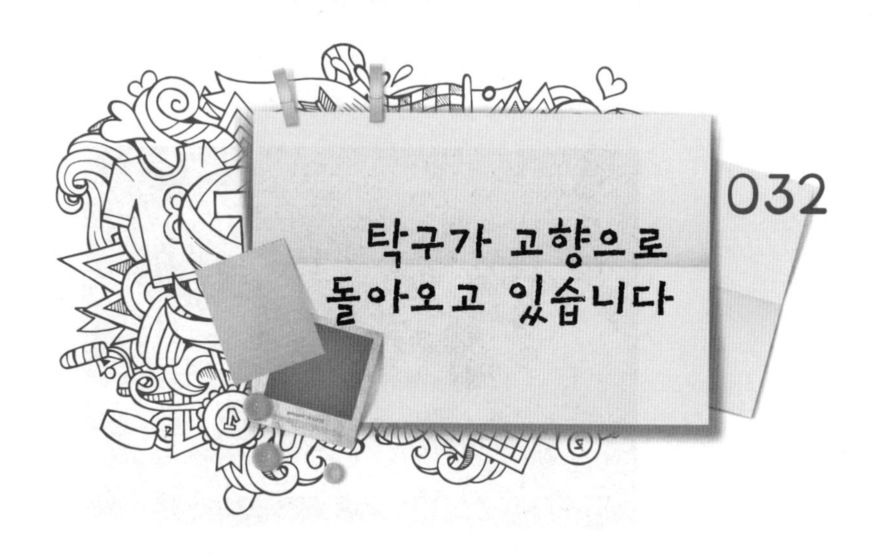

탁구는 세계의 다른 어떤 운동보다 즐기는 인구가 많을지도 모른다. 중국에서는 거의 모든 사람이 탁구를 치는 듯하다. 중국에 갔을 때 보니 비바람에 잘 견디는 야외 탁구대가 아주 뜻밖의 이런저런 공공장소에 놓여 있었다. 그런 곳에는 줄 서서 차례를 기다리는 사람들과 줄지어 구경에 열중하는 사람들이 꼭 있었다. 우리 대학을 다녀간 가장 성공한 운동선수는 중국의 놀라운 탁구 선수 덩야핑Deng Yaping이다. 1992년, 1996년 올림픽 단 · 복식 경기에서 금메달을 네 개 땄고 1991년, 1995년, 1997년 세계선수권대회 단 · 복식 경기에서 여섯 번 우승한 그녀는 역대 최고 선수로 꼽히며 중국에서 가장 유명한 스포츠계 인사가 되었다.

탁구는 1988년 올림픽 종목이 되었는데 더 재미있게 관람하려고 점수 체계를 최근 바꾼 경기 중 하나다. 원래 선수들은 최소 2점 차로 21점을 따야 하고 서브를 5점마다 교대했다. 승자가 되려면 세 게임 중 두 게임을 먼저 이겨야 했다. 지금 최고 수준의 탁구 경기는 최소 2점 차로 11점을 따야 이기며 7게임 4선승제 또는 5게임 3선승제다. 서브는 자기 차

새 점수 체계는 관중에게 주는 재미를 두 배로 늘렸다.

례마다 두 번씩만 넣되 점수가 10 대 10이 된 이후에는 한 번씩 넣는다. 규칙이 이렇게 바뀌면 서브하는 선수가 유리한 상황에 오래 있지 못하게 되고 일방적인 게임이 오래 지속되는 경우도 예방할 수 있다.

원칙적으로 점수 체계는 선수가 승리 직전에 이르는 횟수를 되도록 늘려야 하고 약한 선수가 순전히 운으로 이길 여지를 되도록 최소화해야 한다. 예를 들어 우승자가 1점제 경기로 결정된다면 더 실력 좋은 선수가 진가를 보여줄 기회가 줄어들 것이다. 하지만 점수를 많이 따야 이기게 하면 약한 선수가 행운을 거듭 만나기는 더 어려워지겠지만 관중의 재미가 줄어들 수 있다. 여러 스포츠에서 일련의 게임과 세트를 볼 수 있는 것도 바로 그런 이유 때문이다. 그런 방식을 쓰면 게임의 활기를 더 오래 유지하고 돌이킬 수 없는 점수 차가 발생하지 않도록 막으며 게임, 세트, 전체 경기의 승부를 가르는 결정적 점수를 많이 만들 수 있다.

만약 한 선수가 1점을 딸 확률이 매번 p로 일정하다면, 그리고 n점을 따야 게임을 이긴다면 그 선수가 n점을 잃기 전에 n점을 딸 확률을 계산할 수 있다. 계산이 간단해지도록 두 선수의 실력이 막상막하여서 p가 1/2에 매우 가깝다고 가정해보자. P=1/2+s라고 적으면(여기서 s는 1/2보다 훨씬 작은 미미한 수량이다) n점을 잃기 전에 n점을 딸 확률은 대략 다음과 같다.

$$Q = \frac{1}{2} + 2s\sqrt{(n/\pi)}$$

가만히 보면 1점을 딸 확률이 매번 정확히 1/2인 경우에는 s가 0이므로 게임에서 이길 확률 Q도 1/2이다. 또 잘 보면 한 선수의 아주 작은 이점($2s\sqrt{(n/\pi)}$)은 게임에서 이기기 위해 따야 하는 점수 n이 증가할수록 ($\sqrt{n}$배로 늘어나며) 점차 증폭된다. 두 선수의 실력이 비슷할수록 승리에 필요한 득점을 늘려야 Q가 1/2보다 훨씬 커지게 할 수 있다. 그런 까닭에 이를테면 정상급 남자 테니스 경기에서는 원래 3세트제 대신 5세트제를 썼다.

대체로 실력이 막상막하인 선수들이 n점을 먼저 따려고 겨룰 때 한 선수가 취하는 승산상의 미미한 이점은 $2s\sqrt{(n/\pi)}$이다. 한 게임을 이기려면 최소 2점 차로 n점을 선취해야 하고 전체 경기에서 우승하려면 m게임을 이겨야 할 때 한 선수가 취하는 승산상의 미미한 이점은 대략 $2\sqrt{(m/\pi)} \times 2s\sqrt{(n/\pi)} = (4s/\pi)\sqrt{(m \times n)}$일 것이다.

여기서 가장 중요한 수량은 m×n이다. 만약 두 가지 점수 체계의 m×n 값이 같다면 두 체계에서는 막상막하인 선수들이 운보다 실력으로 득을 보는 정도가 똑같을 것이다. 탁구 점수 체계가 변화한 것은 어떤 이유일까? 옛날에는 한 게임을 이기려면 n=21점을 따야 했고 경기를 이기려면 3게임 2선승제에 따라 m=2게임을 이겨야 했다. 그러므로 m×n=42이다.

지금은 게임이 $n=11$점제이고 경기가 7게임 4선승제여서 $m=4$이므로 $m\times n=44$이다. 42와 44가 아주 가까운 수라는 점으로 미루어 보면 탁구 점수 체계를 바꾼 사람들은 분명히 주도면밀했을 것이다!

새 점수 체계에서는 선수가 운보다 실력으로 득을 보는 정도는 전과 거의 같지만 관중에게 주는 재미는 두 배로 늘었고 서브하는 선수가 상대보다 유리해지는 정도는 절반으로 줄었다. 공통 요인은 아주 명백하다. $m\times n$은 경기에서 총 몇 점이 날지 가늠하는 데 좋은 척도가 된다. 그 값을 거의 같게 유지하면 점수 체계를 계획하고 텔레비전 방송 스케줄을 짜는 데 도움이 되며 선수가 운보다 실력으로 득을 보는 정도도 비슷하게 유지할 수 있다.

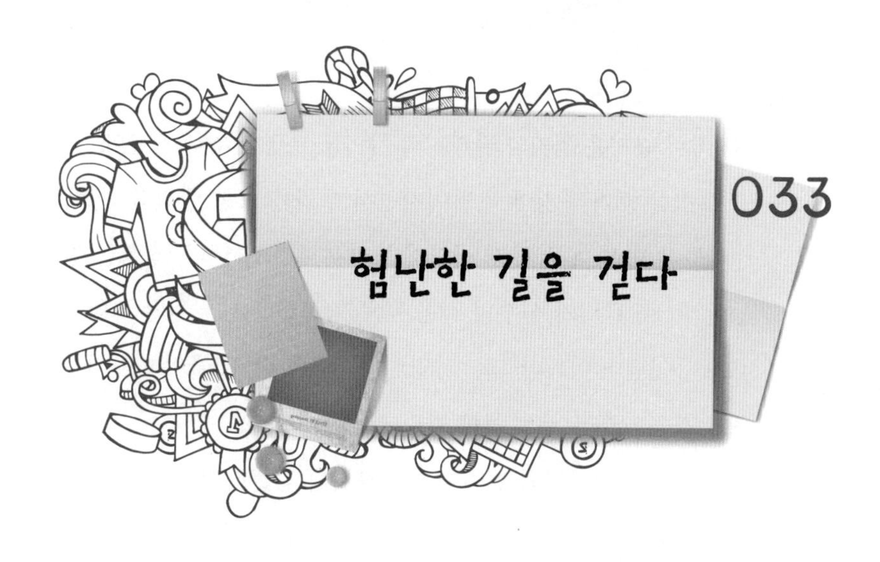

033 험난한 길을 걷다

경보는 1880년 영국아마추어육상협회의 첫 체육대회에 '도보주의pedestrianism'라는 경기명으로 포함되었고 1904년 올림픽 대회에서 10종경기 같은 다종목 경기의 일부였다. (경보를 근대 10종경기에 넣다니 얼마나 재미있는 생각인가!) 독립적인 경보는 1908년 도입되어 그때부터 줄곧 20km와 50km 도로 경주 종목으로 올림픽 대회의 일부였다. 여자 종목은 1992년에 추가됐는데 20km 경주 종목만 있다. 남자 20km 도로 경보의 현재 세계 기록은 1시간 16분 43초이다. 여자 경보의 세계 기록은 1시간 24분 50초이다. 남자 기록은 20km를 평균 속도 4.35㎧로 걸은 것인데, 그렇게 1km를 3분 50초에 가는 정도면 달리기 속도로도 꽤 괜찮은 수준이다. 이는 결코 한가로운 걷기가 아니다.

어떻게 경보 선수들은 그렇게 빨리 걸을까? 경보 규칙 때문에 그들은 상당한 제약을 받는다. 어느 한쪽 발은 반드시 땅에 닿아 있어야 한다. 그러지 않으면 '리프팅lifting'으로 실격을 당할 수 있다. 그리고 땅에 닿은 다리는 수직으로 몸무게를 떠받칠 때 (무릎을 굽히지 말고) 곧게 펴야 한다. 이런 규칙은 걷기와 달리기의 차이를 분명히 밝혀 정한다. 달릴 때는 땅을 박찰 때마다 땅에서 떨어지면서 다리를 보통 굽힌다. 실제로 경보 선수들은 발을 매우 빨리 내디뎌 놀라운 속도를 낸다. 정상급 경보 선수들은 400m 달리기 선수와 같은 빠르기로 발을 내딛지만 그런 빠르기를 45초 동안만이 아니라 75분 동안이나 유지한다. 그들이 이동하는 속도는 초당 걸음 수와 보폭의 곱에 따라 결정된다.

선수들이 길거리의 평범한 보행자처럼 걷는다면 보폭이 너무 짧아서 필요한 빠른 속도를 내지 못할 것이다. 바로 그런 까닭에 정상급 선수들은 엉덩이를 흔드는 특유의 동작을 보여준다. 그런 동작을 하면 실질적으로 보폭이 길어진다. 그렇게 엉덩이로 보폭을 늘리는 기술을 쓰려면 유연성과 조정력이 상당히 좋아야 하는데, 일류 선수들은 특출하게 부드러운 동작으로 걷는다. 달리기 선수는 발을 연달아 내디디며 달리는 동안 무게중심이 오르락내리락하지만 정상급 경보 선수는 무게중심이 일직선으로 나아간다. 그들은 무게중심을 쓸데없이 위아래로 움직이느라 에너지를 낭비하지 않는다.

하지만 경보에는 큰 문제가 하나 있다. 경보 규칙은 텔레비전이 나오

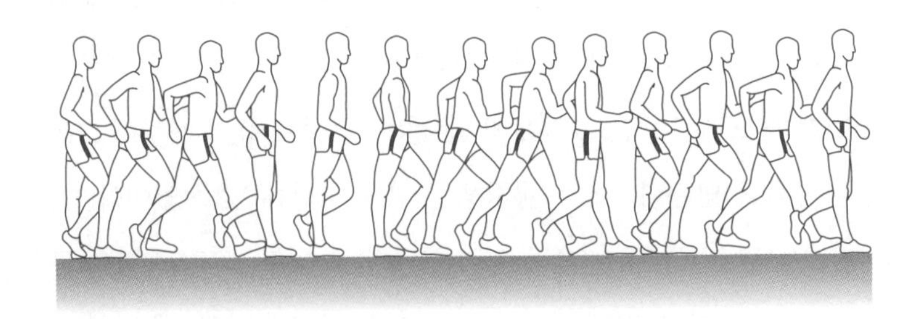

기 전의 시대에 세운 것인데, 심지어 지금도 오로지 인간 심판들이 집행할 뿐이다. 그들은 스타디움 밖의 아주 긴 도로 코스에서 띄엄띄엄 간격을 두고 경보 선수들이 '리프팅'을 하지 않는지 판정한다. 텔레비전이 경기 장면을 느리게 재생해 자세히 보여준 결과 언론인과 시청자들은 정상급 경보 선수들이 모두 달린다며 강하게 항의했다. 선수들이 땅에서 자주 떨어지다 보니 사람들은 그 종목이 달리기의 변형으로 바뀌고 있다고 말하기도 했다. 하지만 1996년 올림픽 우승자인 에콰도르의 뛰어난 선수 제퍼슨 페레즈Jefferson Perez의 영상을 한번 보라. 놀랍게도 그 영상은 재생 속도를 높인 것이 아니다. 그는 정말 분당 186걸음을 내디뎠다. 그리고 그의 보법은 완벽하다. 오르락내리락하는 움직임이 전혀 없다. 정지 화면을 보면 그는 리프팅을 하지 않는 듯하다.

선수와 땅의 접촉을 좀 더 수학적으로 분석해보면 재미있다. 선수의 두 발이 모두 땅에 닿은 순간 길이 L의 선수 다리는 삼각형을 이룬다. 그의 보폭은 S이다.

수직 방향으로 작용하는 힘은 선수의 몸무게와 지면 위 뒷발의 상향

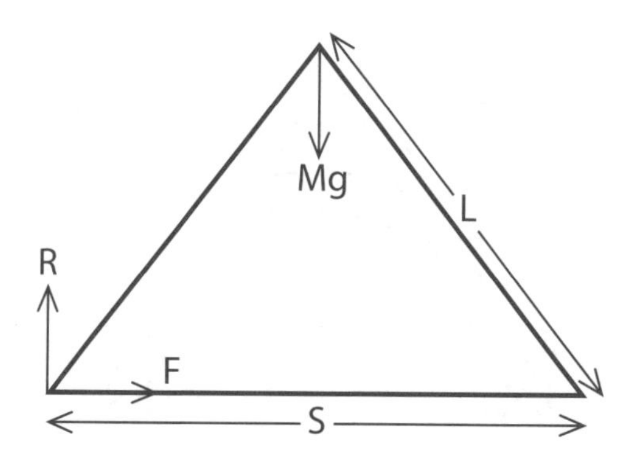

반작용력 R이다. 앞발이 땅에 닿기 전에 뒷발이 땅에서 떨어지면 R는 0이 되고 선수는 '리프팅'을 하게 될 것이다. 리프팅을 하지 않고 낼 수 있는 최대 속도 V는 다음 공식으로 구할 수 있다.

$$V^2 = \frac{1}{2} gL[3\sqrt{(4 - S^2/L^2)} - 4]$$

여기서 g=9.8㎨는 중력가속도이고 L은 선수의 다리 길이이며 S는 선수의 보폭이다. 다리 길이를 일반적인 1m로, 보폭을 1.3m로 가정하면 선수가 땅에서 떨어지지 않고 낼 수 있는 최대 보행 속도는 V=1.7㎧이다. 이는 정상급 선수들이 20km에 걸쳐 유지하는 4㎧ 이상의 속도에 한참 못 미친다.

리프팅 없이 더 빨리 갈 수 있는 방법이 두 가지 있다. 첫 번째 방법은 보폭(S)을 더 짧게 줄이고 발을 더 빨리 내딛는 것이다. 가령 S=1m 보폭으로 걷는다면 규칙에 맞는 최대 보행 속도를 2.42㎧로 높일 수 있다. 하지만 그 정도로는 충분하지 않으므로 두 번째 주요 요인인 선수의 다리

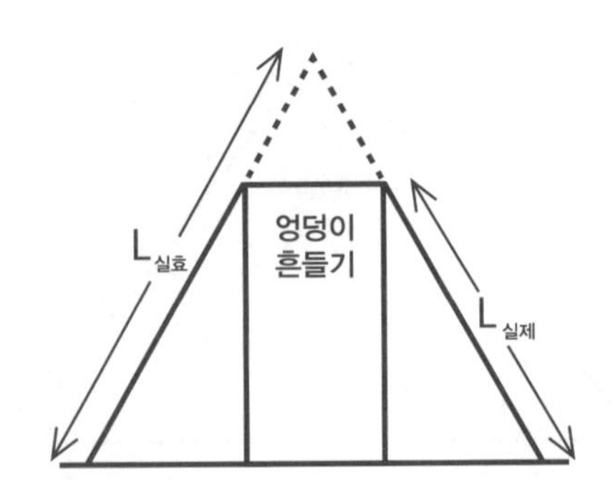

길이를 생각해보자. 엉덩이를 흔드는 특유의 동작을 취함으로써 정상급 선수는 다리의 실효 길이를 늘릴 수 있다. 그렇게 하면 보폭도 거의 다리의 실효 길이가 늘어난 만큼 길어진다.

보폭과 같은 새로운 다리 실효 길이로 리프팅 없이 세계 기록 속도 4.35㎧를 내려면 엉덩이 동작으로 다리의 실효 길이를 2.3m 정도로 늘려야 하는데 이는 말도 안 된다. 이런 점으로 미루어 보면 그렇게 빠른 보행 속도에서는 선수가 땅에서 자꾸 떨어지게 마련인 듯하다.

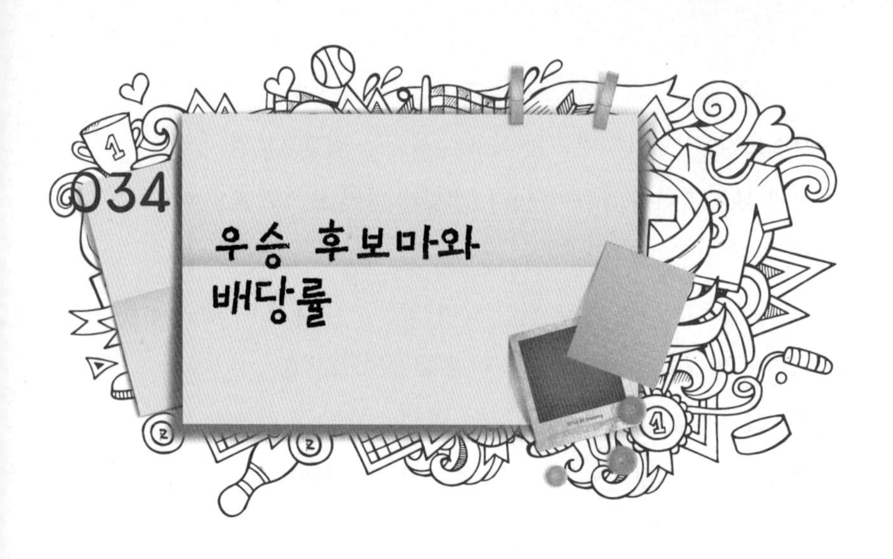

034 우승 후보마와 배당률

언젠가 범죄 수사 드라마 〈미드소머 머더스Midsomer Murders〉의 한 회를 보았다. 우승후보마에 약을 먹여 마권업자들을 속이는 계획이 나오는 회였다. 그 드라마에서는 살인 등 다른 사건에 초점을 맞춰 베팅 사기의 원리는 전혀 설명해주지 않았다. 무슨 일이 벌어졌을까?

가령 경마 경기가 열리는데 출전마 N마리의 공개된 배당률이 a_1 대 1, a_2 대 1, a_3 대 1 등이라고 하자. 배당률이 5 대 4인 경우 그것을 a_i=5/4 대 1로 표현한다. 만약 경주마 N마리 모두에 배당률에 비례해서 돈을 건다면, 즉 내기 밑천 총액의 $1/(a_i+1)$을 배당률이 a_i 대 1인 경주마에 건다면 배당률의 합 Q가 다음 부등식을 만족시키기만 하면 항상 이익을 볼 것이다.

$$Q = \frac{1}{(a_1+1)} + \frac{1}{(a_2+1)} + \frac{1}{(a_3+1)} + \cdots\cdots \frac{1}{(a_N+1)} \langle 1$$

그리고 Q가 정말 1보다 작다면 우리가 따는 돈은 최소한 다음과 같을 것이다.

$$\text{우리가 따는 돈} = \left(\frac{1}{Q} - 1\right) \times \text{우리가 건 판돈 총액}$$

예를 좀 살펴보자. 경주마가 4마리 있는데 각각 배당률이 6 대 1, 7 대 2, 2 대 1, 8 대 1이라고 하자. 그러면 $a_1=6$, $a_2=7/2$, $a_3=2$, $a_4=8$이 된다. 따라서 Q는 다음과 같다.

$$Q = \frac{1}{7} + \frac{2}{7} + \frac{1}{3} + \frac{1}{9} = \frac{51}{63} \langle 1$$

내기 밑천의 1/7은 1번 경주마에, 2/9는 2번 경주마에, 1/3은 3번 경주마에, 1/9은 4번 경주마에 나눠 걸면 적어도 내기에 건 총판돈의 (63/51)−1=12/51는 딸 것이다(그리고 물론 그 판돈 원금도 돌려받을 것이다).

하지만 다음 경주에서는 네 경주마의 배당률이 3 대 1, 7 대 1, 3 대 2, 1 대 1(반반)이라고 해보자. 이제 Q는 다음과 같다.

$$Q = \frac{1}{4} + \frac{1}{8} + \frac{2}{5} + \frac{1}{2} = \frac{51}{40} \langle 1$$

따라서 수익을 확보할 방법이 없다. 일반적으로, 출전마가 많으면(따라서 N 값이 크면) Q가 1보다 클 확률이 더 높다. 하지만 N 값이 크다고 해서 꼭 Q〉1이 되는 것은 아니다.

드라마 이야기로 돌아가자. 만약 Q〉1인 위 예의 우승후보마에 누군가 약을 먹여 그 말이 출전하지 못하리라는 사실을 경주 전에 알게 된다면 상황이 어떻게 바뀔까?

약물 복용 같은 내부 정보를 이용하면 (배당률이 1 대 1인) 그 우승후보마를 무시하고 그 말에 돈을 전혀 걸지 않을 것이다. 따라서 사실상 말 3마리 경주에 돈을 걸게 되는데, 그럴 때 Q는 다음과 같다.

$$Q = \frac{1}{4} + \frac{1}{8} + \frac{2}{5} = \frac{31}{40} \langle 1$$

그러므로 내기 밑천의 1/4을 1번 경주마에, 1/8을 2번 경주마에, 2/5를 3번 경주마에 걸면 판돈 원금 외에 그 판돈 총액의 (40/31)−1=9/31를 최소 수익으로 확보하게 된다! 즉 돈을 제법 벌게 된다.

그런데 Q〉1인 경우에도 그 체계는 '돈세탁'에 유용하다고들 한다. 위에 나오는 방식으로 모든 말에 돈을 걸면 그 돈을 마권업자들을 통해 세탁하게 되는데, 내기에 건 돈의 (1/Q−1)에 해당하는 '수수료'가 발생하긴 한다.

2011년 세계육상선수권대회에서는 세간의 이목을 끄는 실격 사례가 몇 건 있었다. 우사인 볼트가 100m 달리기 결승전에서 탈락되자 관중, 대회 주최자들, 스폰서들의 입에서 커다란 탄성이 터져 나왔다. (새롭다면) 새로운 부정 출발 규칙에서는 아무에게도 두 번째 기회를 주지 않는다. 누구든 부정 출발을 한 번 하면 바로 실격을 당한다. 예전의 부정 출발 규칙은 선수들에게 더 우호적이었다. 누군가 부정 출발을 하면 두 번째 기회를 얻었지만 그다음 부정 출발자는 그전에 어떻게 했든 실격당했다. 요컨대 두 번째 부정 출발을 범한 사람은 탈락된 것이다.

어떤 사람들은 그 규칙을 싫어했다. 그런 규칙이 비신사적인 술수를 부추긴다는 이유 때문이었다. 출발이 느린 선수들은 출발이 빠른 경쟁자들이 다음번에 더 조심스러워지게 하려고 일부러 부정 출발을 저지를 수도 있었다. 하지만 새로운 규칙이 도입된 진짜 이유는 텔레비전 방송 때문이었다. 부정 출발이 발생하면 경기가 예정보다 느리게 진행되어 성급한 프로그램 프로듀서들이 초조해했다. '일진아웃제'를 적용하면 프로그램 스케줄에 지장을 주는 일이 최소한으로 줄어든다.

가령 100m 달리기 결승전에 주자가 n명 있는데(보통 n=8이다) 그들이 부정 출발을 범할 확률이 각각 p_1, p_2……p_n이라고 해보자. 현재의 규칙 아래에서 어떤 선수(r라고 하자)가 실격당할 확률은 그냥 p_r다(r=1, 2, 3……n). 그리고 한 명 이상의 선수가 한꺼번에 실격당할 수도 있다.

예전 규칙에서는 선수 r가 실격되는 방법이 더 많았다. 선수 r는 ($pr \times p_r = p_r^2$의 확률로) 부정 출발을 두 번 할 수도 있었고 다른 주자들 중 누군가 부정 출발을 범한 후 두 번째 부정 출발자가 될 수도 있었다. 주자 1이 부정 출발한 후 주자 r가 부정 출발할 확률은 $p_1 \times p_r$일 것이다. 그들이 독립적으로 행동한다고 가정하기 때문이다. 따라서 두 번째 부정 출발자가 되어 실격당할 총확률을 계산하기 위해서는 '다른' 주자들 각각의 뒤를 이어 부정 출발할 확률들을 그냥 합산한다. 그러므로 예전 규칙에서 선수 r가 실격당할 총확률은 $p_r(p_1+p_2+p_{r-1}+p_r+p_{r+1}+……+p_n)$이다.

둘째 인수(괄호 안의 식)는 주자별 부정 출발 확률의 합이므로 부정 출발이 일어날 가능성을 나타낸다. 즉 출전자들의 '초조감'을 보여주는 척도인 셈이다. 그 값이 1을 넘으면 선수 r가 실격당할 확률은 새로운 규칙에서보다 예전 규칙에서 더 높다. 하지만 그 전체 '초조감'의 척도가 1보다 작으면 예전 규칙에서 실격 확률이 전반적으로 더 낮아서 텔레비전 스케줄도 안전하다.

가만히 보면 임의의 두 선수 r와 s가 실격당할 상대적 확률, 즉 두 실격 확률의 비율은 어느 규칙에서나 p_r/p_s로 같다. 그러므로 부정 출발 확률이 높은 사람에게든 낮은 사람에게든 한 규칙이 다른 규칙보다 유리하지는 않다. 구체적인 예로, 어떤 경주에 출전한 선수 8명의 부정 출발 확률이 1/32로 모두 똑같다고 해보자. 새로운 규칙에서는 각 출전자가 실격당할 확률이 1/32이지만 예전 규칙에서는 그 확률이 겨우 1/32×(8×1/32)=1/128에 불과했다.

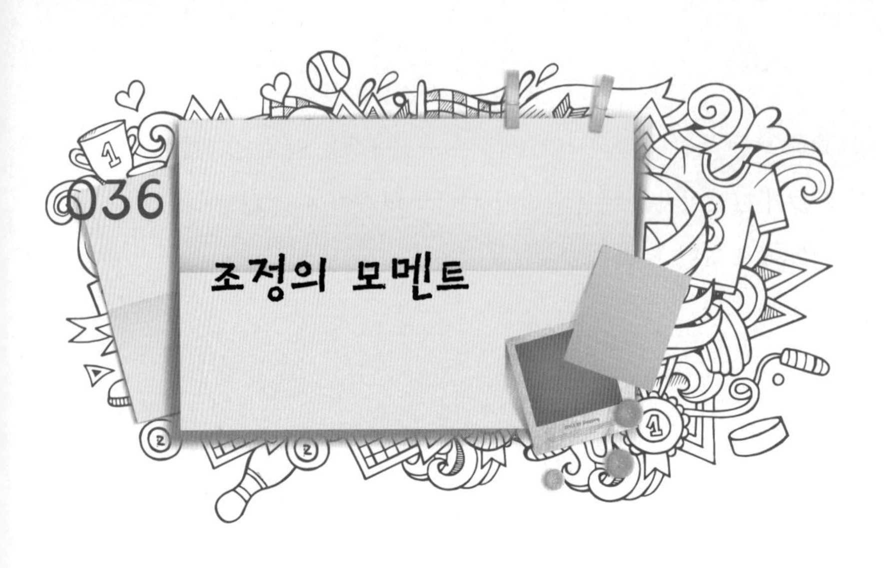

036 조정의 모멘트

경주 중인 포어나 에이트(각각 4명, 8명이 노를 젓는 조정 경기용 보트)의 선수 배치 패턴은 어떨까? 그들은 대칭적으로 위치할 듯싶다. 즉 보트 한쪽 끝에서 다른 쪽 끝으로 가면서 보면 오른쪽, 왼쪽, 오른쪽, 왼쪽 하는 식으로 하나 걸러 반복되는 패턴으로 배치돼 있을 것 같다. 그런 패턴을 보트의 '리그rig'라고 하는데 방금 이야기한 패턴은 '표준 리그'라고 한다. 아래 그림에 포어와 에이트의 표준 리그가 나와 있다.

하지만 조정 선수들의 규칙적인 배치 패턴에는 보트가 물살을 가르며

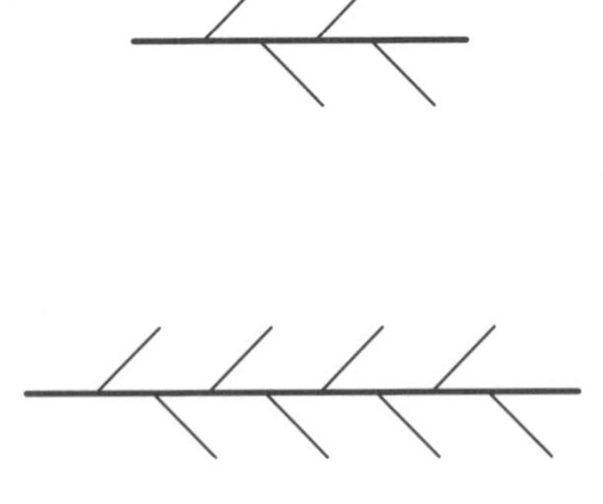

나아가는 방식에 영향을 미치는 중요한 비대칭성이 숨어 있는데 몇 년 전 바로 그 비대칭성을 고찰해보았다.

노를 자기 쪽으로 당기는 선수를 보면 그리고 노를 받치고 있는 노걸이를 보면 보트에 작용하는 총힘이 두 가지 요소로 나뉜다는 사실을 알 수 있다. 하나는 보트의 전진 운동 방향으로 보트에 평행하게 작용하는 요소이고 다른 하나는 보트에 직각 방향으로 작용하는 요소다. 흥미로운 힘은 두 번째 요소다. 그 힘은 스트로크(노 젓는 동작)의 전반 동안은 보트 안쪽을 향하지만(힘 F), 후반의 '회복' 단계 동안은 반대 방향으로, 즉 보트 바깥쪽을 향해 직각으로 작용한다(힘 F'). 결과적으로 보트는 보트의 안쪽과 바깥쪽으로 번갈아 작용하는 측력을 받게 된다.

보트 뒤쪽 끝으로 가면 그런 측력들의 모멘트를 잴 수 있다. 각 모멘트는 힘의 작용점까지의 거리와 힘의 크기를 곱한 값이다. 계산이 간단

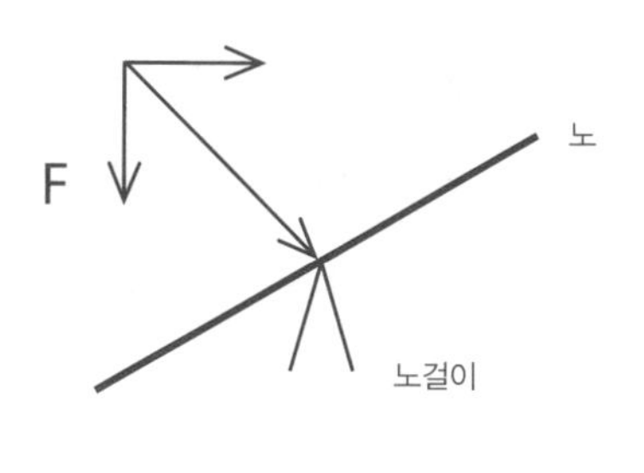

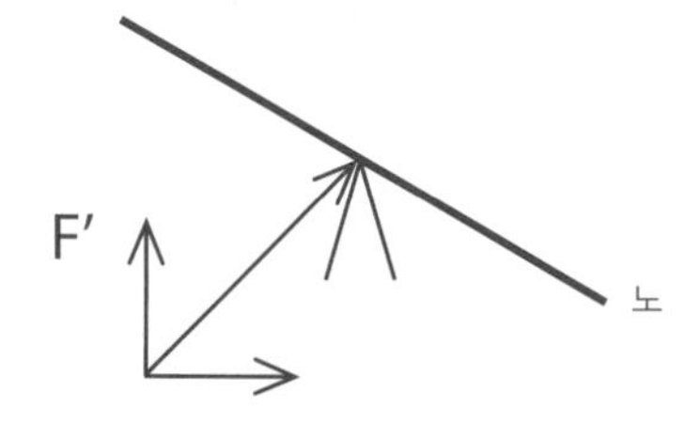

해지도록 이렇게 가정하자. 선수들의 힘은 모두 F로 같고 맨 뒤의 선수(정조수)는 배의 끝 부분에서 거리 s만큼 떨어져 있으며 나머지 선수들은 서로 거리 r의 동일 간격으로 떨어져 있다. 스트로크의 전반 동안 네 선수의 보트에 작용하는 측력 모멘트의 합은 다음과 같다.

$$M = sF - (s + r)F + (s + 2r)F - (s + 3r)F = -2Fr$$

답이 0이 아니라는 점을 주목하라! 그리고 편리하게도 맨 뒤 선수까지의 거리 s는 상쇄된다. 보트에서 왼쪽 노를 젓는 선수와 오른쪽 노를 젓는 선수의 수가 같기 때문이다. 스트로크 두 번째 단계에서는 모두 전과 같은데 힘 F의 방향만 뒤바뀐다. 요컨대 위 식에서 F가 −F로 바뀐다는 말이다. 앞으로 나아가는 동안 보트는 +2Fr와 −2Fr 사이에서 오락가락하는 측력을 받게 된다. 즉 '좌우로 흔들리게' 된다.

키를 조종하는 콕스가 없으면 노를 젓는 선수들이 그런 흔들림을 알아채고 에너지를 써서 그 역방향의 좌우로 움직여 흔들림을 상쇄해야 한다. 콕스가 있으면 그가 키를 이용해 그런 흔들림에 대응한다. 그런 두 행동은 모두 에너지를 소모시킨다.

선수들을 재배치해서 그런 흔들림을 막을 수 있다. 포어의 경우 리그를 다음처럼 오른쪽, 왼쪽, 왼쪽, 오른쪽의 형태로 짜면 보트에 작용하는 최종적 측력 모멘트는 0이 된다.

$$M = sF -(s + r)F - (s + 2r)F + (s + 3r)F = 0$$

그런 선수 배치 방법은 '이탈리아식' 리그라고 부른다. 1956년 코모 호에서 모토구치Moto Guzzi사 클럽팀이 발견한 방법이기 때문이다. 그 클럽의 포어 선수들을 회사 중견 오토바이 엔지니어 중 한 명인 줄리오 체사레 카르카노Giulio Cesare Carcano가 지켜보았는데, 그는 가운데 두 선수가 오른쪽 노를 젓게 하면 보트가 똑바로 나아가지 못하는 문제를 완화할 수 있을지도 모른다고 제안했고, 결과는 매우 성공적이었다. 모토구치 선수들은 이탈리아 대표팀이 되어 그해 멜버른 올림픽에서 금메달을 땄다.

에이트는 더 복잡하다. 그래도 어쨌든 표준 리그를 적용하면 스트로크마다 −4Fr와 +4Fr 사이를 오가는 측력 모멘트가 생긴다. 콕스는 그런 흔들림에 대응해야 한다. 하지만 내가 알아낸 바로는 힘이 같은 선수들이 노를 젓는 에이트에서 측력 모멘트가 0이 되게 하는 방법이 네 가지 있다. 다음이 바로 그런 네 가지 흔들림 없는 리그이다.

리그 (c)는 그냥 포어용 이탈리아식 리그 둘을 한 줄로 붙여놓은 것이다. 리그 (b)는 이른바 '독일식' 또는 '버킷' 또는 '라체부르크' 리그인데, 1950년대 말에 카를 아담Karl Adam의 유명한 독일 조정 클럽에서 훈련 중이던 선수들이 처음 사용했다. 아담은 카르카노의 포어용 선수 배치법을 접하고 자극을 받았다. 나머지 두 리그는 새로운 방법이다.

내가 이런 결과를 발표했을 때 그 내용은 세계 곳곳에서 관심을 끌어 『세계 조정*World Rowing Magazine*』에 몇몇 논문이 실리는 계기가 되었다. 그리

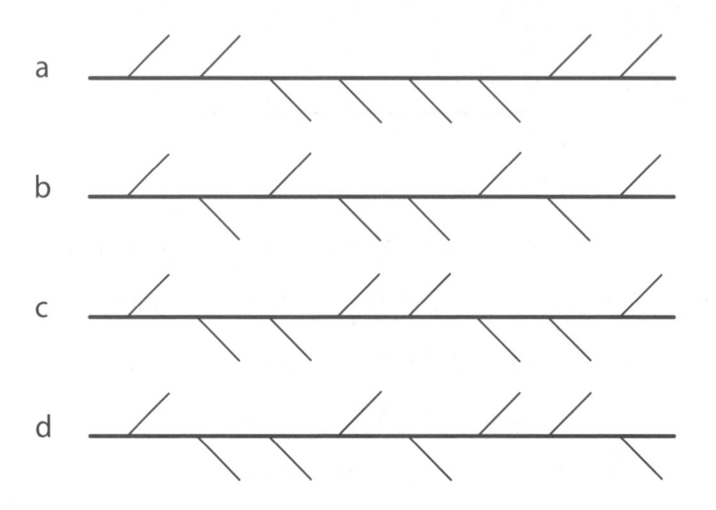

고 그 결과는 『조정 생체역학*Rowing Biomechanics Newsletter*』의 한 논문에서 더 상세하게 확증되었다. 나중에 『뉴사이언티스트*New Scientist*』에서는 임페리얼 칼리지의 에이트 조정팀으로 템스 강에서 몇몇 실험을 진행해 그들이 표준 리그보다 새로운 리그 (a)를 선호한다는 것을 확인했다. 베이징 올림픽 때 우승한 캐나다 남자 에이트 선수들은 금메달 레이스에서 독일식 리그 (b)를 썼고, 옥스퍼드대학교 조정팀도 2011년 템스 강에서 열린 대학 조정 대회에서 같은 리그로 우승했다. 이는 그 대회에서 40년 만에 처음으로 비표준 리그가 쓰인 사례였다.

037 럭비와 상대성

2003년 나는 2주간 오스트레일리아 시드니의 뉴사우스웨일스대학교에서 체류했는데, 이때 이 나라에서는 럭비 월드컵이 열렸다. 텔레비전으로 럭비를 몇 경기 보면서 한 가지 흥미로운 상대성 문제를 알아차렸다. 전방 패스의 상대적 기준은 무엇일까? 글로 적혀 있는 규칙은 명료하다. 전방 패스는 공을 상대편 골라인 쪽으로 던질 때 발생한다는 것이다. 하지만 선수들이 이동할 때 그런 상황은 운동의 상대성 때문에 관찰자가 판단하기에 더 미묘해진다.

가령 공격 중인 두 선수가 5m 간격의 평행한 직선을 그리며 8㎧의 속도로 상대편 골라인을 향해 달려간다고 해보자. 그중 이따가 공을 받을 한 선수 '리시버'는 지금 공을 가지고 있는 다른 선수 '패서'보다 1m 뒤에 있다. 패서는 공을 10㎧ 속도로 리시버에게 던진다. 그 공은 지면에 대한 상대 속도가 사실상 $\sqrt{(10^2+8^2)}=12.8$㎧이므로, 선수들 간의 거리 5m를 날아가는 데 0.4초 걸린다. 그런 시간적 간격에 리시버는 $8\times0.4=3.2$m를 더 달렸다. 리시버는 패서가 공을 던졌을 때는 패서보다 1m 뒤에 있었지만, 자신이 공을 잡을 때는 패스 시작점과 나란히 서 있는 선심의 관점에서 보면 패서보다 2.2m 앞에 있다. 그 선심은 전방 패스가 있었다고 믿고는 기를 흔든다. 하지만 그런 선수들과 나란히 뛰는 주심은 공이 앞으로 가는 것으로 보이지 않으므로 경기를 계속하라고 손을 흔든다!

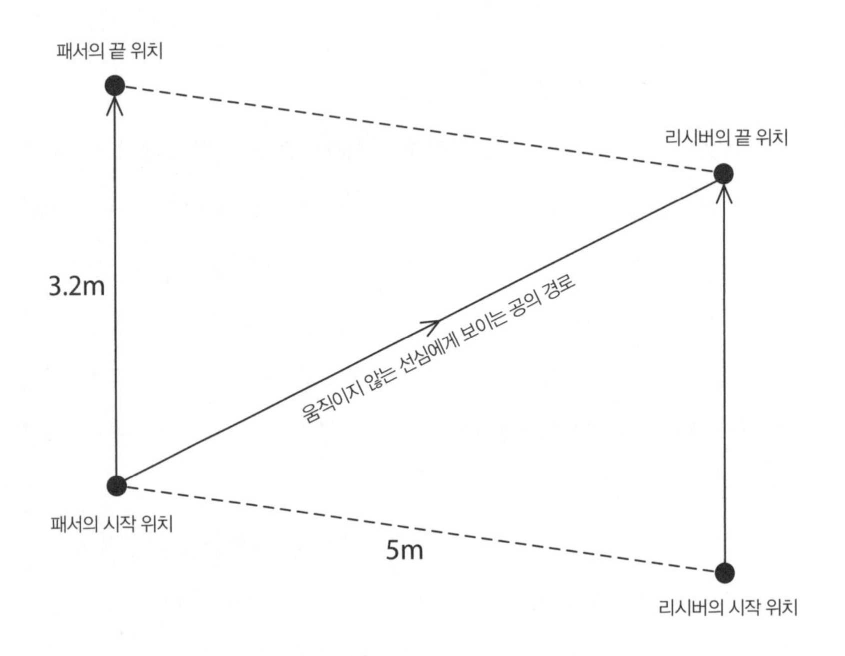

038 크리켓의 득점 속도

큰 크리켓 시합이 벌어질 때면 BBC 웹사이트에서는 일반적인 득점표를 비롯한 갖가지 시합 통계 자료와 아울러 문자 중계 서비스도 제공한다. 그중 가장 흥미로운 것은 득점 속도를 보여주는 그래프다. 하루 동안 공수 1회 교대로 2회 만에 경기가 끝나는 원데이 크리켓에서는 각 팀이 최고 50오버의 투구에 타격을 시도할 수 있다(1오버=6회 투구).

경기 시작 전에 동전 던지기에서 이길 경우 선공격과 후공격 중 어느 쪽을 선택하는 것이 더 유리한지는 의견이 분분하다. 하지만 누가 공격하든 득점 속도는 중요하다. 오버당 1점만 올리며 진전을 막는 요지부동의 타자가 팀에 있어 봐야 아무 소용이 없다. 아마 다른 타자가 그의 런아웃을 유도해 득점이 빠른 선수를 투구장으로 들이려고 노력하길 바랄 것이다!

한 팀이 먼저 공격한 1회가 끝나고 2회가 시작되면 두 번째로 공격하는 팀의 득점 속도를 선수들과 관중 모두가 유심히 지켜본다. 아까 같은 수의 오버 후 상대편이 처해 있던 상황과 비교하면 이 팀은 앞서 있는가? 마지막 몇 오버 동안 으레 그러듯 득점 속도가 급증하면 어떤 영향이 있을까? 전술은 다양하다. 득점이 느린 타자 두 명이 투구장에 있으면 수비 팀으로서는 그들 중 한 명을 아웃시켜 그가 득점이 빠른 타자로 교체될 위험을 무릅쓰는 것보다 그들을 계속 그곳에 두는 편이 더 유리할 것이다.

득점 속도 그래프는 공격 팀이 올린 총득점과 수비 팀이 투구한 오버 수를 대비해 보여준다.

각 팀의 득점 과정을 보여주는 이런 그래프와 관련해 몇 가지 흥미로운 점이 있다. 그래프의 높이는 평평하게 유지되거나 증가할 수만 있다. 음수의 득점을 올릴 수는 없으니까! 총득점은 그래프의 수직 높이로 나타나지만 득점 속도는 그래프의 '기울기'로 나타난다. 오르막 경사가 급할수록 득점 속도가 빠른 것이다. 한 오버에서 점수가 전혀 나지 않으면 해당 구간의 그래프는 수평선이 될 것이다.

그래프에서 득점 속도를 읽어내려다 보면 작은 문제를 하나 알아차리게 될 것이다. 득점 속도는 기울기를 추산할 때 그래프의 얼마나 긴 구간을 이용하느냐에 따라 달라진다. 원점의 시작점(0오버에서 0득점)과 50오버 후 최종 점수(250점이라고 하자)를 구간의 양 끝으로 선택하면 득점 속도는 그냥 총점을 50으로 나눈 값, 즉 오버당 5득점이 된다. 그런데 가령 첫 25오버 동안 점수가 100점만 났다면 득점 속도는 첫 25오버 동안은 겨우 오버당 4득점에 불과하겠지만 그다음 25오버 동안은 오버당 6득점일 것이다.

하지만 그래프를 더 자세히 보면 그래프가 각각의 투구 후 갱신되며 따라서 그래프에 갱신 가능한 단계가 가로축을 따라 50×6=300개 있다

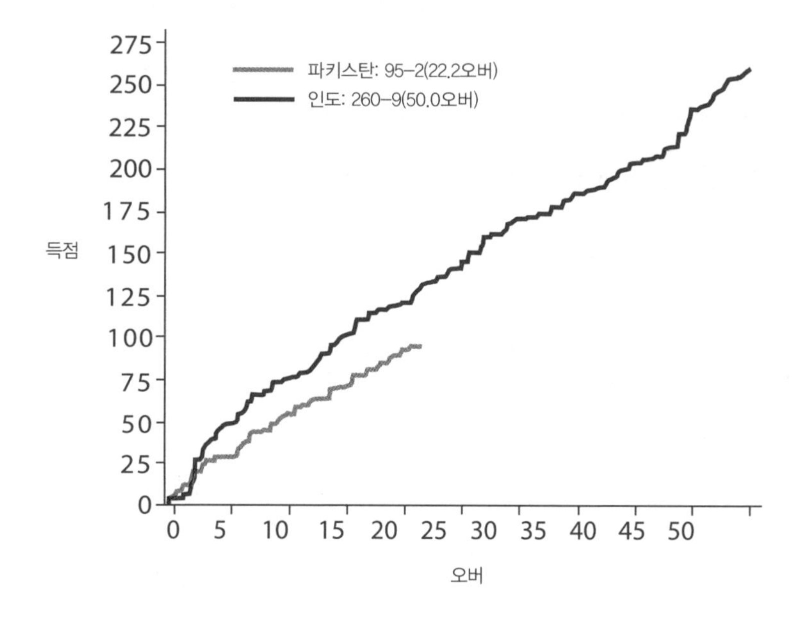

는 사실을 알 수 있다. 순간 득점 속도는 그중 두 점 사이 곡선의 기울기인데, 6보다 클 여지는 거의 없다. 6은 (드문 상황을 제외하면) 1개 투구에 대해 올릴 수 있는 최고점이다. 가장 급한 전체 기울기는 공격 팀이 상대편 투구 300개 각각에 대해 꼬박꼬박 6점을 올리는 특이한 상황에서 얻게 될 것이다. 그들의 총점은 최대치인 1,800점이 되고 득점 속도는 오버당 36득점이 될 것이다. 50오버의 국제 경기에서 나온 최고 총점은 스리랑카 팀이 달성한 443점이다. 득점 속도로 따지면 오버당 9득점이 조금 못 된다.

득점 속도 그래프는 자잘한 직선이 계단처럼 연결된 형태를 띤다. 그것을 따라 (뾰족한 모서리가 없게 하며 연필을 종이에서 떼지 말고) 최대한 정확하게 매끄러운 곡선을 그린다면 오버 수 N에 대한 득점을 나타내는 연속 곡선의 방정식 S(N)를 밝혀내 득점 속도를 알아낼 수 있다. 분명히 S는 N=0일 때 0이 되어야 한다. 그리고 만약 50오버 후 최종 점수가 250점이라면 그 곡선 방정식은 이를테면 S(N)=250(N/50)n(n은 1에 아주 가까운 수)과 같은 형태일 것이다.

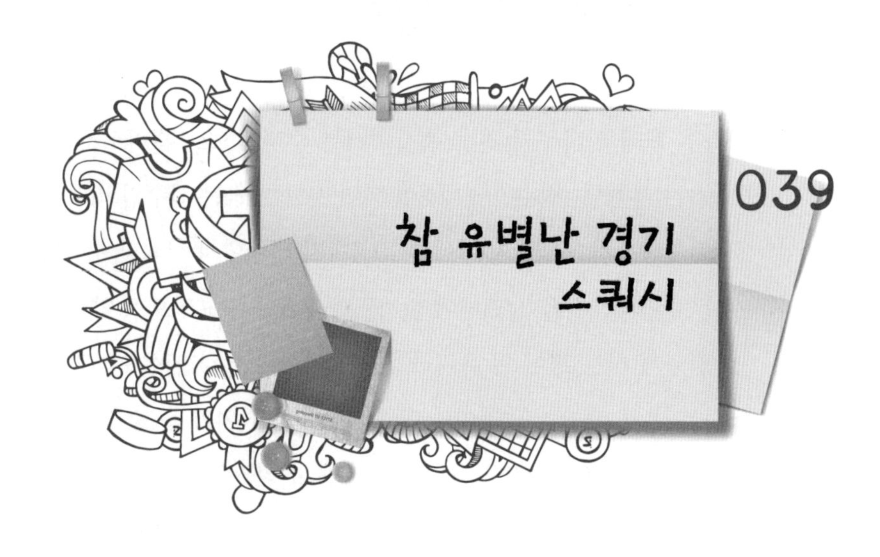

스쿼시 같은 라켓 경기와 배구 같은 단체 경기에서는 서브를 넣고 이겨야만 점수를 얻는 독특한 점수 체계를 많이 써왔다. 그런 경우 각 게임을 이기려면 최소 2점 차로 9점이나 11점이나 21점을 따야 하고, 전체 경기에서 승리하려면 5게임 중 3게임을 먼저 이겨야 한다. 그런 우울한 체계의 가장 큰 결점은 경기 시간을 예측하기가 매우 힘들다는 것이다. 공을 주고받는 랠리에서 여러 번 이기거나 져도 득점판에는 아무런 진전이 없을 수도 있다. 그런 점은 대규모 토너먼트의 경기 스케줄을 짜거나 텔레비전 중계방송을 요청할 때 정말 골칫거리가 된다.

각 경기의 소요시간은 게임 수가 같은 다른 경기의 소요시간과 두 배 차이 날 수도 있다. 결과적으로 배드민턴은 각 게임을 15점까지 진행하던 방식이 서브권과 상관없이 랠리에서 이길 때마다 득점하는 21점제, 3게임 2선승제로 바뀌었다. 2004년에는 스쿼시도 그런 종류의 PARS 점수 체계, 즉 '랠리포인트제'로 바뀌었는데 게임은 11점제, 전체 경기는 5게임 3선승제로 하기로 했다.

점수 체계를 바꾸기 전 스쿼시에서는 수학적으로 흥미로운 또 다른 규칙을 사용했다. 점수가 8 대 8이 되면 서브를 받는 선수인 리시버가 그 게임을 9점까지 진행할지 아니면 10점까지 진행할지 선택할 수 있었다.

선수는 어느 쪽을 선택해야 할까? 리시버가 평균적으로 약한 선수라면 9점까지 하는 편이 더 유리하겠지만 리시버가 강한 선수라면 10점까지 하는 편이 더 유리할 것이다. 약한 선수는 1점이야 운 좋게 딸 수도 있지만 같은 방법으로 2점을 딸 확률은 그보다 훨씬 낮다.

랠리에서 이길 확률이 p이고 8 대 8 이후 리시버로서 점수를 '딸' 확률이 R, 서버로서 점수를 '딸' 확률이 S라면, R=pS이다. 리시버는 일단 랠리에서 이겨야만 서버가 될 수 있기 때문이다. S의 계산은 간단하다. 서브권이 있으므로 다음 랠리에서 이기면 득점할 수 있다. 그런 일이 일어날 확률은 p이다. 하지만 다음 랠리에서 지면(그럴 확률은 1−p) 리시버가 되므로 득점 확률은 그냥 R이다. 그러므로 S=p+(1−p)R=p+(1−p)pS이다. 따라서 S와 P는 다음과 같다.

$$S = \frac{p}{(1 - p + p^2)}$$

$$R = \frac{p^2}{(1 - p + p^2)}$$

이제 점수가 8 대 8이 된 후 리시버가 게임을 9점까지 해야 할지 10점까지 해야 할지 판단할 수 있다. 게임을 9점까지 할 경우, 승산은 그냥 리시버로서 다음 점수를 딸 확률, 즉 R이다. 10점까지 하기로 한다면, 랠리에서 두 번 이겨서 승리에 필요한 2점을 딸 수 있다. 처음에는 리시버로서 득점할 확률 R로, 그다음에는 서버로서 득점할 확률 S로 9 대 8, 10 대 8 순서의 점수 변화를 거쳐 승리하는 것이다. 그럴 확률은 RS이다. 아니면 9 대 8, 9 대 9, 10 대 9의 순서를 거치며 $R(1-S)R$의 확률로 승리할 수도 있고, 8 대 9, 9 대 9, 10 대 9를 거치며 $(1-R)RS$의 확률로 승리할 수도 있다. 이런 세 확률을 모두 합하면 다음을 얻게 된다.

$$\text{게임을 10점까지 해서 승리할 확률} = RS + R^2(1-S) + RS(1-R)$$

그러므로 게임을 10점까지 해서 승리할 확률이 9점까지 해서 승리할 확률보다 높으려면 다음과 같아야 한다.

$$(1-2S)(1-R) < 0$$

따라서 $S > 1/2$이어야 한다. 즉 랠리에서 이길 확률 p는 $p/(1-p+p^2) > 1/2$을 만족시켜야 하는데, 그러려면 $p > 1/2(3-\sqrt{5})=0.382$여야 한다.

랠리에서 이길 확률이 약 38%보다 높으면, 게임을 10점까지 하라. 하지만 각 랠리에서 이길 확률이 38%보다 낮은 약한 선수라면, 그래서 8 대 8 상황에서 버티고 있게 된 것이 다행이라면 게임을 9점까지만 하기로 하라. 어쩌면 요행히 1점을 더 딸지도 모르지만, 2점까지는 기대하지 마라.

040 속임수에 넘어가지 마!

통계학과 관련해 흔히들 오해하는 매우 흥미로운 문제 중 하나는 무작위 분포란 어떤 것인가 하는 점이다. 가령 특정 순서의 사건들이 무작위인지 아닌지를 판단해야 했다고 하자. 아마 어떤 패턴 같은 예측 가능한 특징이 발견되면 그 사건들이 무작위가 아니라고 판단할 요량이었을 것이다. 여기서 어떤 '앞면'(H)과 '뒷면'(T)의 문자열을 만들어보자. 마치 실제로 동전 하나를 잇달아 던진 결과처럼 보여 아무도 그것과 진짜 동전 던지기 결과를 구별 못할 문자열을 꾸며내 보자. 다음은 동전 던지기 32회의 결과처럼 보일 법한 가짜 문자열 세 개다.

THHTHTHTHTHTHTHTTTHTHTHTHTHTHTHH
THHTHTHTHHTHTHHHTTHHTHTTHHHTHTTT
HTHHTHTTTHTHTHTHHTHTTTHHTHTHTHTT

그럴듯해 보이는가? 이들이 실제로 동전을 던져 얻은 진짜 무작위의 앞뒷면 순서 같은가, 아니면 그냥 조잡한 가짜 같은가? 비교해볼 수 있도록 아래에 선택 가능한 문자열이 세 개 더 있다.

THHHHTTTTHTTHHHHHTTHTHHTTHTTHTHHH
HTTTTHHHTHTTHHHHHTTTHTTTTHHTTTTTH
TTHTTHHTHTTTTTHTTHHTTHTTTTTTTTHH

보통 사람들에게 이 두 번째 세 문자열이 진짜냐고 물어보면 대부분 아니라고 대답할 것이다. 그들이 생각하는 무작위 상태에는 첫 번째 세 문자열이 훨씬 가까워 보인다. 이 세 문자열에는 앞뒷면이 교대되는 부분이 훨씬 많고 두 번째 세 문자열에 보이듯 앞뒷면 중 하나가 길게 연속되는 부분이 없다. 컴퓨터 키보드로 '무작위'의 H, T 문자열을 친다면 대체로 두 문자를 자주 번갈아 쳐서 한 문자가 길게 연속되지 않게 할 것이다. 그러지 않으면 상관관계가 있는 패턴을 일부러 추가하는 듯이 '느껴질' 것이다.

놀랍게도 진짜 무작위 과정의 결과로 추정되는 것은 바로 두 번째 세 문자열이다. 앞뒷면 중 하나가 길게 이어지지 않고 두 면이 짤막짤막 번갈아 나오는 첫 번째 세 문자열은 누군가 당신을 속이려고 적은 가짜다. 무작위 문자열에 앞뒷면 중 하나의 그런 온갖 긴 연속열이 있을 리 없다고 생각해버리지만 그런 연속열의 존재는 진짜 무작위 순서의 시금석 중 하나다.

동전 던지기 과정에는 기억력이 없다. 동전을 공정하게 던졌을 때 앞면이 나올 확률과 뒷면이 나올 확률은 둘 다 먼젓번 동전 던지기 결과와 상관없이 매번 1/2이다. 이들은 모두 독립 사건이다. 그러므로 앞면이나 뒷면이 r번 연달아 나올 확률은 그냥 1/2×1/2×1/2×1/2×……×1/2

하는 식으로 1/2을 r번 곱하면 구할 수 있다. 즉 $1/2^r$이다.

하지만 동전을 N번 던진다면, 따라서 앞뒷면 중 하나의 연속열이 시작될 수 있는 곳이 N개 있다면 길이 r의 연속열이 발생할 확률은 $N \times 1/2^r$로 증가한다. 길이 r의 연속열이 십중팔구 존재하는 것은 $N \times 1/2^r$이 대략 1일 때, 즉 $N=2^r$일 때이다. 그 의미는 매우 간단하다. 무작위 동전 던지기 약 N회의 결과 문자열을 봤는데, $N=2^r$이면 길이 r의 연속열을 발견하게 되리라는 것이다. 여섯 문자열은 모두 길이가 $N=32=2^5$이므로 만약 무작위로 만들어진 문자열이라면 앞뒷면 중 하나가 5번 연속되는 부분이 존재할 개연성이 충분히 있을 것이고 길이 4의 연속열은 거의 확실히 있을 것이다.

예컨대 동전을 32회 던지는 경우에는 앞뒷면 중 하나의 5회 연속열이 시작될 수 있는 곳이 28개 있고 평균적으로 앞뒷면 각각의 연속열이 2개씩 있을 확률도 꽤 높다. 동전을 던지는 횟수가 아주 많아지면 동전 던지기 횟수와 시작점 수의 차이를 무시하고 $N=2^r$를 편리한 경험칙으로 사용해도 된다. 앞면이나 뒷면의 연속열 유무에 따라 첫 번째 세 문자열을 의심해야 하고 두 번째 세 문자열이 진짜 무작위일 확률이 높다는 데 안심해야 한다. 여기서 얻는 교훈은 무작위 상태가 그 실상보다 훨씬 규칙적이라고 생각하는 쪽으로 무작위성에 대한 직관이 치우쳐 있다는 것이다. 그런 편견은 우리가 흔히 하는 기대에서 드러난다. 보통 같은 결과가 길게 잇따르는 것과 같은 극단적인 일은 일어나지 않으리라 기대하고 또 왠지 그런 연속은 매번 같은 결과를 낳는다는 점에서 규칙적이다.

스포츠 결과가 길게 거듭되는 경우를 볼 때도 위의 결과를 염두에 두면 재미있다. 무작위성에서 유래하는 한 가지 유명한 연속 패배는 영국

크리켓 대표팀 주장 나세르 후세인Nasser Hussain이 2000~2001년 주장으로 출전한 국제 시합 14경기에서 매번 처음의 동전 던지기를 진 사건이다. 놀랍게도 그는 일곱 번 내리 진 후 한 경기에 불참했는데 그 경기에서 후세인을 대신한 선수는 동전 던지기를 이겼다. 그다음 다시 출전한 후세인은 또 동전 던지기를 일곱 번 더 연달아 졌다. 그가 14회의 독립적인 동전 던지기를 질 확률은 16,384(=2^{14})분의 1에 불과했다. 하지만 그는 영국 대표팀 주장으로 100번 정도 출전했으므로 14회 연속 패배 확률은 100배로 늘어나 약 164분의 1이 된다. 그 정도 확률의 사건이면 그래도 일어날 것 같지 않은 일이긴 하지만 운이 지지리 없어서 그랬다는 말이 좀 더 그럴듯해진다.

커질수록 강해진다. 주변을 둘러보면 강도 또는 힘이 크기와 함께 증가하는 경우가 많다. 작은 새끼 고양이는 털이 삐죽삐죽한 작은 꼬리를 꼿꼿이 세울 수 있지만 훨씬 몸집이 큰 어미 고양이는 그러지 못한다. 어미의 꼬리는 자체 무게 때문에 구부러진다. 이를 보면 강도나 힘이 부피에 정비례해 증가하지는 않는다는 사실을 알 수 있다. 권투, 레슬링, 역도에서는 선수의 몸이 무거울수록 힘이 세다고 인정하기 때문에 출전자 몸무게에 따라 경기를 분류한다. 그런데 무게나 크기가 증가할 때 강도나 힘은 얼마나 빨리 증가할까?

간단한 예를 살펴보면 이해하기 쉬울 것이다. 짤막한 막대빵을 잡고 절반으로 부러뜨려보라. 이제 그것보다 훨씬 긴 막대빵으로 또 그렇게 해보라. 부러뜨릴 부분에서 매번 같은 거리만큼 떨어진 곳을 잡으면 긴 막대빵을 부러뜨리기가 짧은 막대빵을 부러뜨리기보다 더 힘들지 않다는 사실을 알게 될 것이다. 조금만 생각해보면 왜 그런지 알 수 있다.

막대빵은 빵을 관통하는 아주 얇은 부분을 따라 부러진다. 바로 그

부분에서 모든 일이 일어난다. 막대빵은 그런 얇은 부분의 분자 결합이 끊어지면서 부러진다. 막대빵의 나머지 부분은 전혀 상관없다. 길이가 100m인 빵이라도 부러뜨리기가 더 힘들진 않을 것이다. 막대빵의 강도는 단면적을 가로지르며 깨야 하는 분자 결합의 수로 나타낼 수 있다. 그런 단면적이 넓을수록 깨야 하는 결합이 많아지므로 막대빵이 더 강해진다. 따라서 강도는 단면적에 비례하는데, 단면적은 그 반지름의 제곱에 비례한다.

막대빵과 역도 선수는 밀도가 일정한데, 그런 밀도는 그들을 구성하는 원자들의 평균 밀도에 따라 결정된다. 그런데 밀도는 질량 나누기 부피에 비례하고 부피는 크기의 세제곱에 비례한다. 여기 지구 표면에 가만히 있는 물체는 질량이 무게에 비례하므로 구 모양에 꽤 가까운 물체의 경우 다음이 성립한다는 간단한 비례 '법칙'을 예측할 수 있다.

$$강도 \propto (무게)^{2/3}$$

이 간단한 경험칙을 이용하면 온갖 경우를 이해할 수 있다. 강도 대 무게의 비는 무게, 크기가 증가할수록 줄어드는 듯하다. $강도/무게 \propto (무게)^{-1/3} \propto 1/(크기)$이기 때문이다. 따라서 몸집이 커져갈 때 몸의 강도는 늘어나는 몸무게와 보조를 맞추지 못한다.

몸 전체가 균등하게 커진다면 그 몸은 결국 뼈에 비해 너무 무거워져 망가져버릴 것이다. 바로 그런 까닭에 지표면 위의 원자와 분자로 구성된 온갖 구조물은 공룡이든 나무든 건물이든 간에 최대한도 크기가 있다. 그들을 전체적으로 키우면 결국 그들은 너무 커져서 무게 때문에 기저부의 분자 결합이 깨질 지경에 이르고 곧 자기 무게에 못 이겨 쓰러지고 말 것이다.

앞에서 언급한 몇몇 스포츠 종목에서는 몸 크기와 무게에 따르는 이점이 너무나 커서 출전자들을 몸무게에 따라 여러 등급으로 나눈다고 이야기했다. '법칙'으로 예측해볼 때 역도 선수들이 들어 올린 중량의 세제곱과 그들 몸무게의 제곱을 비교해 그래프로 그리면 직선이 나올 것이다.

남자 역도 용상 종목의 최근 체급별 세계 기록을 아래와 같은 그래프로 그리면, 다음과 같은 사실을 알아낼 수 있다. 수학을 이용하면 세상살이가 간단해지기도 한다. 법칙을 나타내는 직선에서 위로 가장 멀리 떨어져 있는 역도 선수는 '몸무게에 비해' 가장 힘이 센 선수인 데 반해, 가

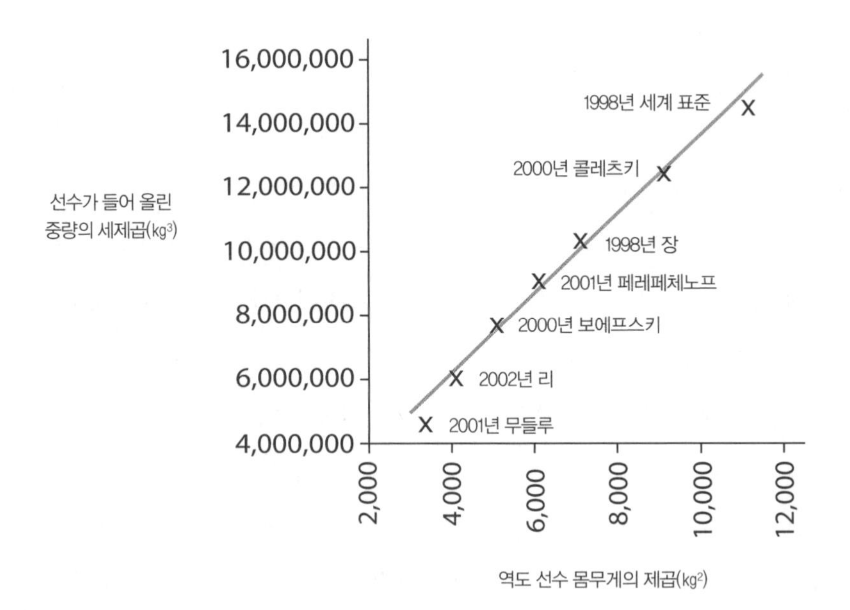

장 무거운 중량을 들어 올리는 가장 무거운 선수는 몸무게를 고려하면 거의 제일 힘이 약한 선수다.*

* 1896년부터 1932년까지는 밧줄타기도 올림픽 종목이었다. 출전자들은 높이가 14m인 밧줄의 꼭대기에 가장 빨리 도달해야 했다. 이 종목은 힘과 무게의 정면 승부인데, 출전자는 몸이 가벼울수록 유리하다.

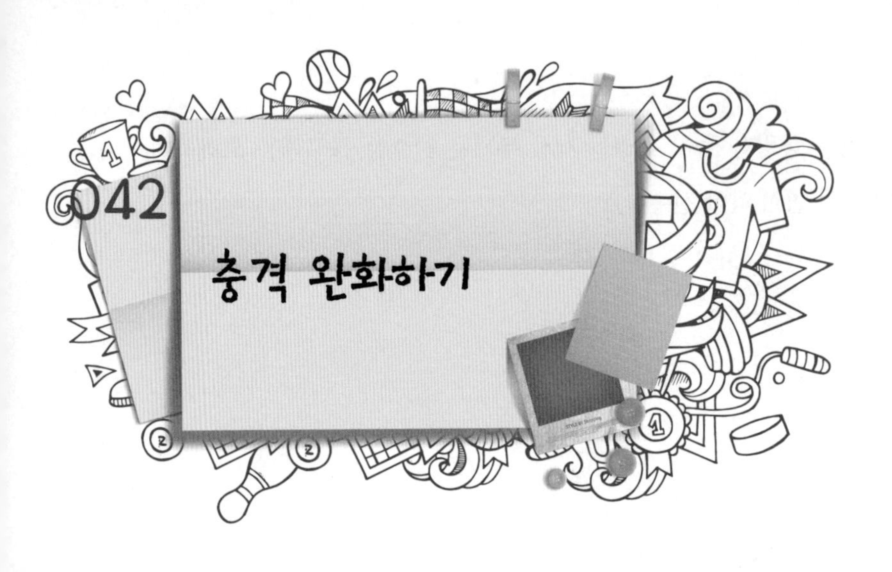

042 충격 완화하기

대부분 테니스 라켓이나 야구 배트에 '스위트스폿sweet spot'이 있다는 사실을 잘 알고 있다. 그것은 공을 때리기에 가장 좋은 부분이다. '가장 좋다'는 말은 배트를 쥐고 있는 손이 반작용을 전혀 받지 않는다는 뜻이다. 아래로 드리운 배트의 스위트스폿에 공을 맞히면 그에 대한 배트 전체의 반응이 배트의 무게중심 둘레 회전과 같은 크기만큼 반대 방향으로 일어나 상쇄된다. 물리학자들은 그런 스위트스폿을 '타격 중심center of percussion'이라고 하는데, 크리켓 배트나 야구 배트의 그 부분은 손잡이 끝에서 전체 길이의 3분의 2쯤 되는 곳에 있는 무게중심과 대가리 끝의 중간 정도에 있다.

당구공에도 스위트스폿이 있다. 당구대에 평행하게 든 큐(당구봉)로 당구공을 칠 경우 공의 어느 부분을 때리느냐에 따라 공이 어떻게 움직일지가 결정된다. 당구대에 댄 채로 큐를 받치고 있는 손은 큐의 방향을 조절할 때 피벗포인트pivot point 역할을 한다. 다들 알다시피 겨냥 후 공의 중심을 치면 공은 전혀 구르지 않고 통째로 미끄러지며 당구대를 가로지를 것이다. 중심보다 조금 높은 부분을 때리면 공은 구르면서 미끄러질 것이다. 당구공의 스위트스폿은 쳤을 때 공이 미끄러짐에 따라 큐에서 멀어지는 쪽으로 발생하는 속도가 공이 구름에 따라 반대쪽으로 발생하는 회전 속도와 같은 점이다. 그런 스위트스폿의 높이로 공을 때리면 공은 미끄러지지 않고 즉시 구르기 시작할 것이다. 그 특별한 부분은 어디에 있을까?

당구대에서 스위트스폿까지의 높이는 다음과 같다.

$$h = \frac{r + I}{Mr}$$

여기서 r, M, $I=2Mr^2/5$은 각각 공의 반지름, 질량, 관성 모멘트다. 따라서 $h=7/10\times 2r$임을 알 수 있다. 즉 스위트스폿은 공의 지름(2r)의 0.7배에 해당하는 높이에 있다.

나는 그것이 당구대 가장자리의 쿠션 높이이기도 할 것이라고 생각했다. 내 추론은 공이 당구대 가장자리에서 최대한 순조롭고 정확하게 리바운드되도록 당구대를 디자인해야 한다는 것이었다. 쿠션의 충돌점 높이가 공 지름의 0.7배라면 공이 쿠션에 부딪힌 후 미끄러지지 않고 구르기만 하여 그 과정에서 에너지를 거의 잃지 않을 것이다.

영국식 당구인 스누커 경기의 규칙을 찾아보고 조금 실망했다. 공식 스누커 규격에 따르면 쿠션 높이는 공 지름의 0.635±0.01배가 되어야 한다. 거의 맞지만 아주 정확하지는 않은 듯하다. 이해가 되지 않아서 당구 역학 전문가 데이비드 앨시어토어David Alciatore에게 왜 그 수치가 0.7이 아니라 0.635인지 물어보았다. 그의 대답은 이 문제에 현실성을 조금 가

미해주었다. 그 높이가 공 지름의 0.7배인 스위트스폿 높이보다 조금 낮은 것은 리바운드되는 공이 쿠션 근처의 당구대 표면을 누르는 압력을 줄여 당구대 표면의 마모를 완화하기 위해서인 듯하다.

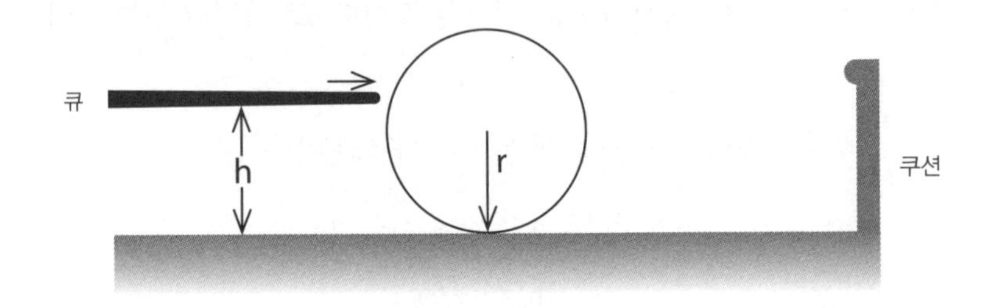

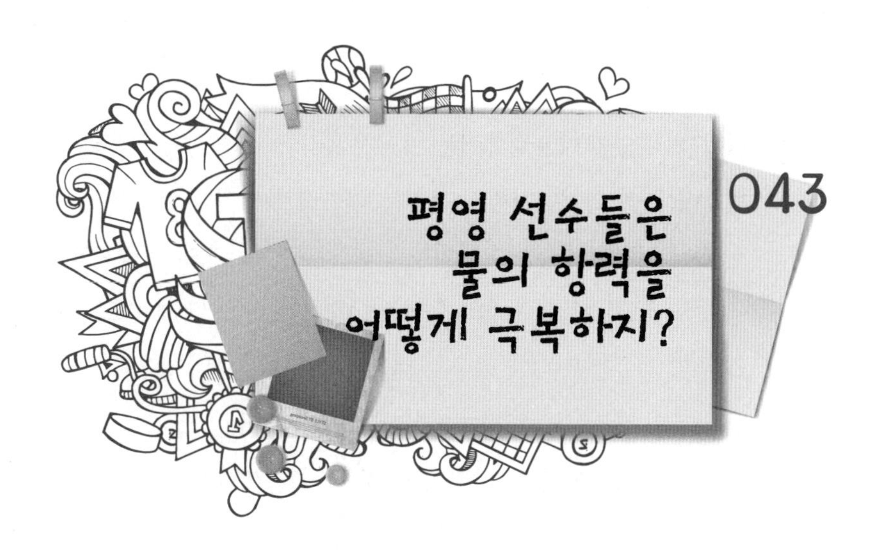

잘 알려져 있는 경기용 수영법은 속도가 빠른 것부터 느린 것의 순서로 이야기하면 자유형, 접영, 배영, 평영이다. 현재 남자 50m 수영 경기의 세계 기록은 20.91초(자유형), 22.43초(접영), 24.04초(배영), 26.67초(평영)이고 여자 종목의 기록은 23.73초(자유형), 25.07초(접영), 27.06초(배영), 29.80초(평영)이다. 남녀 기록 차이는 영법泳法과 상관없이 일관되게 그 거리에서 3초 정도 난다.

자유형은 규정된 영법은 아니지만 사실상 물에서 가장 빨리 헤엄쳐 나아가는 방법이어서 선수들이 마음대로 어떤 영법이든 할 수 있는 경기에서 늘 쓰인다. 그 밖의 다른 수영법도 있다. 횡영, 트러전(자유형 팔 동작에 평영 발차기), 배평영(누운 자세로 하는 평영), 느린 접영(평영 발차기를 이용) 등 팔다리 동작을 다양하게 조합한 영법들이 있지만 이들은 오락용이나 구명용으로 쓰인다.

네 가지 경기용 영법을 규정짓는 몇몇 대칭성이 있다. 접영을 할 때는 몸의 좌우가 완전히 대칭이 되도록 팔과 다리를 모두 쌍쌍이 일제히 움직인다. 배영과 자유형에서는 비대칭 동작이 나타난다. 왼팔과 오른팔로 번갈아 물을 끌어당기면서 다리는 위아래로 어떤 패턴으로든 움직이는 것이다. 자유형에서는 호흡법을 선택할 수 있다. 숨을 스트로크 1회마다 쉴 수도 있고 스트로크 2회나 3회나 4회마다 한 번씩 쉴 수도 있다. 정상급 수영 선수들은 대개 좌우로 번갈아 숨을 쉬는데, 그렇게 하면 헤엄치면서 몸의 좌우 대칭을 유지하는 데 도움이 된다.

결과적으로 그런 세 가지 영법 중 하나를 쓰면 선수가 (턴할 때를 제외하면) 꽤 일정한 속도로 나아가게 된다. 어느 순간이든 오른손이나 왼손은 힘을 가해 물을 뒤쪽으로 끌어당기고 몸은 아이작 뉴턴Isaac Newton이 가르쳐줬듯이 작용과 크기는 같고 방향은 반대인 반작용으로 앞으로 나아가게 된다. 이 세 가지 영법은 팔로 물을 끌어당긴 후 손을 원위치로 되돌리는 리커버리 단계가 물 밖에서 일어난다는 공통점도 있다.

정립된 지 가장 오래됐지만 제일 느린 네 번째 수영법은 외톨이 같은 영법이다. 평영은 마찬가지로 좌우 대칭성을 띠긴 하지만 모든 팔다리 동작이 다른 세 영법에서처럼 수면에 수직으로 일어나는 것이 아니라 수면에 평행한 수평면에서 일어나다시피 해야 한다. 물론 실제로는 몸이 위아래로도 상당히 움직인다. 평영에서는 팔다리의 대칭에 관한 철칙을 따라야 하고, 팔꿈치와 다리가 항상 수면 아래에 있어야 하며, 출발과 턴이 완료되고 나면 머리의 일부가 항상 수면 위에 있어야 한다. 평영이 가장 느린 영법이다 보니 어떻게든 규칙에 맞게 수정을 조금 가하면 아주 유리해질 수도 있다.

1956년 멜버른 올림픽에서는 평영 선수 몇 명이 긴 구간을 완전히 잠수한 채 헤엄쳤다. 그런 전략을 쓰면 물의 저항이 상당히 줄어드는데, 이는 수면을 연거푸 가름에 따라 일어나는 마찰이 없어졌기 때문이다. 일본의 수영 선수 후루카와 마사루Furukawa Masaru는 레인을 처음 3회 오가는 내내 그리고 마지막 1회 가는 동안 대부분 수면 아래에서 헤엄침으로써 당시 규칙에 맞게 경기해 200m 종목에서 우승했다.

그 후 관계자들은 그런 술수가 쓰이지 못하게 하려고 규칙을 바꾸었는데, 무엇보다 선수들이 심각한 산소 부족으로 기절했기 때문이다! 지난 25년간 팔 동작을 자잘하게 변형해왔고 다리 동작의 경우 각 턴을 한 직후 돌핀킥 1회는 허용된다.

평영은 선수들이 물에서 어느 정도 일정한 속도로 나아가지 않는다는 점에서도 독특하다. 물의 항력은 언제나 선수의 속도가 줄어들도록 작용한다. 물의 항력이 상당한 이유는 그 힘이 선수의 속도에 비례하기 때문, 즉 선수가 빨리 갈수록 커지기 때문이다. 선수들이 스트로크 전반에 물을 뒤로 보내 만들어내는 추진력이 그들을 가속하지만 곧 감속을 유발하는 힘과 맞부딪치게 된다. 그런 감속력이 발생하는 것은 선수들이 다음 스트로크를 준비하려고 팔을 앞으로 가져가며 무릎을 당겨 올려서 물을 앞으로 보내기 때문이다.

평영 선수의 속도는 팔을 앞으로 쭉 뻗고 다리도 곧게 폈을 때 최대가 된다. 그리고 팔을 옆으로 활짝 벌리고 무릎을 몸 쪽으로 한껏 당겨 올렸을 때 0에 가까운 최소가 된다. 바로 그 순간 물의 항력과 전진 운동이 어우러져 최대 감속도를 낳는다. 그다음 선수가 팔로 물을 끌어당겨 뒤로 보내고 다리로 물을 밀치면 선수의 운동은 다시 가속되어 속도가 증가하게 된다. 그러므로 속도는 선수에게 작용하는 세 힘의 합력이 주기적으로 변화하는 결과로 항상 약 0㎧와 2㎧ 사이에서 오르락내리락한다. 물

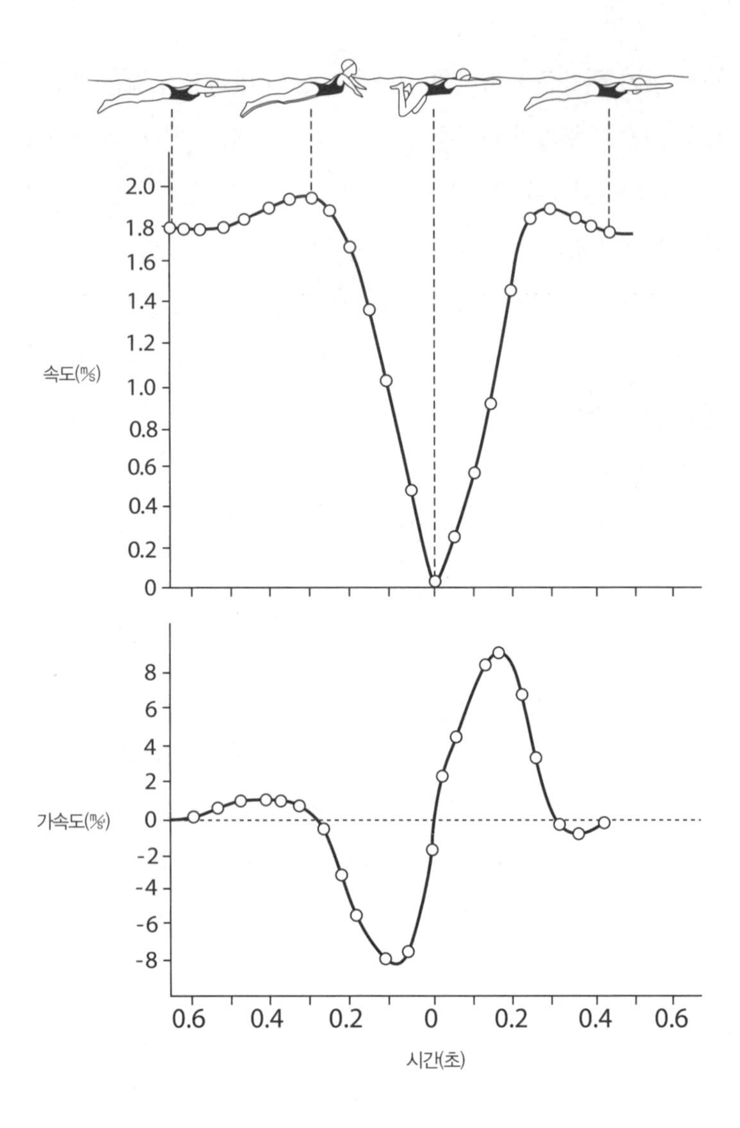

론 선수가 정지하지는 않는다. 일시적으로 0의 합력이 작용할 때도 아직 운동량이 남아 있기 때문이다. 그런 변화를 보이는 그래프가 위에 있다.

평영은 단속적인 인간의 움직임이 복잡함을 보여주는 한 가지 예다! 앞의 도표는 평영 동작의 한 사이클에서 수영 선수의 속도와 가속도가 시간에 따라 어떻게 변하는지 보여준다.

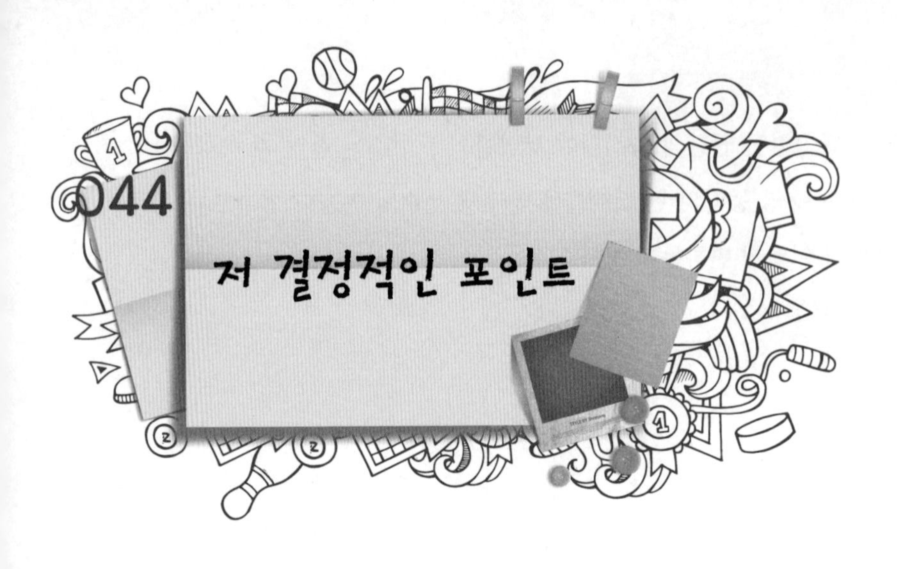

테니스 경기 해설자들이 게임의 특정 점수를 가리켜 승리에 가장 중요한 포인트라고 일러주는 것을 몇 번이나 들어보았는가? 이상하게도 판초 곤살레스Pancho Gonzales에게서 유래하는 듯한 한 전통적 관점에서는 15 대 30이 서브를 넣는 선수에게 결정적인 포인트라고 보았다. 하지만 이는 결코 사실이 아니다. 그 선수는 다음 포인트를 잃더라도 15 대 40으로 뒤진 상태야 얼마든지 만회할 수 있다. 하지만 스코어가 15 대 40이나 30 대 40이나 어드밴티지리시버(사실상 30 대 40과 같다)라면 다음 포인트를 잃을 경우 지게 된다.

테니스는 점수 체계가 특이하다. 그냥 탁구처럼 1점씩 누적해서 기록할 수도 있었을 것이다. 즉 이를테면 각 세트는 최소 2점 차로 11점이나 21점을 따면 이기는 것으로 하고 전체 경기는 3세트 2선승제로 하는 것이다. 하지만 실제로 테니스 경기는 포인트, 게임, 세트, 매치 4단계로 구성되는데 포인트는 15, 30, 40의 순서로 늘어난다. 그런 포인트 누적 방식은 중세 프랑스에서 테니스 경기가 처음 시작된 초창기에 경기장 시계의 15분 단위 분할점으로 점수를 표시한 데서 유래한 듯하다. 승자는 자기 스코어를 가리키는 시곗바늘이 15분점, 30분점, 45분점을 거친 후 60분점에 도달해 승리를 알리게 했을 것이다. 아마도 45가 40으로 바뀐 것은 40분점, 50분점, 60분점으로 어드밴티지(시곗바늘을 40분점에서 50분점으로 올림)와 듀스어게인(시곗바늘을 50분점에서 40분점으로 도로 내림)을 나타내기 위해서였을 것이다.

예스러운 테니스 용어 중 상당수는 어원이 프랑스어다. 2점을 더 따야 함을 암시하는 듀스deuce는 프랑스어 'deux'에서 유래했고 0점에 해당하는 '러브love'는 0의 상징인 '알'을 뜻하는 'l'oeuf에서 유래했다. 미국 스포츠에서는 아직도 'goose egg(거위 알)'가 0점을 나타내는 용어다. 심지어 이 경기의 이름도 한쪽이 서브를 넣으면서 상대편에게 외친 프랑스어 'tenez'(받아봐, take that)에서 유래했다고 한다.

테니스의 점수 체계는 스코어가 21 같은 큰 수까지 올라가는 경우보다 훨씬 더 오랫동안 경기에 대한 선수들과 관중의 흥미를 유지시킨다. 6게임을 얻어야 이기는 한 세트를 한 선수가 6 대 0으로 져도 다음 세트가 시작되면 두 선수가 다시 대등한 처지에 놓이게 된다. 그리고 약한 선수가 6 대 0이라는 무거운 짐을 (라켓) 머리에 진 채 경기를 계속해야 하는 경우보다 훨씬 더 경쟁이 치열해진다. 전체 경기, 즉 매치는 3세트 2선승제로 진행되기도 하고 (남자 경기의 경우에만) 5세트 3선승제로 진행되기도 한다.

선수들의 실력이 막상막하라면 더 나은 선수가 요행수에 너무 쉽게 굴복하지 않고 결국 이기도록 세트 수를 늘려야 한다. 여자 선수들이 3세트 경기만 한다(그러면서도 상금은 남자 선수들이 받는 만큼 달라고 요구한다)는 이유로 남자 경기가 여자 경기보다 더 팽팽한 접전이라고 생각하는 사람이 아직도 많은 것 같다. 그런 불평등에는 타당한 이유가 없는 듯하다. 여자 선수들도 5세트 경기를 할 만큼 강하다. 특히 타이브레이크 규정 때문에 마지막 세트만 장기전으로 갈 수 있으므로 여자들도 너끈히 5세트를 뛸 수 있다.

045 바람 속으로 던지기

올림픽 던지기 종목에서 경기장의 바람이 경기에 미치는 영향은 미묘하다. 포환과 해머는 워낙 무거워서 바람 때문에 비행경로가 크게 달라지지 않지만 창과 원반은 공기역학과 관련되어 있어서 비행 과정이 풍속과 풍향의 영향을 많이 받는다. 그런 물체를 던지는 기술의 일부는 바람을 최적의 방식으로 활용하는 능력이다.

창던지기 선수는 30~35m 도움닫기를 할 수 있다. 창을 던질 때는 굽은 파울라인 위나 너머의 지면에 몸의 어느 부위도 닿지 않게 해야 한다. 창은 잔디밭에 착지하면서 자국을 남겨야 하고 부채 모양으로 경계 지어진 안전 구역 안에 떨어져야 한다. 그 부채꼴 구역은 29도 각도로 벌어져 있고 굽은 스로잉라인(파울라인)에서부터 퍼져 나간다. 그래서 정상급 선수들은 유효 기록을 내기 위해 겨냥하는 '표적' 너비가 45m 정도 된다. 지면에 대한 창의 투척 속도는 4분의 1 정도만 선수의 도움닫기에서 나오고 나머지는 창을 던지는 팔의 속도에서 비롯한다.

야니스 루시스Janis Lusis 같은 전 올림픽 챔피언들은 서너 발만 내디딘 뒤

바로 창을 던졌다. 정상급 창던지기 선수들은 학창 시절에 전교에서 크리켓공을 가장 멀리 던질 수 있었던 사람들이다. 그들은 힘이 포환던지기 선수처럼 무지막지한 것이 아니라 팔의 속도가 특출하게 빠르다. 하지만 창을 던지면서 몸을 확 비틀 때 팔과 어깨의 근육에 엄청난 부담이 가다 보니 창던지기 선수는 팔이나 어깨 부상으로 선수 생활이 일찍 끝나는 경우가 많다.

남자용 창은 무게가 겨우 800g(여자용 창은 600g)으로 포환, 원반, 해머보다 훨씬 가볍다. 몸집이 보통인 선수들도 이 종목에서는 가망이 있다. 역대 최고 창던지기 선수는 IOC 위원인 체코의 얀 젤레즈니Jan Zelezny이다. 그는 1988년 올림픽에서 은메달을 따고 1992년, 1996년, 2000년에는 금메달을 땄지만 키 186cm에 몸무게가 88㎏밖에 안 나간다. 그의 세계 기록은 98.48m이다.

바람이 제법 불 때 그 방향을 똑바로 거슬러 창을 던지는 경우 창이 처음에 35도 정도로(즉 바람이 잠잠한 때의 최적 투척각인 44~45도보다 완만한 각도로) 올라가 약간 야트막한 비행경로를 그리게 하는 편이 낫다. 그렇게 하면 창이 공중에 더 오래 떠 있으면서 더욱 멀리 나아간다. 훌륭한 선수는 다음 그림에 나와 있듯이 창이 무게중심의 비행경로보다 10도 정도 아래로 기울어져 있게 할 것이다(그런 각도를 '공격각angle of attack'이라고 한다). 그렇게 하면 창의 머리 부분이 계속 수그러져 보통 착지할 때 땅에 꽂히게 된다.

창의 비행경로를 결정하는 주요 요인 중 하나는 창 무게중심의 위치다. 1984년 동독 선수 우베 혼Uwe Hohn은 창을 무려 104.8m나 던져 세계 신기록을 세웠다. 이는 매우 위험한 일이었다. 그 종목이 열린 대형 경기

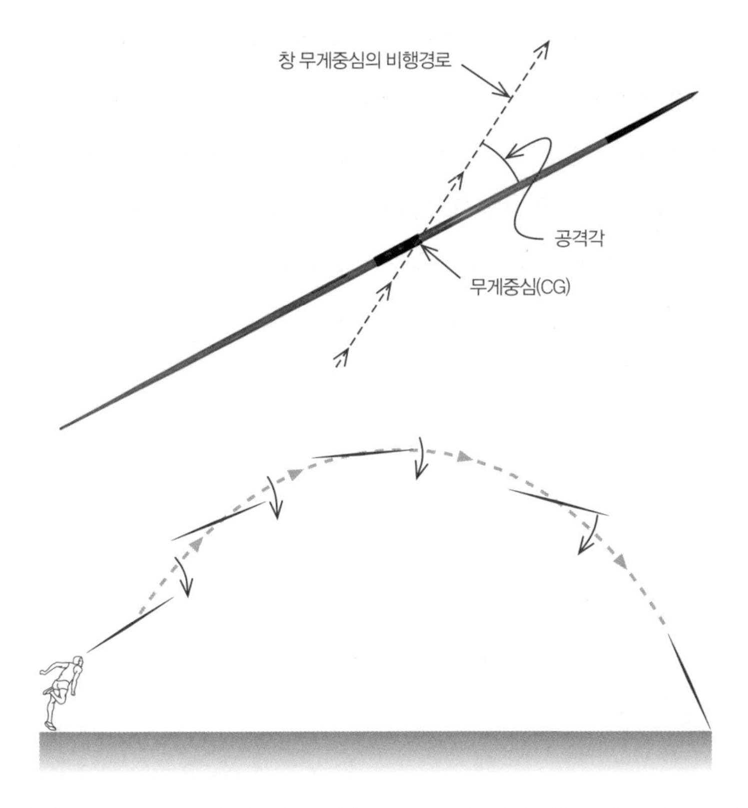

장에서는 다른 종목의 심판과 선수들도 왔다 갔다 했기 때문이다. 만약 창이 몸통으로 착지해 통제 불능의 어뢰처럼 잔디밭 위에서 미끄러지며 질주했다면 위험천만했을 것이다.

창이 착지할 때 자국을 남겼느냐 아니면 몸통부터 땅에 닿았느냐는 것 또한 심판과 선수의 의견이 엇갈릴 소지가 많은 문제다. 혼이 던진 창은 잔디밭을 훌쩍 넘어 달리기 트랙이나 높이뛰기 시합장까지 갈 수도 있었다. 1986년에 나온 대응책은 창의 무게중심을 4cm 앞으로 옮기고 꼬리 부분을 공기 항력이 커지도록 다시 디자인해 창을 개조하는 것이었다. 더 작은 여자용 창은 1999년 비슷한 방식으로 다시 디자인됐다.

결과적으로 신형 창은 공중에서 오랫동안 수평으로 떠 있지 않고 급강하하여 예외 없이 급한 각도로 착지해 잔디밭에 꽂혔다. 혼의 대단한 기록은 역사의 뒤안길로 사라졌고 이 종목은 새 출발을 했다. 창을 개조함으로써 투척 거리가 10% 정도 짧아지긴 했지만 젤레즈니가 1996년 신형 창을 98m 넘게 던지는 바람에 다시 안전 문제가 슬슬 고개를 들기 시작했다. 하지만 그의 기록은 15년이 넘도록 독보적인 수치로 남아 있다.

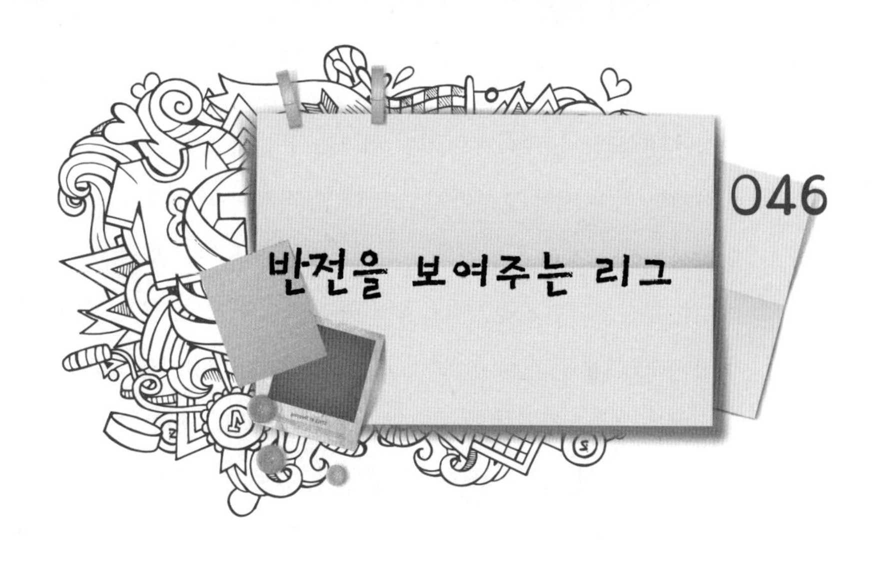

046 반전을 보여주는 리그

1981년에 잉글랜드축구협회는 더 공격적인 플레이를 보상해주려고 리그전 운영 방식을 크게 바꾸었다. 그들은 전통적으로 승자가 보상으로 받아온 2점 대신 3점을 승점으로 주자고 제안했다. 무승부에 대해서는 계속 1점만 주기로 했다. 곧 다른 나라들도 이를 따라 했는데 지금은 이것이 축구 리그전의 보편적인 승점 채점 방식이 되었다. 그런 방식이 일반적인 비非승전팀이 거둘 수 있는 성공의 정도에 미쳐온 영향을 살펴보면 흥미롭다. 승리에 2점을 부여했을 때는 42경기에서 승점 60점을 얻어 리그에서 우승하는 일이 쉽게 가능했으므로 모든 경기에서 비겨 승점 42점을 얻은 팀도 마지막에 리그 상위 절반에 들 수 있었다.

실제로 1955년 첼시는 예전의 프리미어리그 챔피언십에서 총 52점이라는 역대 최저 승점으로 우승했다. 승리 승점이 3점인 요즘에는 우승팀이 되려면 38경기에서 승점을 90점 넘게 얻어야 한다. 모든 경기에서 비긴 팀은 38점으로 맨 밑바닥에서 서너 번째가 되어 하위 리그로 강등되지 않으려고 발버둥 치게 될 것이다.

그런 변화를 염두에 두고 어떤 리그를 상상해보자. 그 리그에서는 시즌 마지막 날 마지막 호루라기 소리가 난 직후 축구 관계자들이 승점 채점 방식을 바꾸기로 결정한다고 하자. 시즌 내내 리그 팀들은 이기면 승점 2점, 무승부이면 승점 1점을 받으며 경기를 해왔다. 그 리그에는 13팀이 있는데, 그들은 서로 한 번씩 겨루므로 각각 12경기를 한다. '올스타'라는 팀은 그중 5경기에서 이기고 7경기에서 진다. 희한하게도 그 리그의 나머지 경기는 모두 무승부로 끝난다. 그래서 올스타는 총승점 10점을 기록한다. 나머지 팀은 모두 무승부 경기에서 11점을 얻는데, 그들 중 7팀은 올스타를 이겨 2점을 더 얻지만 5팀은 올스타에 져서 승점을 더 얻지 못한다. 따라서 나머지 7팀은 결국 13점을 기록하고 5팀은 11점을 기록하게 된다. 그들 모두가 올스타보다 승점을 많이 기록했으므로 올스타는 리그전 성적표에서 맨 아래에 있게 된다.

풀이 죽은 올스타 선수들이 마지막 경기가 끝난 뒤 라커룸으로 돌아와 자기들이 리그 최하위라는 사실을 깨달으며 불가피한 강등과 거의 확실시되는 파산에 직면하는데 바로 그때 어떤 소식이 들려온다. 지금 막 리그 관계자들이 표결로 새로운 승점 채점 방식을 도입해 그 시즌 리그전의 모든 경기에 소급 적용하기로 했다는 것이다. 공격적인 플레이를 보상하기 위해 그들은 승리에는 3점, 무승부에는 1점을 부여할 것이라고 했다. 올스타 선수들은 빨리 계산을 다시 해본다. 그들은 이제 5승으로 승점 15점을 얻는다. 나머지 팀은 11무승부로 여전히 11점을 얻는다. 하지만 이제 올스타를 이긴 7팀은 3점만 더 얻고 올스타에 진 5팀은 점수를 더 얻지 못한다. 어쨌든 나머지 팀은 모두 11점이나 14점만 기록하고 올스타가 우승 팀이 된다!

047 희한한 라켓

어떤 물체는 다른 물체보다 움직이기가 더 힘들다. 사람들은 대부분 물체의 무게가 유일한 문제라고 생각한다. 즉 무거운 짐일수록 옮기기가 힘들다는 것이다. 하지만 갖가지 짐을 많이 옮겨보면 무게의 분포가 중요한 역할을 한다는 사실을 곧 알게 될 것이다. 질량이 중심 쪽으로 많이 집중되어 있는 물체일수록 움직이기가 더 쉽고 도는 속도도 빠르다. 아이스스케이팅 선수가 스핀 동작을 시작하는 모습을 보라. 그들은 팔을 처음에 바깥쪽으로 벌리고 있다가 차츰차츰 자기 몸 쪽으로 당겨 오므린다. 그렇게 하면 회전 속도가 갈수록 빨라진다. 몸의 질량이 중심 쪽으로 더 집중되기 때문에 그들이 더욱 빨리 움직이는 것이다. 한편 튼튼한 건물을 지을 때 뼈대로 쓰는 거더girder는 횡단면이 H자 모양이어서 많은 질량이 중심에서 멀리 떨어져 분포하기 때문에 압력을 받아도 쉽게 움직이거나 변형되지 않는다.

그렇게 움직이지 않고 버티려는 성질을 흔히 일반적인 의미로 '관성'이라고 한다. 관성은 물체의 총질량뿐 아니라 질량 분포에 따라서도 결정되는데, 그런 질량 분포는 물체의 모양에 따라 결정될 것이다. 물체를 회전시키는 일을 생각해보면 단순한 테니스 라켓이 재미있는 예가 된다. 테니스 라켓은 모양이 특이해서 뚜렷이 구별되는 세 가지 방법으로 회전시킬 수 있다. 라켓을 바닥에 눕혀놓고 그 중심의 둘레로 회전시킬 수도 있고 머리 부분을 땅에 대고 세워서 손잡이를 비틀듯 돌릴 수도 있으며 손잡이를 잡고 라켓을 공중으로 던져 올려 라켓이 몇 바퀴 돌고 내려오게 한 뒤 다시 손잡이를 잡을 수도 있다.

라켓을 회전시키는 방법이 세 가지 있는 이유는 공간에 서로 직각을 이루는 세 방향이 있기 때문이다. 라켓을 회전시킬 때 그중 어느 한 방향이든 축으로 삼을 수 있다. 라켓은 어느 축을 중심으로 회전하느냐에 따라 꽤 다르게 움직이는데, 각 축 둘레의 질량 분포가 달라서 각 축을 중심으로 도는 운동의 관성이 다르기 때문이다.

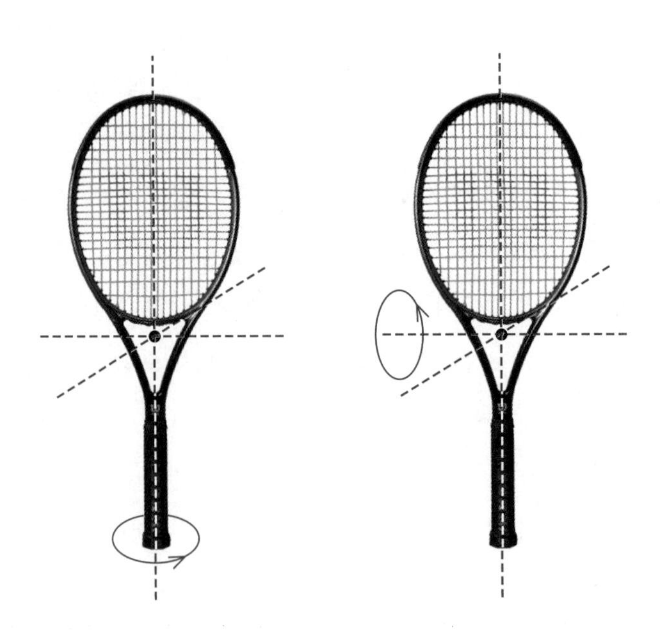

그런 갖가지 운동에는 라켓을 던져 올리면 나타나는 희한한 특성이 하나 있다. 관성이 가장 크거나 가장 작은 회전 운동은 단순하다. 라켓을 바닥에 눕히거나 똑바로 세워서 팽이처럼 돌릴 때는 별로 특이한 일이 일어나지 않는다. 하지만 '중간의' 축을 중심으로 하여, 즉 회전 운동의 관성이 최대와 최소의 중간이 되게 하여 라켓을 회전시키면 특이한 일이 일어난다. 손잡이를 쥐고 라켓을 머리 부분이 수평이 되도록 들어라. 프라이팬을 들고 있는 것처럼 하면 된다. 라켓 윗면을 분필로 표시해라. 그리고 라켓을 던져 올려 라켓이 완전히 360도를 돌게 한 후 손잡이를 잡아라. 분필로 표시해놓은 면은 이제 아래를 향하고 있을 것이다.

요컨대 중간 크기의 관성이 나타나는 회전 운동은 불안정하다는 것이다. 정확한 중심선에서 아주 조금만 벗어나도 예외 없이 홱 뒤집히고 만다. 그런 점이 좋은 일이 되는 경우도 더러 있다. 평균대 위에서 공중돌기를 하는 체조 선수는 비틀기도 같이하면 더 멋지게 보이고 점수도 더 많이 딸 수 있다. 그런데 비틀기는 몸의 자세를 적절히 취하면 그런 불안정성 때문에 자동으로 일어난다. 비틀기 없이 일련의 빠른 공중돌기만 하고 싶은 하이다이빙 선수는 몸을 말아 웅크려 관성이 최소인 축을 중심으로 회전하면 비틀기를 전혀 하지 않게 된다.

힘을 매우 중요시하는 여러 스포츠에는 확실히 특이한 점이 있다. 앞서 살펴보았듯이 어떤 스포츠에서는 출전자의 몸무게와 몸집에 크게 유의하여 그들을 체급별로 갈라 몸무게가 아주 비슷한 선수끼리만 겨루게 한다. 가장 명백한 예는 권투, 레슬링, 유도 같은 격투기 종목과 역도에서 찾아볼 수 있다. 심지어 조정에도 '경량급' 선수들을 위한 종목이 따로 있다. 체급별 선두 선수들의 몸집 차이는 엄청나다. 선수들은 부주의해서 '적정 체중 만들기'에 실패하지 않으려면 신중하게 체중을 조절해야 한다.

그렇게 선수들을 몸무게에 따라 나누는 이유는 명백하다. 몸집이 클수록 힘이 강해지기 때문이다. 앞서 확인했듯이 한 사람의 힘(강도)은 몸무게의 3분의 2승에 비례해 증가한다. 따라서 힘의 세제곱은 몸무게의 제곱에 비례할 것이다. 이 간단한 법칙은 역도 세계 기록의 추세를 살펴보았을 때 아주 잘 입증되었다.

이상의 내용은 모두 전적으로 공정하고 타당한 듯하다. 분명히 역도 선수와 권투 선수들의 실제 몸무게는 해당 체급의 상한선 쪽으로 몰려 있을 것이다.* 근육 무게를 늘려 만들 수 있는 힘을 최대한 활용해야 하기 때문이다. 하지만 올림픽 육상 프로그램의 필드 경기를 보면 영문 모를 모순이 있는 듯하다. 포환던지기, 원반던지기, 해머던지기는 힘이 성적을 좌우하는 주요 요인인데도 체급이 없다.** 그 결과 중 하나로 던지기 선수들은 모두 몸집이 매우 크다. 플라이급 권투 선수나 피겨스케이팅 선수의 체격으로 포환던지기 선수가 되길 열망해봐야 아무 소용이 없다. 몸무게(근육 무게)가 늘수록 힘이 커지다 보니 몸무게가 가벼운 선수들은 그런 종목을 기피하게 되고 몸무게가 무거운 선수들은 웨이트트레이닝과 다이어트로 근육을 키워 몸무게를 더 늘리려고 애쓰게 된다.

던지기 선수들은 결코 느릿느릿 움직이는 거인이 아니다. 그들은 포물체를 던지기 전에 던지기서클이라는 원형 구역 안에서 대단히 역동적이고 놀라운 속도를 낼 수 있다. 여러 해 전 어느 국제 초청 회의 기간에 크리스털팰리스스타디움에서는 (나중에 '세계에서 가장 힘 센 사람'이 될) 포환던지기 선수 제프 케이프스Geoff Capes와 장거리 달리기 선수 브렌던 포스터Brendan Foster 간의 유명한 200m 단거리 달리기 시합이 열렸다. 그 시합은 몸무게 146kg에 키가 2m인 케이프스에 대해 텔레비전 해설자들이 경솔한 발언을 한 것이 계기가 되어 벌어진 듯했다. 당시 포스터는 3,000m 달리기 세계 기록 보유자였으며 1,500m, 5,000m, 10,000m 경기에서도 메달을 딴 적이 여러 번 있었다. 사람들은 대부분 포스터가 케

* 1904년 올림픽에서 미국의 권투 선수 올리버Oliver는 밴텀급과 페더급 둘 다에서 금메달을 땄다. 그 때 말고는 한 권투 선수가 그런 위업을 달성한 적이 한 번도 없다.

** 1912년 스톡홀름 올림픽 때는 포환, 원반, 창을 양손으로 던지는 종목이 있었다. 각 출전자는 해당 물체를 왼손으로도 던지고 오른손으로도 던졌다. 두 거리를 합친 기록이 가장 좋은 출전자가 우승자가 되었다.

이프스와 벌인 단거리 경주에서 여유 있게 이기리라고 확신했다. 하지만 놀랍게도 포스터가 한참 뒤처져 있는 상태에서 케이프스는 쏜살같이 내달려 23.7초 만에 결승선을 통과했다. 이렇듯 단거리 달리기에서도 힘이 중요하다.

어떻게 해서 몸무게의 영향으로 물체를 더 멀리 던질 수 있게 되는지는 간단하게 추산해볼 수 있다. 이를테면 해머던지기 경기에서 출전자는 자기 힘을 이용해 해머를 빙글빙글 돌린다. 해머는 경기장의 지정된 구역 안에서 일련의 회전을 거치며 가속되어 최적의 각도로 던져진 뒤 포물체로 날아간다. 이때 선수는 던지기서클 밖을 딛지 않도록 주의해야 한다. 선수는 힘이 셀수록 해머를 더 빨리 회전시키며 버틸 수 있고 더 빠른 속도로 던질 수 있다. 공기 항력의 영향을 무시하면 포물체의 사정거리는 투사 속도의 제곱에 비례한다. 그리고 해머가 회전하며 그리는 원의 반지름이 일정하게 유지된다면 해머가 원형으로 움직이는 속도의 제곱은 선수의 (예컨대 선수가 들어 올릴 수 있는 중량으로 측정한) 힘에 비례한다.

앞서 힘이 선수 몸무게의 3분의 2승에 비례한다는 것을 확인했으므로 다른 조건이 모두 그대로라면 사정거리 또한 그에 비례해 증가할 거라고 결론지을 수 있다. 확실히 크기가 중요하다, 그것도 엄청.

역대 가장 기묘한 축구 경기는? 그런 콘테스트에서 우승할 만한 경기는 딱 하나밖에 없을 듯싶다. 분명 그것은 1994년 셸 캐리비언컵에서 그레나다와 바베이도스가 맞붙은 악명 높은 경기일 것이다. 그 대회에서는 토너먼트 본선 전에 조별 예선이 있었다. 조별 예선전 중 마지막 경기에서 바베이도스는 그레나다를 최소 두 골 차로 이겨야만 본선 진출권을 얻을 수 있었다. 바베이도스가 그러지 못하면 그레나다가 본선 진출권을 얻을 터였다. 이렇게 보면 매우 간단한 상황 같다. 도대체 잘못될 만한 것이 뭐가 있었을까?

어떤 일에든 예기치 못한 결과가 따르게 마련이라더니 딱 그렇게 되고 말았다. 대회 주최자들은 연장전에서 '골든골'을 넣어 이긴 팀에 골 득실 차에 따른 이점을 좀 더 공정하게 부여하기 위해 새로운 규칙을 도입한 터였다. 골든골이 들어가면 경기가 끝나므로 그런 상황에서는 절대 한 골이 넘는 득점 차로 이길 수 없는데, 이는 불공평한 듯했다. 그래서 주최자들은 골든골 하나를 두 골로 치기로 했다. 그런데 무슨 일이 일어났는지 보시라.

바베이도스는 곧 2 대 0으로 경기를 앞서 나갔고 순조롭게 본선에 진출할 듯했다. 하지만 경기 종료를 겨우 7분 남겨놓고 그레나다가 한 골을 만회해 스코어를 2 대 1로 만들었다. 바베이도스는 그래도 세 번째 골을 넣으면 본선 진출권을 얻을 수 있었지만, 몇 분밖에 남지 않은 시간에 그러기는 그리 쉽지 않았다. 차라리 자기네 골문을 공격해 그레나다를 대신해 동점골을 넣어주는 편이 나았다. 그러면 연장전에 골든골을 넣을 기회가 생기기 때문이다. 골든골이 두 골로 간주되면 바베이도스는 그레나다를 제물로 삼아 본선 진출권을 얻게 될 것이었다.

실제로 바베이도스는 3분을 남겨놓고 공을 자기네 골문에 넣어 스코어를 2 대 2로 만들었다. 그레나다는 자기 팀이 (어느 쪽 골문에든!) 한 골을 더 넣으면 본선에 진출하게 되리라는 사실을 깨달았다. 그래서 자기들의 패배를 결정하는 골을 넣어 골 득실 차로 본선에 진출하려고 자기네 골문을 공격했다. 하지만 바베이도스는 그레나다의 실점을 막기 위해 그레나다 골문을 악착같이 지켰고 경기는 연장전으로 갔다. 바베이도스 선수들은 이제 상대편을 급습해 연장전 시작 5분 만에 승리를 결정짓는 골든골을 넣었다. 믿기지 않으면 유튜브로 그 장면을 보라. 그것은 국제축구연맹FIFA에 적절히 경의를 표하는 영상이다.

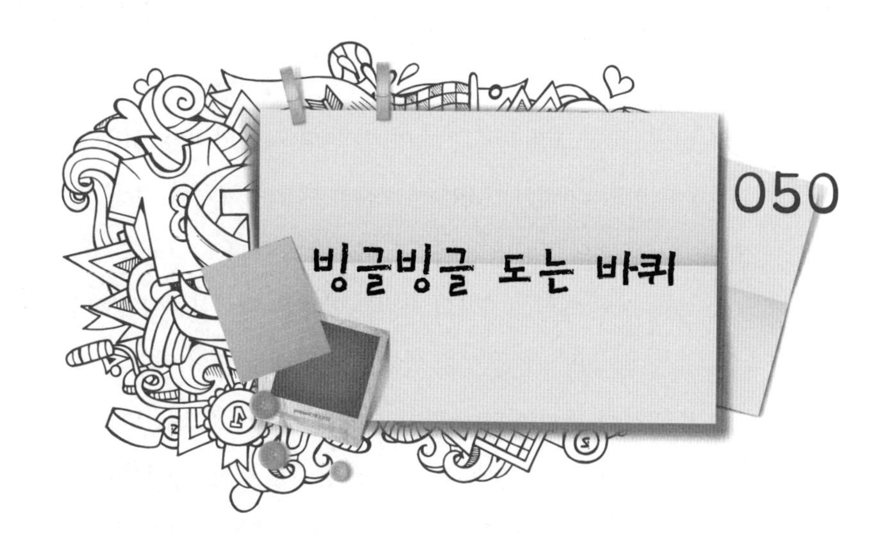

바퀴가 돌 때 회전 속도를 결정하는 요인은 무엇일까? 도로를 달리거나 전용 경기장 벨로드롬을 도는 사이클 선수에게 이는 매우 중요한 문제다. 좀 더 효율적인 바퀴를 만들어 조금이라도 이점을 얻을 수는 없을까? 핵심 고려 사항은 무엇일까?

어떤 물체를 가장자리를 따라 당겨 회전시킬 때 물체가 축 둘레로 얼마나 빨리 회전할지를 결정하는 요인에는 질량만 있는 것이 아니라 질량 분포도 있다. 앞서 살펴보았듯이 물체의 질량과 내부 질량 분포가 함께 '관성'을 좌우하여 물체를 움직이기가 얼마나 힘든지 결정한다.

물체의 관성은 cMR^2으로 나타낼 수 있다. 여기서 M은 물체의 질량, R는 반지름이고 c는 질량 분포가 물체 중심 쪽으로 얼마나 집중되어 있느냐에 따라 달라지는 값이다. 밀도가 균일한 구체는 c=2/5이지만 크기가 같되 모든 질량이 표면에 있는 속이 빈 구면 껍질은 c=2/3이다. 즉 c는 질량이 중심에서 멀리 떨어져 분포할수록 커지는 것이다. 속이 빈 구면 껍질은 질량과 반지름이 같되 속이 꽉 찬 구체보다 관성이 커서 더 천천히 굴러간다. 그런 원리는 속이 빈 원형 고리의 관성(MR^2)과 밀도가 균일한 원반의 관성($1/2\ MR^2$)을 비교할 때도 유효하다. 바로 이 두 수량은 자전거 바퀴의 종류별 관성과도 아주 비슷하다.

내가 평소에 타는 자전거의 바퀴는 가벼운 바퀴살들이 방사상으로 뻗어 고리형 테두리를 튼튼하게 받쳐주는 형태로 되어 있다. 그런 바퀴는 비교적 관성이 커서 페달에 힘이 가해질 때 옹골진 원반형 디자인의 바퀴보다 느리게 반응할 것이다. 최고급 경주용 자전거를 보면 디스크휠이 있는 것도 바로 그런 이유 때문이다. 디스크휠은 관성이 작아서 운전자가 페달을 밟아 체인을 통해 힘을 가할 때 더 빨리 움직인다. 하지만 자전거 앞에 디스크휠을 장착하면 엄청나게 비실용적이다. 항상 일직선으로 가거나 벨로드롬 트랙 표면에 수직인 상태로 달릴 것이 아니라면 그러지 않는 편이 좋다. 핸들을 조금만 옆으로 틀어도 바퀴가 바람에 휙 돌아가서 땅바닥에 나동그라질 것이기 때문이다. 바로 그런 까닭에 도로 경주용 자전거를 보면 옆으로 돌아가지 않는 뒷바퀴에만 디스크휠이 장착돼 있다.

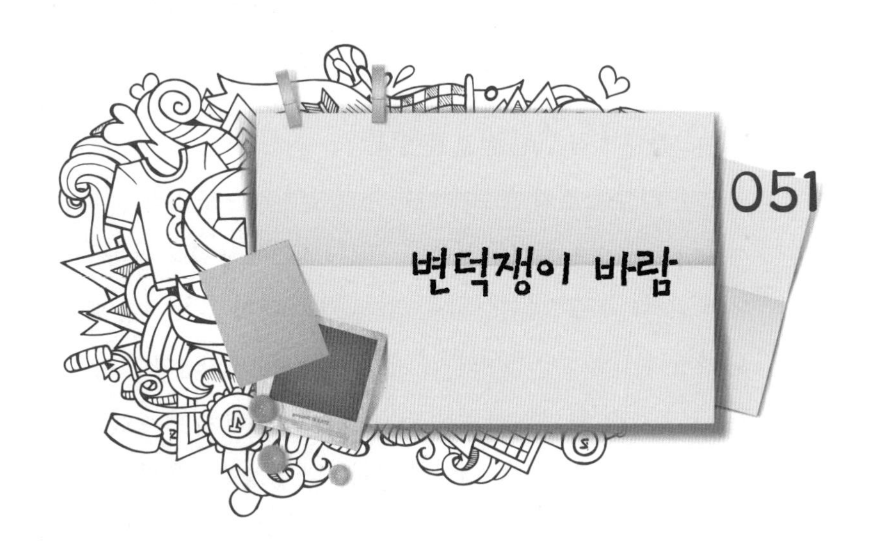

육상 경기 관람객들은 비가 오거나 날씨가 추울까 봐 걱정하지만 출전자들은 보통 바람이 많이 부느냐 아니냐가 주요 관심사다. 단거리 주자들은 유효 기록을 못 세울 정도로 풍속이 빠르지만 않으면 순풍을 반가워하겠지만 경주할 때 트랙을 한 바퀴 이상 돌아야 하는 선수들은 모두 바람을 싫어한다. 바람이 불면 기록이 느려지고 달리기가 더 힘들어진다. 하지만 육상 스타디움에서 진행되는 갖가지 경기를 보면 바람의 영향이 그리 명백하지 않은 경우도 더러 있다.

100m, 200m 달리기, 110m 허들, 멀리뛰기, 3단뛰기는 '바람의 도움'에 대한 규정이 있어서 순풍의 속도가 2㎧를 넘으면 성적이 기록용으로 유효하지 않게 된다. 경기 결과에 순풍은 +기호로, 역풍은 −기호로 표시된다. 하지만 멀리뛰기에서 9m를 뛰었는데 +5㎧의 바람이 불었다면 그 바람은 9m가 멀리뛰기 세계 기록이 되는 데는 걸림돌이 되지만 대회에서는 아무 영향을 미치지 않는다. 그 성적은 그래도 인정되고 그다음에 다른 출전자들이 멀리뛰기를 할 때 매번 풍속이 0㎧로 떨어진다면 그

것은 그들에게 참 안된 일일 뿐이다!

오랜 시간에 걸쳐 경주가 여러 차례 벌어지는 단거리 달리기 예선에서는 그런 규정이 특히 거북하다. 예선 8경기에서 다음 라운드 진출자를 뽑는 조건은 보통 '각 경기 1~3위자와 1~3위에 들지 못한 패자 전체에서 가장 빠른 8명'일 것이다. 경기마다 풍속이 달라진다면 이는 강한 순풍으로 이득을 보지 못한 1~3위권 밖의 주자들에게 매우 불공평한 일이 될 수 있다. 일반적으로 100m를 달리는 동안 2m/s 순풍을 받으면 바람이 없는 상태에서 달릴 때보다 0.1초 정도 이득을 볼 수 있지만 −2m/s 역풍을 거슬러 달리면 기록이 0.1초보다 조금 더 느려질 것이다.

200m 달리기에서는 풍향이 훨씬 더 중요한 요인이다. 코스의 절반에서는 레인을 지키며 달려야 하는데, 레인별로 주자들은 앞뒤로 조금씩 벌어진 출발점에서 뛰다 보니 곡선주로를 돌 때 역풍을 정면으로 또는 순풍을 등으로 체감하는 시간의 길이가 다를 수 있기 때문이다.

110m 허들에서는 또 다른 고려 사항이 나타난다. 순풍이 불면 더 빨리 달리게 되긴 하지만 그 결과가 바람직하지 않을 수도 있다. 하이허들 선수들은 매우 정밀한 보폭 패턴을 수많은 연습으로 뇌와 신경계에 각인해두는데, 순풍이 불면 보폭 패턴으로 계획해둔 것보다 허들에 더 가까이 도달하게 될 것이다. 강한 순풍이 불 때면 허들 선수들이 도약할 때 바람 때문에 허들에 너무 가까워져서 허들이 많이 넘어지는 모습을 볼 수 있다. 예전에는 허들을 넘어뜨릴 경우 올림픽 기록 부적격 판정을 받았다(얄궂게도 해당 경주의 승자로 남을 수는 있었다). 1924년 올림픽 기록은 3위 선수가 세웠는데, 1위 선수가 허들을 하나 넘어뜨리고 2위 선수가 부적절한 동작으로 허들을 넘었기 때문이다.

비슷한 일이 멀리뛰기와 3단뛰기에서도 일어난다. 두 종목 선수들은 단단한 구름판에서 유효 도약과 파울을 가르는 점토 선에 최대한 가까운 부분을 도약발로 딛기 위해 도움닫기 주로에 매우 정확하게 표시를 해놓는다. 강한 순풍이 불면 구름판에 상당히 빨리 접근하게 되므로 파울선을 넘어 발을 디딜 확률이 훨씬 커진다. 하지만 이를 감안해 출발점 표시를 조정하여 그 문제를 바로잡으면 도약 속도가 더 빨라져 더 멀리 유효 도약을 할 수 있다. 반면 역풍이 불면 더 천천히 도약하게 되며 구름판 한참 앞에서 도약할 개연성이 더 커진다. 그렇게 도약 속도가 느려지고 도약 지점이 앞으로 당겨지는 만큼 도약 거리도 짧아질 것이다.

장대높이뛰기 선수들은 도움닫기를 할 때 순풍이 불면 이득을 본다. 그런 바람을 받으면 도약 에너지와 비월 높이가 크게 달라지는데, 그 수치가 (멀리뛰기에서처럼) 도약 속도의 제곱에 비례하기 때문이다. 하지만 장대높이뛰기 성적이 기록용으로 적합한지를 바람의 도움과 관련해 판가름하는 규정은 없다.

바람이 부는 가운데 트랙 전체를 몇 바퀴 달리는 일은 바람 한 점 없는 조건에서 같은 속도로 달리는 것보다 힘들 수밖에 없다. 예를 들어 정사각형 트랙이 하나 있고 속도 W의 바람이 정사각형의 한 변에 평행한 방향으로 불고 있다고 해보자. 네 변을 따라(다음 그림에 나와 있듯이 한 변에는 순풍이, 한 변에는 역풍이, 두 변에는 중립적인 옆바람이 분다) 한 바퀴를 속도 V로 뛰는 데 필요한 에너지(=힘×속도)는 $V^3+(V-W)^3+V^3+(V+W)^3=4V^3+6VW^2$에 비례한다. 여기서 알 수 있듯이 바람 한 점 없을 때 필요한 총에너지의 인자($4V^3$)는 바람이 0이 아닌 풍속 W나 −W로 불 때의 인자보다 작을 수밖에 없다. 순풍으로 얻는 이득은 결

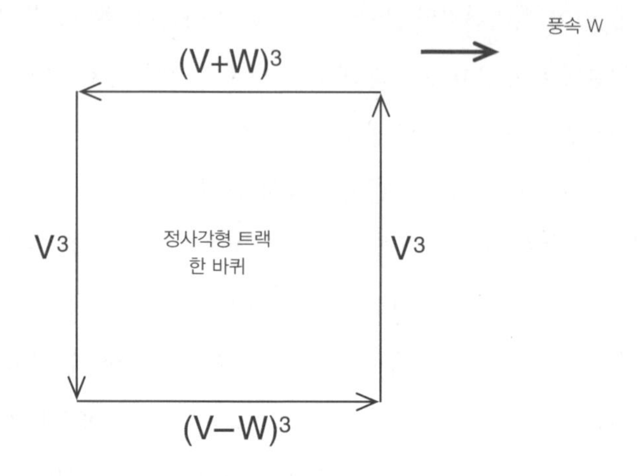

코 역풍의 부정적 영향을 상쇄하지 못한다. 최적의 전략은 역풍이 불 때는 다른 주자들 뒤로 피하고 순풍이 불 때는 레인을 바꿔 자기 바로 뒤에 아무도 없게 하는 것이다.

트랙 경기 중 바람의 도움에 대해 마지막으로 이야기할 가장 이상한 사항은 바람의 측정과 관련되어 있다. 선수들의 완주 시간은 기록용으로 100분의 1초까지 잰다. 그 시간을 제대로 재기 위해 그리고 부정 출발을 가려내고자 선수들의 반응 시간을 전자 장비로 100분의 1초까지 재기 위해 엄청난 노력을 기울인다. (덧붙여 말하면 고대 그리스 올림픽에서 부정 출발을 한 주자들은 경기임원에게 채찍으로 맞았다!)

반면에 바람 수치의 정확성은 결코 좋은 편이 아니다. 기록되는 풍속은 시간 기록의 정확성을 고려할 때 적어도 0.2㎧까지는 정확할 정도로 믿을 만해야 한다. 하지만 연구 결과에 따르면 100m 직선주로의 50m 지점에서 IAAF 공인 풍차형 풍속계 하나로 풍속을 기록하는 공식적인 방법은 약 ±0.9㎧까지만 정확한 듯하다. 이는 마치 0.05초까지만 정확한 경주 시간을 다루는 일과 같다. 풍속계 사용에 대한 닉 린손Nick Linthorne의 실험 연구에서는 기록되는 풍속이 100m 경주가 벌어지는 10초 동안 상당히 변화할 수 있음을 밝혀냈다.

100m 직선주로를 따라 여러 지점에 풍속계를 설치했더니 상당한 풍속 차이가 나타났는데, 바로 그런 차이가 ±0.9㎧라는 오차의 원인이다. 200m의 경우는 같은 방식으로 연구된 바가 없지만 알아보면 분명히 훨씬 더 복잡할 것이다. 레인별로 선수들이 체감하는 바람이 다르기 때문이다. 1번 레인의 선수는 '규정상 유효한' 시간을 기록하는데, 8번 레인의 선수는 '바람의 도움'을 받을 수도 있다!

윈드서핑은 고된 운동 같아 보인다. 따뜻한 카리브 해에서는 매력적일 수도 있지만 영국 연안은 수온이 좀 더 낮은데다 물도 그렇게 맑고 투명하지는 않다. 윈드서핑 경기는 1984년부터 줄곧 올림픽 종목이었지만 1990년대에 장비의 상품화(와 가격 급등) 논란으로 인기가 떨어지는 바람에 근근이 그 입지를 유지해왔다.

윈드서핑 선수들은 마치 대형 육상 트랙 같은 부등변 사각형 모양의 코스를 도는데, 매일 30~45분 걸리는 일련의 레이스를 벌이며 점수를 얻는다. 이는 지구력이 필요한 몹시 힘든 종목이다. 이 훈련은 직업적으로 온종일 매달려야 한다. 윈드서핑 선수는 돛대와 연결된 조종간boom에 작용하는 견인력을 거슬러 길이 2~4m의 서프보드 위에서 균형을 유지해야 한다. 그러려면 힘과 균형 둘 다 필요하다. 힘이 얼마나 많이 필요한지만 계산해보겠다.

윈드서핑 선수가 보드 위에서 균형을 유지하는 방식이 다음 그림에 나와 있다. 이 종목은 서핑과 요트의 기하 평균 같은 스포츠다!

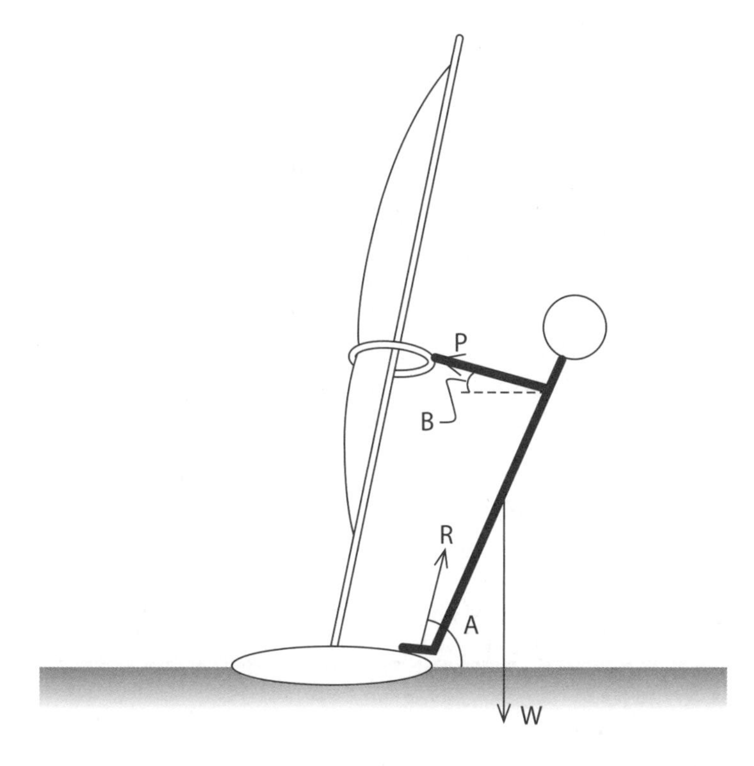

돛대와 돛의 질량은 무시할 것이다. 선수의 질량보다 훨씬 작기 때문이다. 조종간, 돛대, 돛의 총질량은 보통 10kg 정도인 데 반해, 선수의 몸무게는 65~70kg 정도다. 여기서 작용하는 주요 힘은 세 가지다. 선수의 몸무게 W=Mg, 그의 발에 작용하는 보드의 반작용력 R, 그의 팔에 작용하는 견인력 P. 그런 힘들이 수직 방향으로 균형을 이루려면 Mg=RsinA+PsinB여야 한다. 그리고 수평 방향으로 힘이 균형을 이루려면 RcosA=PcosB여야 한다. 이 식들을 조합하면, 선수의 팔이 가해야 하는 견인력을 그의 몸무게와 관련해 계산할 수 있다.

$$P = Mg/(\sin B + \cos B \tan A)$$

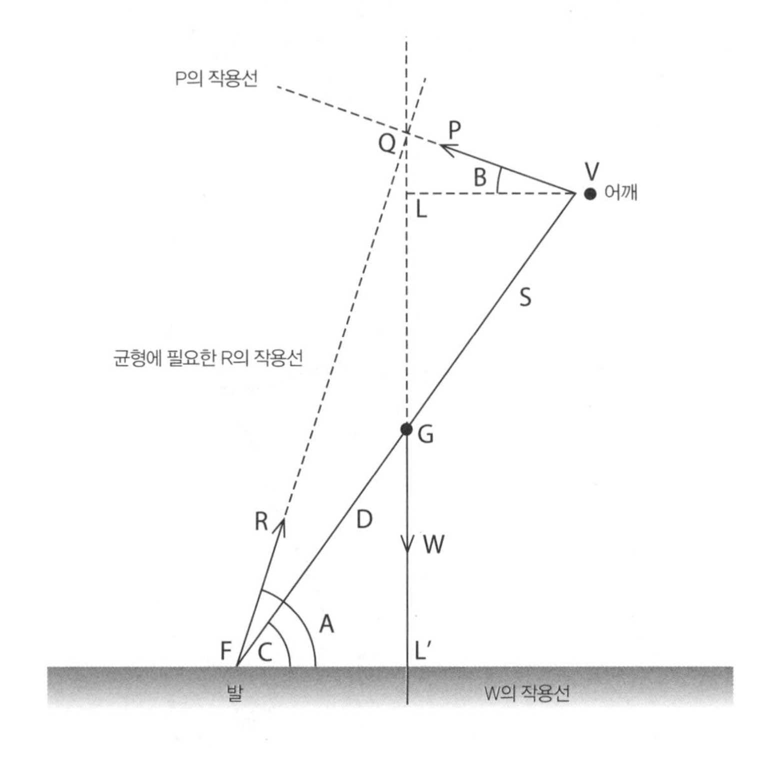

마지막으로 적용해야 하는 안정성 기준은 이를테면 선수의 발을 회전축으로 하여 작용하는 힘의 모멘트를 모두 합하면 0이 되어야 한다는 것이다. 그러지 않으면 전반적인 회전력이 있을 테니 곧 선수가 넘어가 물에 빠지고 말 것이다. 선수 몸무게의 모멘트, 그리고 팔에 작용하는 견인력의 모멘트가 필요하다(모멘트=힘×거리). 반작용력은 모멘트의 회전축으로 삼은 점에 작용하므로 모멘트에 기여하지 않는다. 각 모멘트는 회전축인 발과 힘의 작용점 사이의 거리에, 발과 작용점을 잇는 직선에 수직인 힘 성분을 곱한 값이다. 이런 내용이 위 그림에 나와 있다.

선수의 발에서 무게중심까지의 거리를 D, 선수의 무게중심에서 겨드랑이까지의 거리 GV를 S라고 하자. 선수 몸무게의 모멘트가 팔 견인력의 모멘트를 반대 방향으로 상쇄해 정확히 균형을 이룰 조건은 이렇다.

$$Mg \times D\cos C = P \times (D+S)\cos(90^\circ - B - C) = P \times (D+S)\sin(B+C)$$

이 식을 P를 몸무게로 나타냈던 식과 조합하면 다음을 얻을 수 있다.

$$\tan A = \left(\frac{S}{D}\right)\tan B + \left(1 + \frac{S}{D}\right)\tan C$$

이것은 유용한 공식이다. 일반적인 윈드서핑 선수의 S와 D를 잴 수 있고 서핑 모습을 촬영해 각도 B와 C를 측정할 수 있기 때문이다. 그러면 이 공식으로 탄젠트 값을 거쳐 각도 A를 계산할 수 있게 된다. A 값만 알면 힘의 수평 · 수직 균형으로 알아낸 P에 대한 첫 번째 공식($P = Mg/(\sin B + \cos B\tan A)$)의 분모를 계산할 수 있다.

윈드서핑 선수는 대개 몸무게가 70㎏이고 발에서 무게중심까지 거리가 D=1.5m, 무게중심에서 어깨까지 거리가 S=0.5m여서 S/D=1/3이다. 각도 B=45도, C=30도라면 tanA=1.5여서 A=56도이므로 힘 P=0.56Mg가 된다. 따라서 윈드서핑 선수는 자기 몸무게의 56% 정도에 해당하는 힘을 오랫동안 써야 한다(바람과 파도의 변화를 고려하면 그보다 훨씬 더 써야 할 것이다). 70㎏인 선수에게 그 힘은 40㎏ 정도 중량이니(참고로 영국항공의 무료 수하물 제한 중량은 23㎏이다) 재미있어 보이는 이 종목은 육체적으로 매우 힘든 운동인 셈이다.*

---

* 항해의 공기역학에 대한 더 자세한 내용은 다음에서 찾아볼 수 있다. M. S. Townend, *Mathematics in Sport*, Ellis Horwood, Chichester(1984), pp. 126~127.

스포츠는 국위를 높이고 다른 나라보다 한 발 앞서기 위한 싸움에서 오랫동안 무기로 쓰여왔다. 동유럽 공산 국가들의 과도한 스포츠 통제야 옛일이지만 아직도 부유한 나라들 사이에는 메달 순위에서 정상을 차지하고자 하는 거대한 욕망이 있다. 특히 자기들이 주최국이라면, 그래서 팀원을 지구 반대편에서부터 수송하는 나라들보다 저렴하게 출전자를 모든 종목에 내보낼 수 있다면 그런 갈망이 더욱더 클 것이다. 예를 들어 당신이 수석 코치로 임명되어 거액의 수표를 건네받고 4~8년 후 자국에서 열릴 올림픽 대회에서 메달을 최대한 많이 따라는 지시를 받았다고 하자. 어떻게 해야 할까? 중국이 무제한인 듯한 예산으로 베이징 올림픽을 준비한 방식을 살펴보면 실마리를 좀 얻을 수 있다.

첫째, 비교적 적은 나라들이 경쟁하는 스포츠를 주력 대상으로 삼는 것이 좋을 수도 있다. 다이빙, 조정, 사이클은 축구, 권투, 육상보다 성공 확률이 높은 종목이다. 비인기 스포츠는 (하이다이빙 플랫폼과 조정용 에이트 같은) 시설을 제공하는 데 드는 비용 때문에 그런 위치에 있는 경우가 많다. 따라서 예산의 이점을 충분히 활용할 수 있다. 하지만 문화나 기후 때문에 인기가 없는 종목도 있다. 아프리카 수영 선수, 네팔 요트 선수, 자메이카 스키 선수, 이슬람 국가의 여자 달리기 선수나 수영 선수는 거의 없다.

둘째, 가장 중요한 점인데, 각 종목에서 성공하려면 무엇이 필요한지 생각해야 한다는 것이다. 어떤 경우든 천부적 재능과 각고의 노력이 한데 어우러져야 한다. 천부적 재능과 관련해서 할 수 있는 일은 그런 재능을 발견해 육성하는 계획을 세우는 것뿐이다. 하지만 100m를 9.5초 만에 또는 1,500m를 3분 26초 만에 달리는 사람만 뽑는 발굴 방식은 성공 확률이 매우 희박하다. 우사인 볼트나 히샴 엘 게루주Hicham El Guerrouj와 겨루는 데 필요한 천부적 재능은 수준이 너무 높다. 그러므로 메달 획득 전략이 상당히 달라야 한다.

각고의 노력, 잘 계획된 훈련과 팀워크로 정말 결실을 얻을 수 있는 종목을 선택하라. 베이징 올림픽에서 중국 조정 선수들과 역도 선수들이 크게 성공하는 모습을 보았다. 그 둘은 큰 힘을 길러 메달 획득에 성공할 수 있는 전형적인 종목이다. 부가 요인 하나는 필요한 기본적인 힘과 기술이 꽤 비슷한 종목들에 걸려 있는 메달이 많다는 점이다. 수영 100m 자유형에서 우승하면 50m나 200m 자유형 수영에서도 우승할 가능성이 높다(그리고 몇몇 릴레이 팀에 기여할 수도 있다). 조정이나 사이클의 경우 여러 종목을 망라하며 온갖 전문적 코치 방식이 모두에게 유익한 대규모 선수단을 만들 수도 있다. 훈련 시간이 많이 필요하지만(아마 100m 달리기 우승에 필요한 만큼보다는 많이 필요할 것이다) 후보자가 많이 있다.

영국이 트랙 사이클 경기에서 성공을 거둘 때도 그와 비슷한 일이 일어났다. 다시 말하지만 사이클은 참여하는 나라가 몇 안 되는 스포츠다. 실내 벨로드롬 시설은 매우 비싸다. 하지만 선수 지도와 공기역학적 자전거 · 복장 개선에 대한 투자는 비용 효율이 매우 높다. 세부 종목과 상관없이 모든 사이클 선수에게 유익하기 때문이다. 특수 시설이 필요하다는 것은 곧 선수들이 함께 훈련해야 한다는 뜻인데, 이는 단체정신을 기르고 전문지식 · 기술을 공유하는 데 도움이 된다.

반면 육상은 천차만별인 종목들의 집합체다. 허들에 필요한 기술은 창을 던지거나 마라톤을 하는 데 별로 도움이 되지 않는다. 그러므로 메달을 많이 따고자 한다면 비슷한 종목이 많은 스포츠에 관심이 많이 갈 것이다. 자잘한 세부 사항, 예컨대 주파해야 하는 거리나 스타일의 여러 측면이나 출전자의 체급 같은 사항은 종목별로 달라지겠지만 선수 지도에 대한 투자는 모두에게 도움이 될 것이다. 역도, 권투, 유도, 레슬링은 모두 그렇게 전문지식 · 기술을 공유하는 스포츠의 예이지만 육상은 그렇지 않다.

아프리카의 달리기 선수들은 또 다른 흥미로운 예가 된다. 그들은 천부적 재능을 갖춘 인재층이 두껍다. 이는 그들이 어린 시절에 (온종일 컴퓨터 모니터를 들여다보지 않고) 운동을 활발히 하고 또 (어떤 경우에는) 고도가 높은 지역에서 평생 생활하고 달리는 덕분이다. 더 중요한 것은 그들에겐 특수한 장비, 비싼 시설이 필요 없다는 점이다. 그들은 자신의 에너지 수요를 충족할 열량과 경쟁상대로 삼을 다른 육상 선수들만 있으면 된다.

마지막으로 매우 중요한 것은 다른 인기 스포츠와 경쟁할 일이 없다는 점이다. 무슨 말인가 하면 아프리카 최고의 운동선수들은 모두 장거리 달리기와 트랙 달리기를 해본다는 것이다.

영국에서는 운동선수들이 수많은 스포츠를 높은 수준에서 경쟁하려다 보니 재능이 많이 희석된다. 왜 영국에는 세계 정상급 포환던지기 선수와 해머던지기 선수가 거의 없을까? 그런 사람들은 모두 럭비 선수나 권투 선수가 되었기 때문이다. 미국에서는 그런 사람들이 미식축구 선수가 되었다. 그리고 높이뛰기 선수가 될 만한 재목들은 농구에 빼앗겼다.

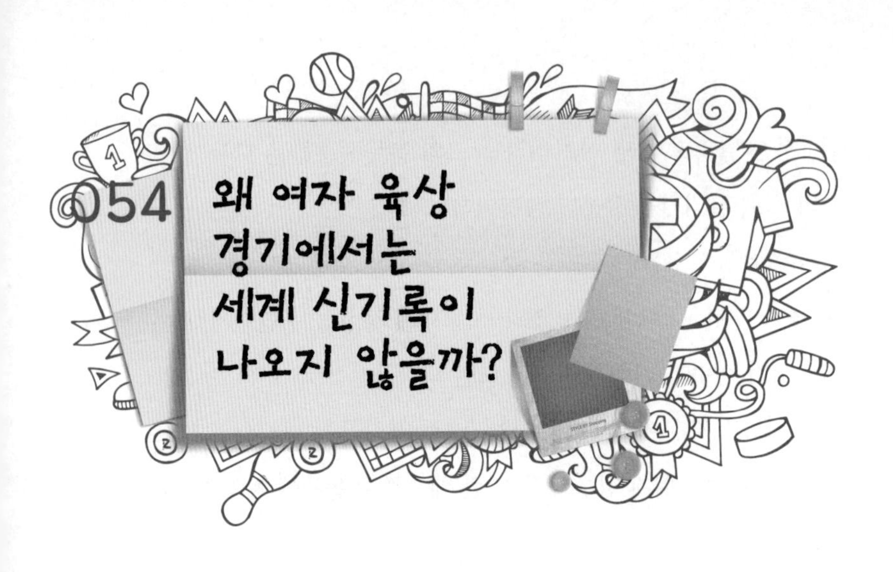

대중의 관심, 텔레비전 보도, 광고, 관중을 운동 경기로 끌어들이는 주요 요인 중 하나는 세계 기록의 수립이다. 그런 까닭에 대회 프로모터들은 세계 기록을 세우는 출전자에게 거액의 현찰 상여금을 내놓을 때가 많다(그들은 보험도 든다). 몇몇 개최지, 이를테면 노르웨이의 비슬렛 스타디움 같은 곳은 세계 기록이 유난히 많이 수립된 내력이 있다. 경우에 따라서는 경기장에 유리한 측면이 있을 수도 있다. 예컨대 경기장이 고도가 높은 지역에 있을 수도 있고, 관람 분위기가 대단히 좋을 수도 있고, 바람 조건이 유리할 수도 있다.

오랫동안 마니아들이 인식해왔지만 누가 일반 대중에게 공공연히 알린 적은 없는 사실이 하나 있다. 바로 육상 종목에서 남녀의 기록 경신 가능성에 큰 차이가 있다는 점이다. 다음 표를 보면 올림픽의 모든 트랙 · 필드 경기에서 세계 기록이 마지막으로 세워진 시기를 알 수 있다.

과거의 각 시기에 세워진 남녀 기록의 수가 다음과 같다는 것을 알 수 있다.

종목	남자 기록이 마지막으로 세워진 시기	여자 기록이 마지막으로 세워진 시기
100m 달리기	2009	1988
200m 달리기	2009	1988
400m 달리기	1999	1985
800m 달리기	2010	1983
1,500m 달리기	1998	1993
5,000m 달리기	2004	2008
10,000m 달리기	2005	1993
마라톤	2008	2003
110m 허들	2008	1988
400m 허들	1992	2003
3,000m 장거리장애물경주	2004	2008
4x100m 계주	2011	1985
4x400m 계주	1993	1988
장대높이뛰기	1994	2009
높이뛰기	1993	1987
멀리뛰기	1991	1988
3단뛰기	1995	1995
창던지기	1996	2008
원반던지기	1986	1988
해머던지기	1986	2010
포환던지기	1990	1987
10종경기/7종경기	2001	1988

이 자료의 이면을 보려면 여자 5,000m 달리기는 1995년에야 올림픽 종목이 되었고 장거리장애물경주, 해머던지기, 장대높이뛰기 또한 최근에야 여자 경기 스케줄에 추가되었다는 사실을 알아야 한다. 오래전부터 줄곧 올림픽 종목으로 존속해온 단거리 달리기, 허들, 뜀뛰기 같은 인기 트랙 종목에 초점을 맞춰보면 요즘 육상 경기의 관중과 출전자들 중 상

	< 5년 전	5~10년 전	10~15년 전	15~20년 전	> 20년 전
남자 기록 수	7	3	4	6	2
여자 기록 수	5	2	1	3	11

당수는 그런 여자 종목에서 세계 기록이 마지막으로 세워진 무렵에는 살아 있지 않았을지도 모른다!

멀리뛰기 기록의 역사를 살펴보면 상황이 훨씬 더 이상하게 보일 것이다. 이 기록은 1988년 마지막으로 경신됐지만 그에 앞서 1982~1988년에는 여섯 번 깨졌고 그 이전의 2년간에도 네 번이나 깨졌다. 오래된 여자 세계 기록의 수수께끼에 대한 핵심 요인은 분명 1989년에 훨씬 엄격한 약물 검사 방법과 약물 사용자 실격 규칙이 도입된 일과 관련돼 있는 듯하다.

공산 국가 동독이 몰락한 후 독일 의회는 1990년 슈타지 비밀경찰 파일을 몇 차례 잇달아 조사하여 훈련 중과 경기 직전 운동선수들에게 약물을 체계적으로 투여한 일이 상세히 기록된 문서를 발견했다. 어떤 선수들은 코치가 자신에게 무엇을 주었는지 전혀 알지 못했다고 주장해왔다.

동독의 가장 유명한 운동선수로 단거리경주 · 멀리뛰기 선수인 하이케 드렉슬러Heike Drechsler는 선수 생활을 하는 내내 아나볼릭 스테로이드를 투여받았다는 사실을 문서로 입증한 과학자들을 상대로 명예훼손 소송을 했지만 졌다.

결과적으로 어떤 이들은 세워진 지 20년이 넘은 기록을 무시하고 새 출발을 함으로써 여자 육상에 다시 활기를 불어넣는 편이 가장 좋을 것이라고 주장해왔다. 그들의 주장에 따르면, 그렇게 해야만 오늘과 내일의 출전자들이 공평한 경쟁의 장에서 겨룰 수 있다.

하키, 야구, 핸드볼, 축구, 럭비 같은 여러 단체 경기에서는 화려한 개인플레이가 나올 여지가 있다. 한 날쌘 인기 선수가 이쪽으로, 다음엔 저쪽으로, 다음엔 또 다른 쪽으로 방향을 틀어 수비수들을 줄줄이 다 제치며 골문 쪽으로 공을 가져간다. 수비수의 도전을 받을 때마다 종잡을 수 없게 오른쪽이나 왼쪽으로 발을 내딛다 보면 골문을 향해 지그재그 경로로 가게 된다. 그런 경로를 취하면 직선 경로를 취하는 경우보다 느리게 가지만 수비수들을 제치거나 아예 피할 여지가 생긴다. 공격수는 수비수와 맞닥뜨릴 때마다 기본적으로 세 가지 대응책 중 하나를 선택할 수 있다. 그는 계속 똑바로 갈 수도 있고(아마 속임동작으로 수비수를 왼쪽 또는 오른쪽으로 보내거나 그냥 자기 속도를 이용해 수비수를 따돌려버릴 것이다) 45도 정도 왼쪽이나 오른쪽으로 갈 수도 있다.

선수가 완전히 무작위로 구불구불 달린다면 세 방향 중 하나를 선택하는 일은 수비수를 만날 때마다 3분의 1의 확률로 일어날 것이다. 골문이나 트라이라인으로 가는 도중에 만나는 수비수의 수를 D라고 하면 공

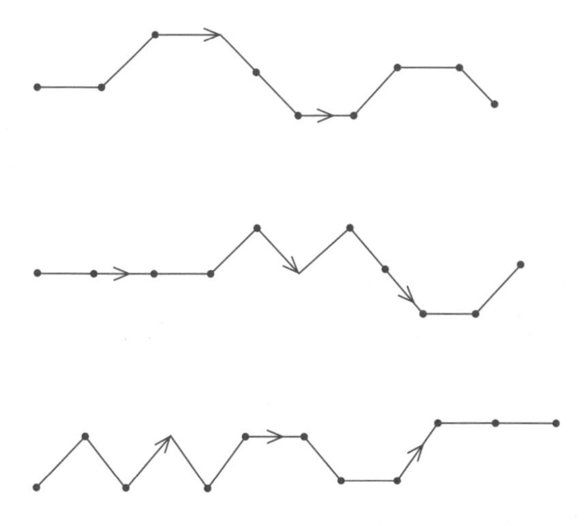

격수에게는 선택 가능한 지그재그 경로가 3D가지 있는 셈이다. 축구 선수는 (골키퍼를 포함해서) D=8명의 수비수와 맞닥뜨릴 수도 있을 텐데, 그렇다면 선택 가능한 경로가 자그마치 3^8=531,441가지나 있는 것이다. 럭비 선수는 선택 가능 경로가 무려 3^{14}=10,460,353,200가지나 있을 수 있다. 수비수와 만나는 횟수가 많아지면 선수가 상대편의 방어를 뚫고 가는 경로는 랜덤워크random walk라는 고전적인 물리학 문제와 비슷하게 보일 것이다.

랜덤워크에서는 다음 발걸음의 방향을 무작위로 선택한다. 랜덤워크의 일반적 특징 중 하나는 출발점에서 N보폭만큼 떨어진 거리를 가려면 N^2걸음을 걸어야 한다는 것이다. 각 보폭 1.5m로 45m를 9㎧ 속도로 달릴 때 일직선으로 달리면 5초가 걸리며 30발을 딛게 된다. 방향을 8번 트는 경우 골문까지 가려면 30+8=38발을 디뎌야 하고 38×1.5÷9=6.3초가 걸릴 것이다. 태클을 거는 상대편 선수들은 여러분을 따라잡을 시간을 1.3초 더 벌게 된다. 그들도 9㎧ 속도로 달린다면 그 시간에 11.7m를 갈 것이다.

무작위로 방향을 틀다 보면 목적지인 골문에서 어느 정도 떨어진 곳에 이를 수도 있다. 예를 들어 축구 선수가 경기장 중앙 원에서 출발했고 골문이 그의 일직선상 앞쪽으로 45m 떨어져 있다고 치자. 그는 수비수 9명을 맞닥뜨릴 때 방향을 오른쪽 또는 왼쪽으로 틀거나 전혀 틀지 않는다. 수비수에게 무작위로 반응한다면 골문에 이르는 중심선에서 $\sqrt{9}=3$ 보폭, 즉 4.5m 정도 벗어날 수도 있다. 피해야 하는 태클이 많을수록(수비수 중 몇몇은 거듭 달려들지도 모른다) 그는 무작위로 방향을 전환한 결과 그 중심선에서 더 멀리 벗어날 수도 있다.

056 스포츠에도 신데렐라가 있다?

1896년 제1회 대회 때부터 줄곧 올림픽의 견고한 중심부에 있어온 스포츠는 아홉 가지다. BMX 바이킹과 트라이애슬론 같은 다른 종목들은 추가되어왔고 폴로와 크로케와 라크로스는 퇴출되었는데 아마 영영 돌아오지 않을 것이다. 2012년 하계 올림픽 경기에는 26가지 스포츠가 포함되었는데, 그 26가지는 36개 분야 총 300종목으로 세분된다. 예컨대 사이클링은 4개 분야, 즉 BMX, 산악 바이킹, 도로 사이클링, 트랙 사이클링으로 세분된다. 수상스포츠는 다이빙, 수구, 싱크로나이즈드스위밍, 수영으로 나뉜다.

국제올림픽위원회IOC는 다수의 다른 스포츠도 표면상으로는 인정한다. 그런 '신데렐라' 스포츠 중 일부는 IOC 위원들이 올림픽 프로그램 변경을 결정할 때 그들의 표를 필요한 만큼 얻으면 향후 올림픽 종목에 추가될 수도 있다. 하지만 특정 스포츠가 IOC의 인정을 받으려면 올림픽 헌장의 원칙을 따라야 하고 그 스포츠가 앞으로도 그런 원칙을 준수할 것임을 보장하는 감시 연합체가 있어야 한다. 인정을 받은 신데렐라 스포츠 중 체스와 브리지 같은 몇몇은 몸을 쓰는 스포츠가 아니어서 영영 올림픽 정식 종목이 되지 못할 것이다. 그 대신 이들은 월드게임스 같은 유사 대회에 포함될 수는 있다. 월드게임스는 1981년 처음 개최됐으며 IOC의 찬조 아래 4년마다 열린다. 좀 더 몸을 많이 쓰는 신데렐라 스포츠 중 일부, 이를테면 7인제 럭비 같은 스포츠는 2016년 리우 올림픽에 정식 종목으로 포함되었다.

현재 IOC의 인정을 받은 스포츠의 목록은 다음과 같다.

항공스포츠	밴디(bandy)	야구
당구	불(boules)	볼링
브리지	체스	등반
크리켓	댄스스포츠	플로어볼(floorball)
골프	가라테	코프볼(korfball)
라이프세이빙(lifesaving)	오토바이경주	네트볼(netball)
오리엔티어링	폴로	파워보팅(powerboating)
래커스(racquets)	롤러스포츠	럭비
소프트볼	스쿼시	수중스포츠
스모	서핑	줄다리기 수상스키
우슈	펠로타바스카(pelota vasca)	

이는 흥미로운 목록이다. 독자들은 대부분 이런 스포츠를 모두 들어보진 못했을 것이다. 이들을 잘 모르는 독자를 위해 설명하면, 밴디는 러시아식 실외 아이스하키, 즉 11명씩 한 편이 되어 축구장만 한 빙판에서 겨루는 겨울 스포츠다. 이 규칙은 축구 규칙을 어느 정도 본떠서 만들었다. 코프볼은 네트볼과 농구가 혼합된 형태로 네덜란드와 벨기에에서 매우 인기가 많은 경기이다. 플로어볼은 그냥 실내 하키다. 펠로타바스카는 오래전부터 바스크 지방에서 해온 경기로 테니스의 전신에 해당한다.

스쿼시처럼 벽에 공을 맞히지만 코트가 매우 크다(길이가 50m를 넘는다). 그런 코트에서 선수들은 투석기 모양 스쿱으로 가죽 공을 (290km/h를 넘기도 하는) 엄청난 속도로 던지고 받는다. 우슈는 1949년 정립된 중국 무술이다. 선수 한 명이 피겨스케이팅에서처럼 혼자 연기를 펼치며 스타일과 기술로 점수를 얻기도 하고 두 출전자가 격투 시합을 벌이기도 한다.

줄다리기가 다시 정식 종목이 된다면 올림픽 대회에서 가장 인기 많은 단체 종목이 되리라는 생각을 하지 않을 수 없다. 줄다리기는 1900년부터 1920년까지 올림픽 단체 스포츠였다. 마지막으로 금메달을 딴 영국은 금 둘, 은 둘, 동 하나로 메달 순위 정상에 있다. 그러나 1900~1908년에는 3개국만 팀을 출전시켰고 1912년에 두 팀으로 떨어졌다가 1920년에 다섯 팀으로 조금 회복되었다. 그러니 그 종목이 대회에서 퇴출된 것은 놀라운 일이 아니었다. 하지만 적절한 방향으로 끌어당기면 다시 도입할 수 있을지도 모른다.

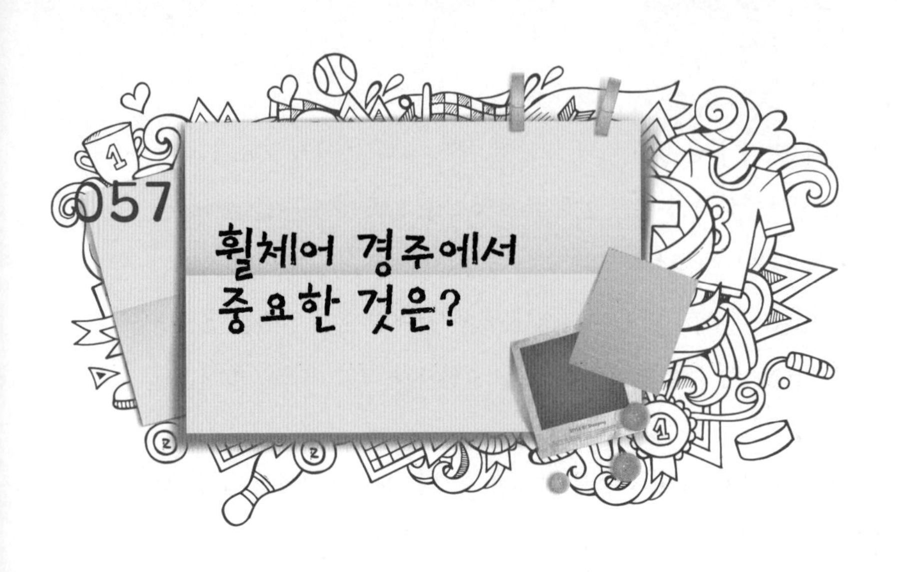

가장 볼 만한 패럴림픽 경주는 휠체어 트랙 종목이다. 선수들은 장애 유형에 따라 몇몇 경기 등급으로 분류된다. 경쟁은 치열하다. 특히 레인별로 달리지 않는 800m 경주 같은 종목에서는 더욱더 그렇다. 장담컨대 역사상 가장 성공적인 올림픽 개인 출전자는 캐나다의 39세 다관왕 챈털 페티츨럭Chantal Petitclerc이다. 그녀는 베이징 패럴림픽 휠체어 경주에서 금메달을 5개 따며 세계 기록을 3개 세워 1992년 이후 통산 금 14, 은 5, 동 2개나 되는 개인 종목 메달을 획득하게 됐다. 그녀에게 크게 뒤지지 않은 영국의 태니 그레이톰프슨Tanni Grey-Thompson은 다섯 차례 연이은 올림픽에서 금 11, 은 3, 동 1개의 개인 종목 메달을 땄다.

다들 예상하겠지만 경기용 휠체어에 대한 상세 규정이 몇 조항 있다. 일부 조항은 안전상 이유로 정한 것이고(거울이 없어야 함, 앞이나 옆이나 뒤에 돌출부가 없어야 함), 일부 조항은 공정성을 확보하기 위한 항목이다(기계식 조향 장치가 없어야 함, 변속 기어나 변속 레버가 없어야 함). 휠체어 본체의 지면 위 최고 높이에도 한계가 있다(50cm). 이는 안전을 위해서다. 너무 높이 있으면 휠체어가 아주 쉽게 뒤집힌다. 타이어에 바람이 가득 든 상태에서 큰 뒷바퀴는 지름이 70cm를 넘으면 안 되고 앞바퀴는 50cm를 넘으면 안 된다. 휠체어 지름은 선수가 바퀴손잡이를 돌릴 때 바퀴가 회전하는 속도를 결정하기 때문에 표준화되었다.

휠체어 구조에 대한 규정에는 의외로 누락된 부분이 하나 있다. 휠체어 무게 조항이 없는 것이다. 경기용 휠체어는 무게가 6~10㎏으로 다양할 수 있지만 멜버른의 프란츠 푸스Franz Fuss와 그의 엔지니어링 팀이 내놓은 최고급 신모델은 무게가 5㎏밖에 안 나간다. 출전자의 몸무게까지 감안하면 한 종목에서 무게 차이가 20㎏까지 날 수도 있다.

휠체어의 무게가 왜 그렇게 중요할까? 휠체어 경주는 자전거 경주처럼 운동이 두 가지 힘의 저항을 받는다. 하나는 공기 항력이고 다른 하나는 지면에 대한 바퀴의 회전마찰이다. 휠체어는 자전거보다 느리게 가고(100m 휠체어 경주 세계 기록의 결승선 통과 속도인 10㎧보다 빠르지 않다) 무게도 훨씬 많이 나간다. 흥미롭게도 경주용 자전거의 무게는 국제사이클연맹 규정에서 6.8㎏보다 가벼우면 안 되는 것으로 제한되어 있다.

이렇듯 자전거와 휠체어의 속도와 무게가 다르다 보니 휠체어 운동에서는 공기 항력과 회전마찰의 상대적 중요성이 다르다. 움직이는 휠체어와 선수에게 작용하는 항력은 다음과 같다.

$$F_{\text{항력}} = \frac{1}{2} CA\rho v^2$$

여기서 ρ=1.3㎏/㎥는 공기 밀도이고 A는 휠체어와 선수가 정면으로 바람을 받는 단면적이다. C는 움직이는 물체가 얼마나 공기역학적이며 매끈한지를 반영하는 이른바 항력 계수이고 v는 공기에 대한 휠체어의 운동 속도이다. 가만 보면 이 항력은 휠체어와 선수의 무게에 직접 영향을 받지 않는다. 그런 인자들 중 일부는 선수가 조절할 수 있다. 선수는 몸의 자세를 바꿔 바람을 받는 면적을 줄일 수 있고 재질이 거칠지 않으며 소매가 펄럭이지 않아서 C가 줄어드는 복장을 할 수도 있다. 저항을 유발하는 실질적인 면적은 두 값의 조합인 CA인데, 휠체어 선수들은 보통 그 값이 0.14㎡ 정도다. 따라서 속도 10㎧에서 항력은 $F_{항력}=0.07\times1.3\times100=9.1N$ 정도다.

휠체어 속도를 늦추는 다른 힘은 회전하는 바퀴에 대한 마찰 저항이다. 그 저항은 수직으로 아래로 작용하는 휠체어와 선수의 총무게 Mg에 비례한다.

$$F_{회전} = \mu Mg$$

여기서 μ는 마찰 계수인데 휠체어의 경우 보통 0.01 정도다. 항력과 달리 마찰 저항은 속도와 무관하다. 중력가속도 9.8㎨에 질량 80㎏인 선수를 나르는 휠체어는 보통 마찰력이 $F_{회전}=0.01\times80\times9.8=7.8N$이다. 이는 공기 항력과 아주 비슷하다. 하지만 경주하는 대부분 동안 휠체어가 최고 속도인 10㎧보다 훨씬 느리게 나아갈 것이므로 회전마찰이 선수가 극복해야 할 가장 큰 저항이 될 것이다. 예를 들어 100m를 세계 기록인 13.76초에 달리는 동안 평균 속도는 7.3㎧인데, 그 속도에서 공기 항력은 $(7.3/10)^2$배로 줄어들어 4.8N으로, 즉 회전마찰력보다 훨씬 작게 떨어진다.

이를 보면 회전마찰이 매우 중요하며 휠체어와 선수의 무게에 따라 결정됨을 알 수 있다. 강하면서 가벼운 재료로 만들어진 최첨단 휠체어를 이용할 수 있는 선수들은 상당히 유리한 처지에 있는 것이다. 멜버른에 있는 프란츠 푸스의 연구소에서는 휠체어 무게가 경기 성적에 미치는 영향에 대해 상세한 실험 연구를 해왔다. 연구에 따르면 전형적인 60㎏ 남자 선수의 경우 휠체어 무게를 1㎏이나 5㎏ 줄이면 100m 기록이 각각 0.1초와 0.6초 정도 향상될 것이다. 더 긴 거리 경주에 미치는 영향은 또 그만큼 더 클 것이다. 예상컨대 기술이 발달해 곧 모든 정상급 휠체어 선수들이 최경량 휠체어를 가지게 되면서 휠체어 무게 차이에 따른 성적 차이는 사라질 것이다.

이 연구에서 특기할 점은 선수들의 몸무게가 휠체어 무게보다 훨씬 중요한 역할을 하며 개인차가 훨씬 크다는 사실이다. 회전마찰이 감소하도록 몸무게를 줄이면 확실히 도움이 된다. 경주용 휠체어 무게를 3㎏ 줄이는 것은 비용과 시간이 매우 많이 드는 일이지만 몸무게를 그만큼 줄이는 것이 훨씬 저렴하고 쉽다. 휠체어 경기에 체급이 있어야 한다는 주장도 나올 법하지만 그렇게 하면 종목과 체급이 비현실적으로 급증할 것이다. 훨씬 쉬운 방법 하나는 경기 시작 전 각 출전자와 휠체어의 무게를 측정한 다음 추를 추가해 모두 선결 표준 무게가 나가게 하는 것일 터이다. 언제쯤이면 그런 방법을 쓰게 될까?

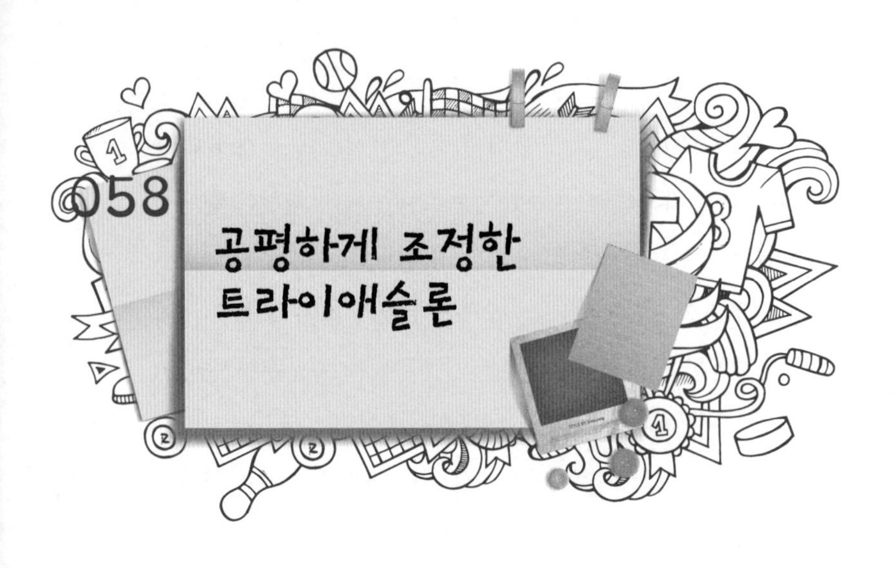

058 공평하게 조정한 트라이애슬론

트라이애슬론은 올림픽 종목 중에서도 최근 생긴 스포츠다. 2000년 시드니 올림픽 때 처음 정식 종목으로 등장한 이 경기는 1978년에야 샌디에이고육상클럽의 달리기 선수들이 현대적인 형태로 창시했다. 그들은 수영, 사이클링, 장거리 달리기를 사이사이에 쉬지 않고 하고자 하는 용감무쌍한 46명을 위해 대회를 열었다.

1978년 말 호놀룰루에서는 훨씬 더 험난한 '철인' 경기가 탄생했다. 3.9km 수영과 180.2km 사이클링에 이어 마라톤(42.2km)으로 결승선에 도달하는 경기였다. 놀랍게도 참가자 15명 중 3명을 제외한 전원이 완주했는데, 고든 홀러Gordon Haller라는 선수가 출발 후 11시간 46분 58초 만에 결승선에 가장 먼저 도착했다.

지금 트라이애슬론은 몇몇 종류가 있지만(거리가 가장 짧은 종류는 '스프린트' 종목인데 750m 수영, 20km 사이클링, 5km 달리기로 구성된다) 여기서는 표준 올림픽 종목만 살펴보겠다. 그 종목에서는 남녀 선수 모두 1.5km 수영으로 시작해 40km 사이클링을 한 뒤 10km 도로 달리기를 한다. 우승자는 최종 결승선에 가장 먼저 도착한 사람, 즉 수영, 사이클링, 달리기의 기록과 한 단계에서 다음 단계로 넘어가는 데 필요한 두 (짧은) 전환 시간을 합산한 시간이 가장 짧은 사람으로 결정된다.

다음의 두 표를 보면 베이징 올림픽 메달리스트들의 기록이 3단계 각각의 세부 기록 그리고 어느 출전자가 세웠든 단계별로 가장 빠른 기록과 함께 나와 있다(선수별로 앞의 세부 기록 셋을 합쳐도 종합 기록이 나오지 않는다. 거기에 두 전환 시간을 더해야 하기 때문이다).

이 경기에 대해 뻔히 나올 만한 질문은 수영, 사이클링, 달리기 단계의 상대적 길이가 공평하게 선택됐는가 하는 것이다. 트라이애슬론 선수 중에는 달리기가 주 종목인 사람도 있고, 수영이나 사이클링에 소질을 타고난 사람도 있다. 그들이 가장 취약한 종목을 잘 못하는 대신 가장 강한 종목에서 자신의 이점을 활용해야 하는 시간의 양은 각자의 종합 성적에 결정적 영향을 미친다.

남자	수영	사이클링	달리기	종합 기록
얀 프로데노	18분 14초	59분 1초	30분 46초	1시간 48분 53초
사이먼 휫필드	18분 18초	58분 56초	30분 48초	1시간 48분 47초
베번 도허티	18분 23초	58분 51초	30분 57초	1시간 49분 5초
단계별 최고 기록	18분 2초	57분 48초	30분 46초	

여자	수영	사이클링	달리기	종합 기록
에마 스노실	19분 51초	1시간 4분 20초	33분 17초	1시간 58분 27초
버네사 페르난데스	19분 53초	1시간 4분 18초	34분 21초	1시간 59분 34초
Moffatt	19분 55초	1시간 4분 12초	34분 46초	1시간 59분 55초
Fastest overall	19분 49초	1시간 3분 54초	33분 17초	

현재의 규칙 아래 남자 우승자는 종합 기록 시간의 16.7%만 수영에, 28.3%를 달리기에, 0.8%를 단계 전환에 썼는데, 사이클링에는 무려 54.2%나 썼다. 각 구간에 쓰인 시간의 비율은 여자 선수들이나 나머지 남자 선수들의 경우에도 이와 비슷하다.

그런 수치는 상당히 충격적이다. 확실히 이 경기에는 불균형한 부분이 있다. 사이클링 성적이 지나치게 더 중요시되는 것이다. 뛰어난 사이클 선수는 자신의 강점을 활용할 시간이 달리기 선수와 수영 선수의 시간을 합친 것보다 많다.

수영이나 달리기에 강한 선수들에게 이 경기를 더 공평하고 매력적으로 어필하기 위해 단계별 구간 길이를 똑같게 만들 수도 있겠지만 이는 합리적이지 않다. 사이클링은 달리기보다 빠르고 달리기는 수영보다 빠르기 때문이다. 그보다는 각 단계에 쓰이는 시간을 동등하게 만드는 편이 가장 좋다. 이것이 가장 공평한 방법이다. 우승자를 결정하는 것은 바로 총소요시간이기 때문이다. 이를 구현하려면 예컨대 수영 구간과 사이클링 구간을 달리기 구간과 소요시간이 같아지게 만들면 된다. 훨씬 더 좋은 방법은 총소요시간을 하나로, 이를테면 1시간 48분으로 대충 정해 놓고 세 단계에 똑같은 시간을 할당하는 방식이다. 그러면 각 단계에 36분씩 할당되므로 거리는 수영 3km, 사이클링 24km, 달리기 12km 정도가 된다.

하지만 트라이애슬론 선수들은 대부분 수영 구간이 더 길어진 것에 경악할 것이다. 수영은 어렵기로 악명이 높다. 선수들이 수영의 테크닉과 효율성 향상에도 노력을 기울여야 하기 때문이다. 사이클링이나 달리기를 연습하듯이 그냥 훈련을 더 많이 하기만 해서는 충분하지 않다. 수영 테크닉이 좋지 않은 사람은 그런 식으로 훈련해봐야 결국 잘못된 습관이 몸에 더 깊이 배어 고치기가 더 힘들어질 뿐이다.

하지만 이는 완벽하게 조정된 트라이애슬론일 것이다. 이런 트라이애슬론 경기를 다음 올림픽 대회에서 열기를 기대한다. 이는 현재 경기보다 더 공평한 종합 경기다.

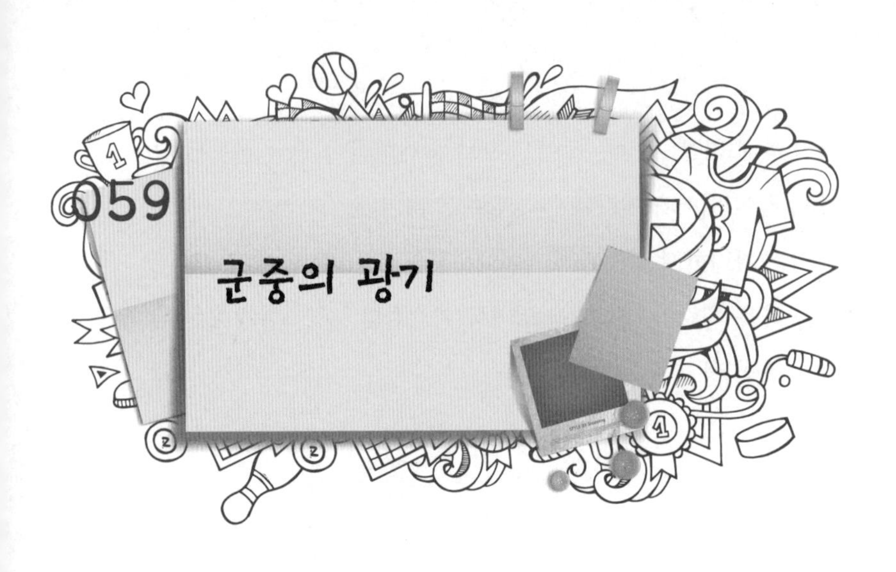

059 군중의 광기

운동 경기나 팝 콘서트나 시위 현장에서 대규모 군중 속에 있어본 사람은 집단행동의 이상한 특징을 어느 정도 경험하거나 목격했을지 모른다. 군중은 전체적으로 조직적이지 않다. 모두 저마다 자기 바로 옆에서 일어나는 일에 반응하지만 그래도 군중은 광범위한 지역에서 갑자기 행동을 바꿀 수 있는데, 때로는 비참한 결과가 따르기도 한다.

조용하고 느릿느릿한 행렬이 사방팔방으로 나아가려고 발버둥 치는 공황에 빠진 인파로 변할 수도 있다. 그런 역학 관계를 이해하는 일은 매우 중요하다. 대규모 군중 근처에서 불이 나거나 폭발이 일어나면 그들은 어떻게 행동할까? 대형 스타디움에는 어떤 탈출 경로와 일반 출구를 마련해두어야 할까? 수백만 신자의 메카 순례는 어떻게 준비해야 할까? 초만원으로 사람들이 공황에 빠져 한쪽으로 몰려들 때 순례자 수백 명이 사망한 예전 사례를 되풀이하지 않으려면 어떤 준비를 해야 할까?

군중 행동 · 통제 연구에 영향을 미치는 흥미로운 통찰 방식 중 하나는 군중의 흐름을 액체의 흐름에 비유하는 것이다. 언뜻 생각하면 각양각색인 사람, 한 상황에 저마다 다르게 반응할 수 있는 사람, 나이도 다르고 해당 상황에 대한 이해도도 제각각인 사람으로 구성된 군중을 이해하기는 가망 없는 일이 아닌가 싶기도 하지만 놀랍게도 사실은 그렇지 않다. 사람들은 생각보다 더 비슷비슷하다. 간단한 위치 선택으로 혼잡한 곳이 전반적으로 질서 잡힌 곳으로 바뀔 수도 있다.

런던의 큰 종착역 중 한 곳에 도착해서 지하철 시설로 내려가다 보면 내려가는 사람들은 왼쪽(또는 오른쪽) 계단을 선택하고 올라가는 사람들은 반대편 계단을 계속 따라가는 모습이 보일 것이다. 개찰구로 이어지는 복도에서는 사람들이 알아서 두 줄을 이루어 각각 반대 방향으로 이동한다. 사람들은 자신과 인접한 곳의 상황을 보고 힌트를 얻는다. 다시 말해 그들은 근처 사람들이 이동하는 방식과 근처가 혼잡해지는 정도에 반응해 행동한다. 그 두 번째 요인에 대한 반응은 당사자가 누구이냐에 따라 많이 좌우된다.

러시아워에 도쿄 지하철로 이동하는 데 익숙한 일본 회사원은 자기 주위에 사람들이 잔뜩 몰려드는 상황에 반응하는 방식이 스코틀랜드에서 온 관광객이나 중국에서 온 학생들과는 사뭇 다르다. 아주 어리거나 연로한 친척들을 돌보는 사람은 그들의 손을 잡고 그들을 지켜보며 또 다른 방식으로 이동할 것이다. 이런 온갖 변수를 컴퓨터에 입력할 수 있는데, 컴퓨터는 군중이 다양한 공간에 모일 때 각각 어떤 일이 일어나는지, 군중이 새로운 스트레스에 어떻게 반응하는지를 모의로 실험할 수 있다.

군중은 마치 흐르는 액체처럼 행동 방식에 세 단계가 있는 듯하다. 별로 혼잡하지 않고 한 방향으로 꾸준히 이동하는 군중, 이를테면 축구 경기를 본 뒤 웸블리스타디움을 떠나 웸블리파크 지하철역으로 가는 군중은 순조롭게 흐르는 액체처럼 행동한다. 그런 군중은 항상 거의 같은 속도로 계속 이동한다. 가다가 서는 일이 없다. 하지만 군중의 밀도가 상당히 높아지면 그들은 서로 밀치며 여러 방향으로 이동한다. 전반적인 움직임은 마치 연이어 밀려오는 파도처럼 가다가 서다가 하는 식의 단속적 성격을 더 띤다.

군중의 밀도가 점차 증가하면 그들이 앞으로 나아가는 속도가 줄어들고 옆으로 가보려는 시도도 나타날 것이다. 그런 시도를 하는 사람들은 그렇게 하면 전반적인 전진 속도가 빨라질지도 모른다고 생각한다. 이는 도로가 꽉 막히고 차들이 거북이걸음을 하는 교통 체증 상황에서 차선을 변경하는 운전자들의 심리와 똑같다. 두 경우 모두 그러면 잔물결이 그런 혼잡한 상황 곳곳으로 퍼져 나가서 어떤 이들은 속도를 늦추게 되고 어떤 이들은 옆으로 이동해 누군가에게 자리를 내주게 된다. 그런 일련의 단속적인 물결은 군중 속으로 빠르게 전파된다. 그런 물결은 그 자체로 꼭 위험한 것은 아니지만 매우 위험한 일이 갑자기 일어날 가능성을 암시한다.

군중 속에서 점점 더 빽빽하게 밀집되는 사람들은 공간을 찾기 위해 어느 방향으로든 가려고 애쓰면서 마치 물결이 거칠어지듯 훨씬 더 무질서하게 행동하게 된다. 그들은 옆 사람들을 밀치며 좀 더 적극적으로 개인 공간을 마련해보려 한다. 그러면 사람들이 넘어지거나 호흡이 곤란해질 정도로 짓눌리거나 아이들이 부모와 떨어질 위험이 커진다. 그런 현상은 대규모 군중이 있는 곳곳에서 시작될 수 있는데, 그 영향은 빠른 속도로 퍼져 나갈 것이다.

사태는 걷잡을 수 없게 눈덩이처럼 급속히 커진다. 넘어진 사람들은 다른 사람들을 넘어지게 하는 장애물이 된다. 폐소공포증이 있는 사람들은 금세 공황 상태에 빠져 옆 사람들에게 훨씬 더 과격하게 반응할 것이다. 누군가 조직적으로 개입해 군중을 여러 부분으로 분리하여 밀도를 낮추지 않으면 곧 참사가 일어날 것이다.

보행자들의 순조로운 흐름이 단속적 이동 상태를 거쳐 군중의 혼란으로 바뀌는 과정은 군중 규모에 따라 몇 분이 걸릴 수도 있고 반 시간이 걸릴 수도 있다. 특정 군중에서 위기가 언제 발생할지 예측하는 것은 불가능하다. 하지만 군중의 대규모 행동을 감시하면 순조로운 흐름이 곳곳에서 단속적 이동 상태로 변하는 모습을 알아챌 수 있고 혼란이 시작되도록 변화를 부추기는 주요 문제 구역의 밀집을 완화하는 조치를 취할 수 있다.

060 소수성 폴리우레탄 수영복이 왜?

수영계는 스포츠에서 신기술이 차지하는 역할에 대한 초보적 이해에서 막 벗어났다. 우리는 성적 수준을 바꾸는 테니스 라켓, 장대높이뛰기용 유리섬유 장대, 골프채 같은 장비의 기술적 진보에는 익숙하다. 하지만 폴리우레탄 전신 수영복이 등장하자 이 문제는 또 다른 차원으로 나아가게 됐다. 수영 선수들은 헤엄칠 때 몸이 받는 항력을 줄이기 위해 늘 조치를 취해왔다.

그들은 주요 대회 전 체모를 모두 면도했고 머리털 때문에 받는 항력을 없애려고 매끈한 수영모를 썼다. 하지만 신형 수영복이 나오면서 훨씬 극단적인 조치를 취할 수 있게 되었다. 신형 수영복은 발포체와 비슷한 재질의 극히 얇은 막으로 만들어졌는데, 그 막에는 자잘한 공기 주머니가 들어 있어서 착용 선수의 부력을 대폭 증가시켰다. 결과적으로 선수들은 물에 더 높이 떠서 항력을 덜 받게 되었다. 그런 수영복은 사실상 선수의 몸에서 물을 밀어냈기 때문에 '소수성疏水性'이라는 수식어까지 얻었다.

물속에서 움직이는 인체는 공기 중에서 움직일 때보다 항력을 약 780배로 더 많이 받는다. 따라서 몸을 수면 위로 최대한 많이 내놓으면 상당히 유리해진다. 신형 수영복을 입으면 체형도 매우 매끈해지며 유체 역학적으로 물의 항력을 덜 받게 된다. 남자 선수의 몸으로 이어지는 부분에서 항력을 증가시키는 수영복 허리끈 대신 이제는 솔기도 없고 구김도 잘 안 가며 저항도 낮아 물에서 미끄러지듯 나아가는 외피가 있다. 수영복 표면의 아주 자잘한 섬유는 수영 중 체형이 변할 때 수영복의 능률적 형태와 매끈한 질감이 유지되도록 움직일 수 있다. 전반적으로, 선수에게 작용하는 항력이 8% 줄어들 수 있다.

하지만 불리한 면도 있다. 그런 박막 폴리우레탄 수영복을 입으려면 30분 정도 걸리는데, 새벽 훈련 때마다 꼬박꼬박 그것을 착용하고자 하는 선수는 없을 것이다! 그리고 그런 수영복은 수명이 길지 않다. 레이스를 몇 번 하고 나면 새것이 필요해지는데, 가격이 저렴하지도 않다. 미국에서는 한 벌에 500달러 정도 한다.

이 때문에 뛰어난 세계 기록들이 본질적으로 그보다 못한 성적을 받았다. 2009년 7월 로마 세계수영선수권대회에서만 세계 신기록이 20개나 쏟아졌다. 하지만 선수권대회에서 모든 선수가 그런 수영복을 입지는 않다 보니 레이스는 명백히 불공평해져갔다. 신형 수영복을 입은 선수들은 여러 협찬사가 자기네 선수에게 좀 더 나은 수영복을 만들어주려고 아등바등하는 기술 장비 경쟁에 발을 들이게 됐다. 게다가 정상급 선수들은 특정 업체와 협찬 계약을 맺으면 경쟁사에서 최상의 수영복이 만들어져도 그 옷을 입을 수 없었다.

세계 최고의 수영 선수 마이클 펠프스Michael Phelps가 스포츠를 왜곡하는 신형 수영복이 허용되는 국제 대회를 모두 보이콧할지도 모른다고 코치 밥 보먼Bob Bowman을 통해 밝혔을 때 많은 이들이 관심을 갖는 듯했다. 수영계와 국제올림픽위원회는 올림픽 금메달을 14개나, 즉 역사상 어느 다른 운동선수보다 많이 획득한 선수가 출전하지 않는 대회를 앞으로 열게 될 듯했다.

아니나 다를까, 그러고 나서 2010년 부양성 폴리우레탄 수영복은 착용이 금지되었다. 직물 수영복만 허용하는 방식으로 돌아가자는 미국의 대쪽 같은 제안은 180개국의 찬성표와 겨우 7개국의 반대표로 통과되었다. 세계수영연맹FINA은 폴리우레탄 수영복을 착용한 선수들이 세운 예전 기록을 무효화하지 않고 마치 고지대에서 수립된 기록을 육상 경기 기록부에 따로 표시하듯이 '별표'로 표시했다.

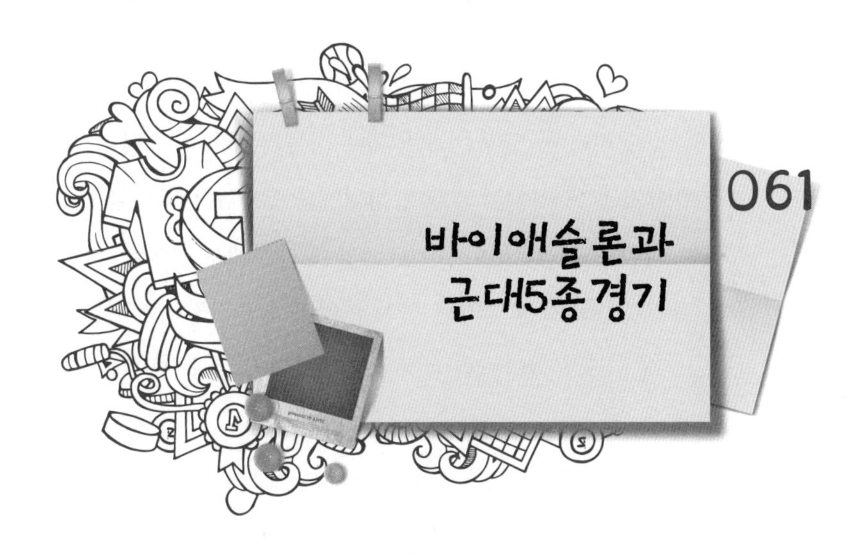

근대5종경기는 종합적인 운동 능력을 다양하게 시험하는 스포츠다. 근대 올림픽 창시자 피에르 쿠베르탱Pierre de Coubertin남작이 만들었지만 1912년에야 남자 종목으로 올림픽에 포함되었다. 올림픽 여자 종목은 2000년 생겨났는데, 그해 우승자는 스테파니 쿡Stephanie Cook이다. 1912년 경기에서는 최종 상위 7위에 든 사람 중 여섯 명이 스웨덴 선수였다. 나머지 한 명은 미국 육군 장교 조지 패튼George Patton이었는데, 나중에 제2차 세계대전 때 미군 제2군의 유명한 지휘관이 되었다. 패튼은 5위로 경기를 마쳤지만 자신이 금메달을 받아야 한다고 주장했다. 그는 사격에서 한 발을 표적에 맞추지 못했다는 판정을 받았으나 총알이 먼젓번 총알구멍을 통과해 자국을 남기지 않았다고 주장했다. 심판들은 그의 주장에 반하는 판정을 내렸다.

지난 두 올림픽의 남자 우승자는 러시아 선수 안드레이 모이세예프Andrei Moiseev이다. 그는 아테네와 베이징에서 경쟁자들보다 한참 앞서서 결승선을 통과했다. 이 경기에 포함된 5가지 스포츠, 즉 사격, 펜싱, 승마, 수영, 달리기 중 일부는 보통 젊은이들의 경험과 동떨어져 있는데, 원래 19세기 말의 이상적 기병이 적진에서 살아남으려면 필요했을 기술이라는 의미로 선택되었다. 그런 기병은 곤경에서 벗어나기 위해 낯선 말을 타거나 칼싸움을 하거나 총을 쏘아야 했을지도 모른다. 그리고 그런 일이 다 실패로 돌아가면 그냥 달리기나 수영으로 달아나야 했을지도 모른다!

올림픽 근대5종경기는 규정이 무척 흥미롭다. 점수 기록은 종목당 1,000점이라는 표준 점수에 기초한다. 미리 결정된 표준이 종목별로 제시되는데, 선수가 받는 점수는 그가 표준보다 얼마나 잘(혹은 못)했느냐에 따라 결정된다. 에페라는 종류의 칼을 쓰는 펜싱 경기는 각 출전자가 나머지 출전자 모두와 한 번씩 붙는 리그전으로 공격을 먼저 한 번 성공한 선수가 각 시합의 승자가 된다. 표준 점수 1,000점은 시합의 70%를 이기면 얻는다. 그 수준 이상이나 이하의 각 승패는 출전자 수에 따라 얼마간 점수로 환산된다(예컨대 한 선수가 22~23시합을 하는 경우 ±40점이 된다).

사격에서는 지금 4.5mm 공기권총으로(2012년에는 레이저 총으로 바뀜) 10m 거리에서 20발을 쏜다. 1발당 최고점이 10점이어서 최고 총점이 200점 나올 수 있다. 사격 표준 총점 172점보다 높은 점수를 기록하면 1점당 12점을 얻는다. 수영은 200m 자유형 경기로 표준이 남자는 2분 30초, 여자는 2분 40초이다. 표준보다 기록이 빠르거나 느리면 3분의 1초당 4점을 표준 1,000점에 가감한다.

승마는 정말 예측 불가능한 종목이다. 선수들은 일군의 말 중에서 한 마리를 무작위로 배정받고 해당 말에 익숙해질 시간을 20분 얻는다. 그

다음에 선수는 400m 정도 길이의 장애물 비월 코스에서 12~15개 장애물을 뛰어넘어야 한다. 제한 시간 안에 실수 없이 코스를 완주하면 1,200점을 얻지만 말이 장애물을 하나 넘어뜨리면 28점, 명령에 불복종하면 40점, 명령에 불복종하며 장애물을 넘어뜨리면 60점, 장애물을 지나치거나 넘기를 거부하면 80점이 감점된다.

3km 크로스컨트리 달리기 또는 도로 달리기는 마지막 종목이다. 선수별로 누적되어 있는 점수에 따라 출발 시간이 결정된다. 표준 기록은 남자 10분, 여자 11분 20초다. 1초 차이가 4점으로 환산된다. 이전 4종목의 총점에 따라 최고 득점자가 맨 먼저 출발하고 총점 차이가 반영된 간격으로 나머지 선수들이 띄엄띄엄 출발한다(1점 차가 출발 시간 1초 차이로 환산된다). 그래서 달리기 결승선을 통과하는 순서가 곧 근대5종경기 전체의 최종 순위가 된다.

올림픽 근대5종은 규칙이 크게 바뀌어 2012년 경기도 그 영향을 받게 됐다. 사격과 달리기가 결합된 것이다. 근대5종경기 선수들은 달리기를 하는 동안 어느 정도 간격을 두고 사격을 할 것이다. 즉 맨 처음 그리고 3,000m 달리기 도중 1,000m와 2,000m 지점 통과 직후 사격을 한다. 그들은 매번 표적 5개를 쏠 텐데 70초 안에 사격을 마치지 못하면 벌칙을 받는다. 사격 실력이 매우 좋은 선수들은 5발을 쏘는 데 30초 정도 걸릴 것이다. 이로써 근대5종경기는 성격이 크게 바뀌어 스키와 사격이 결합된 동계 올림픽 종목인 바이애슬론과 비슷해졌다.

그래도 근대5종 주자들은 바이애슬론 선수들처럼 총을 들고 다니지는 않을 것이다. 사격을 하려면 심장 박동 수가 줄어든 상태에서 손이 흔들리지 않고 안정되어야 한다. 그래서 달리기 후 사격은 까다로운 일이다.

1,000m 구간과 2,000m 구간에서는 힘껏 달리느냐, 사격을 잘하느냐는 문제를 놓고 타협을 해야 한다. 전체 우승자는 여전히 3,000m 결승선을 제일 먼저 통과하는 사람이 된다. 물론 이 경기는 엄밀히 보면 더는 근대5종경기가 아니다. 바이애슬론이 가미된 근대5종경기라고 할 수 있다.

정상급 근대5종경기 선수들은 수영 실력이 매우 뛰어나다. 최고 수준인 남녀 선수들은 200m 수영 종목에서 각각 1분 55초와 2분 8초보다 빠른 기록을 낼 것이다. 분명히 수영 채점 제도를 조금 수정하면 경기가 좀 더 공평해질 것이다. 전문 수영 종목에서 몇 년간 크게 향상되어온 수영 표준은 근대5종경기로도 넘어왔다. 모이세예프는 수영에 매우 강해 베이징 올림픽 때 수영 부문에서 1,376점을 얻었지만 나머지 4부문 중 어디에서도 1,036점 이상은 얻지 못했다. 그리고 상당히 경시되는 펜싱은 베이징 올림픽 때 남녀 각 6위권의 평균이 표준 1,000점 미만으로 떨어진 유일한 종목이었다(여자 888점, 남자 920점). 얄궂게도 사격과 달리기를 합치는 쪽으로 규칙이 새로 바뀌면서도 채점 제도의 두 가지 불합리한 점은 변함없이 그대로 남아 있다.

	사격	펜싱	수영	승마	달리기
남자: 총점에서 부문별 득점이 차지하는 비율(%)	21	16	24	20	19
여자: 총점에서 부문별 득점이 차지하는 비율(%)	20	16	22	20	22

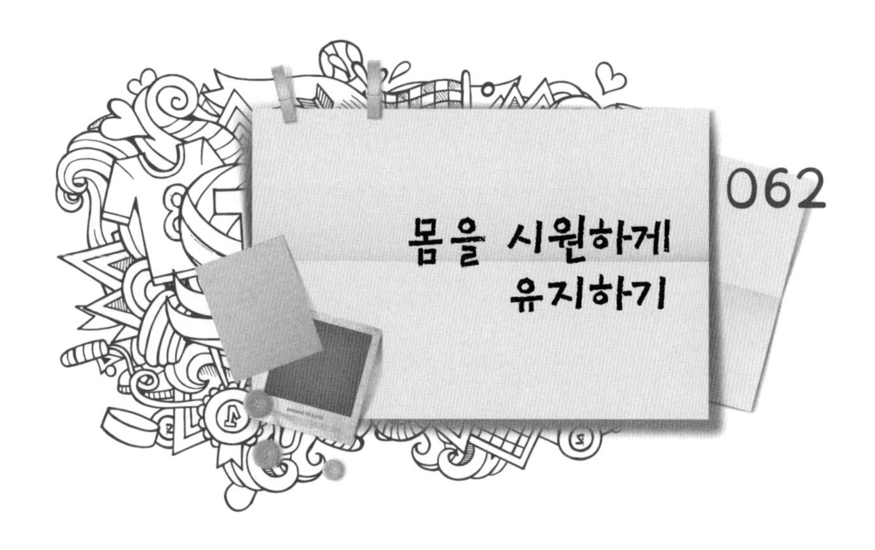

주요 스포츠 선수권대회를 여름에 더운 나라에서 여는 경향이 커져왔다. 선수들은 보통 그런 결정에 발언권을 얻지 못하다 보니 카타르에서 축구를 하거나 아테네에서 마라톤을 하거나 서울에서 승마를 하게 된다. 2012년 런던 올림픽에서는 적어도 그런 점은 문제가 되지 않았다.

더위와 가장 오래 싸우는 경우는 50km 경보와 마라톤 경기에서 나타난다. 출전자들은 그런 경주를 하는 동안 몸의 수분을 충분히 유지하려고 상당한 노력을 기울인다. 그리고 그런 경기의 코스 곳곳에는 물이나 전해질 음료가 구비된 음료대가 일정 간격으로 있다. 그런 음료수는 기회가 왔을 때 일찌감치 마시기 시작해야 한다. 갈증이 느껴질 때까지 기다리면 너무 늦어진다.

아테네 올림픽 여자 마라톤이 시작되기 직전의 이른 아침에 폴라 래드클리프Paula Radcliffe는 주머니에 얼음이 가득한 고무 재킷을 입고 있었다. 어떤 주자들은 통풍이 최대한 잘되는 망사 조끼를 입었고(그러면 햇빛도 더 많이 느끼게 되긴 하지만) 어떤 선수들은 태양 에너지의 흡수를 최소화하는 반사성 재질을 써보기도 했다. 더운 지역에 살지 않는 진지한 출전자들은 모두 몸을 무더위에 적응하기 위해 그리고 경주 전과 경주 중 수분을 얼마나 섭취해야 하는지 정확히 알아내기 위해 더운 환경에서 훈련하는 데 노력을 많이 들일 것이다.

우리는 출전자들이 경주 전과 경주 중 몸을 더 시원하게 유지하기 위해 다양한 옷을 입어보는 모습도 봐왔다. 이와 관련한 가장 유명한 사례는 영국의 놀라운 경보 선수 돈 톰프슨Don Thompson에서 볼 수 있다. 그는 1960년 로마 올림픽 때 매우 더운 날 50km 경보 경기에서 금메달을 땄다. 그는 더위에 대비하기 위해 화장실에서 벽걸이 히터로 온도를 38℃ 넘게 높이고 끓는 물이 든 주전자로 습도를 높인 채 운동했다. 그는 심지어 욕조에 난로를 넣어두기도 했다!

당시에는 운동선수 협찬 제도가 없어서 톰프슨은 커머셜유니언에서 화재 보험 담당 사무원으로 오전 9시부터 오후 5시까지 일했다. 그는 매일 새벽 4시에 일어나 훈련한 후 옷을 갈아입고 출근해야 했다. 그래도 로마 올림픽에서 그는 그렇게 준비한 덕을 톡톡히 보았다. 50km 경보 경기가 열리는 동안 기온이 30℃ 넘게 치솟자 그의 경쟁자들은 하나하나 지쳐갔다. 톰프슨은 선글라스와 외인부대 모자를 쓴 채 경기 중반 선두에 선 후 선두를 한 번도 내주지 않고 올림픽 기록상 2위와 17초 차이로 우승했다. 이탈리아 언론은 그를 '마이티 마우스Il Topolino'라고 불렀다. 톰프슨은 보통 날마다 일기를 신중하게 한 줄씩만 썼는데 그날은 두 줄을 썼다.

톰프슨이 직면했던 날씨처럼 무더운 환경에서 도움이나 방해가 되는 몸 크기 같은 신체적 특징이 있을까? 예를 들어 장거리 달리기 경기나 경보 경기에서 일정 속도 V로 움직인다고 해보자. 그렇다면 당신이 내뿜는 열은 앞으로 나아가는 데 필요한 운동 에너지 $1/2mV^2$와 거의 같을 것이다. 여기서 m은 당신의 질량이다. 과열되지 않고 열적 평형을 유지하려면 몸이 같은 속도로 식어야 한다. 냉각 속도는 몸의 표면적 A에 비례하므로 평형 상태에서 달리거나 걸을 때 냉각 속도와 가열 속도를 동등하게, 즉 $mV^2 \propto A$가 되게 해야 한다. 질량은 당신의 밀도에 부피를 곱한 값이다. 몸의 밀도는 변하지 않으므로 최대 일정 보행 속도는 표면적 대 부피 비에 따라, 즉 '$V^2 \propto$면적/부피'라는 관계에 따라 결정된다.

예를 들어 몸을 반지름 R, 높이 h의 원통형으로 모형화해보자. 그 원통형의 아래 절반은 반지름 R/2, 높이 h/2인 '다리' 두 개로 갈라져 있다. 한 개짜리 위 절반 원통형의 부피는 $1/2h \times \pi R^2$이고 두 개짜리 아래 절반 원통형 '다리'의 부피는 $2 \times \pi(R/2)^2 \times h/2$이므로 총부피는 $3/4\pi hR^2$이 될 것이다. 원통 윗면과 옆면의 총표면적은 $\pi R(R+2h)$가 될 것이다('발'에 해당하는 작은 두 원통형의 아랫면은 계산에서 제외한다. 그 부분은 지면의 마찰력을 거스르며 땅을 밀고 있을 것이기 때문이다). 따라서 가열 정도와 냉각 정도를 등식화하면 쾌적하게 낼 수 있는 속도의 제곱에 대해 다음과 같은 관계식을 얻게 된다.

$$V^2 \propto \frac{1}{h} + \frac{2}{R}$$

이 식의 의미인즉 키가 작을수록(h가 작을수록), 몸이 가늘수록(R이 작을수록) 더운 날씨에 경주할 때 몸을 시원하게 유지하기가 더 쉬우리라는 것이다.

실제로는 h가 R보다 훨씬 크므로 V가 키보다 몸 반지름 R(허리둘레는 2πR이다)에 더 많이 좌우된다는 점도 알 수 있다. 몸집이 작은 선수들은 더운 날씨에 확실히 유리하다.

1960년 여름 로마에서 최초로 장애인 선수들을 위한 국제 스포츠 대회가 올림픽과 연계되어 열렸다. '패럴림픽Paralympics'이라는 말은 4년 뒤에야 도쿄 올림픽에서 만들어졌다. 처음에 휠체어 선수들은 일반적인 무거운 휠체어(7~18kg)를 사용했고 200m 종목까지만 출전했다. 1975년 보스턴 대회에서 최초로 출전자가 휠체어를 타고 마라톤을 했다. 새로운 경주 종목들이 편성되었고 경주용 특수 휠체어가 서서히 등장했다. 1980년대에는 그런 휠체어가 무게도 가벼워지고 기술적으로도 정교해졌다. 휠체어 선수가 최초로 1.6km를 4분 안에 주파한 기록이 1985년 나왔고 지금까지 치열하게 경쟁한 결과 각종 트랙 경기와 마라톤에서 기록이 단축되어왔다.

비장애인 선수들과 장애인 선수들의 세계 기록 경향을 살펴보면 흥미롭다. 그런 두 범주의 기록 경향은 모두 아주 명확하지만 서로 상당히 다르다. 대략 400m 종목까지는 비장애인 선수들이 더 빠르지만 그다음부터는 그들의 평균 속도가 휠체어 선수들의 속도보다 급속히 떨어진다.

다음 두 표를 보면 올림픽 달리기 종목과 휠체어 종목의 남녀 세계 기록이 각 경우의 선수 평균 속도와 함께 나와 있다. 그 평균 속도는 그냥 주파 거리를 기록 시간으로 나눈 값이다. 속도를 초속 몇 미터보다 시속 몇 킬로미터로 생각하는 편이 더 좋은 사람들을 위해 말해두자면 10㎧는 22.4mph에 해당한다. 따라서 하일레 게브르셀라시에Haile Gebreselassie는 마라톤 코스 전체를 12.7mph 정도의 속도로 달린 셈이다.

여러분은 종목의 거리가 길어질수록 기록의 평균 속도가 떨어지리라고 예상할 것이다. 비장애인 달리기 기록은 그런 경향이 매우 뚜렷하

남자 종목	기록 시간	평균 속도	여자 종목	기록 시간	평균 속도
100m	9.58초	10.44	100m	10.49초	9.53
200m	19.19초	10.42	200m	21.34초	9.37
400m	43.18초	9.26	400m	47.6초	8.4
800m	1분 41.01초	7.92	800m	1분 53.28초	7.06
1,500m	3분 26초	7.28	1,500m	3분 50.46초	6.51
5,000m	12분 37.35초	6.60	5,000m	14분 11.15초	5.87
10,000m	26분 17.53초	6.34	10,000m	29분 31.78초	5.64
마라톤	2시간 3분 2초	5.72	마라톤	2시간 15분 25초	5.19

남자 휠체어 종목	기록 시간	평균 속도	여자 휠체어 종목	기록 시간	평균 속도
100m	13.76초	7.27	100m	15.91초	6.29
200m	24.18초	8.27	200m	27.52초	7.27
400m	45.07초	8.88	400m	51.91초	7.71
800m	1분 32.17초	8.68	800m	1분 45.19초	7.61
1,500m	2분 55.72초	8.54	1,500m	3분 24.23초	7.34
5,000m	9분 54.82초	8.41	5,000m	11분 39.43초	7.15
10,000m	20분 25.9초	8.16	10,000m	24분 21.64초	6.84
마라톤	1시간 20분 14초	8.77	마라톤	1시간 38분 29초	7.14

다. 아래 그래프를 보면 남녀 종목에서 그런 규칙적인 경향을 확인할 수 있다. ㎧ 단위의 평균 속도 U는 m 단위의 거리 L에 따라 달라진다. 둘 사이에는 약 −0.1 기울기의 멱법칙 관계, 더 정확히 말하면 남자 $U \propto L^{-0.109}$, 여자 $U \propto L^{-0.111}$이라는 비례 관계가 성립한다.

휠체어 종목의 평균 속도 경향을 그런 식으로 분석해보면 확연히 다른 결과가 나온다. 출발 및 가속 과정이 전체 기록에 큰 영향을 미치는 100m 종목에 너무 크게 신경 쓰지 않으면 평균 속도 표만 보고도 거리에 따른 속도 감소가 거의 없음을 알아챌 수 있다. 선수들은 최대 속도에 매우 빨리 도달할 수 있고 그 속도를 아주 긴 거리에 걸쳐 유지할 수 있다. 비례 관계는 남자 $U \propto L^{-0.006}$, 여자 $U \propto L^{-0.021}$ 정도로, 기울기가 거의 수평에 가깝다.

표에서 마라톤이 10km, 심지어 5km 같은 더 짧은 거리의 종목보다 평균 속도가 '더 빠르다'는 점도 확인할 수 있다. 그런 변칙적 현상을 유

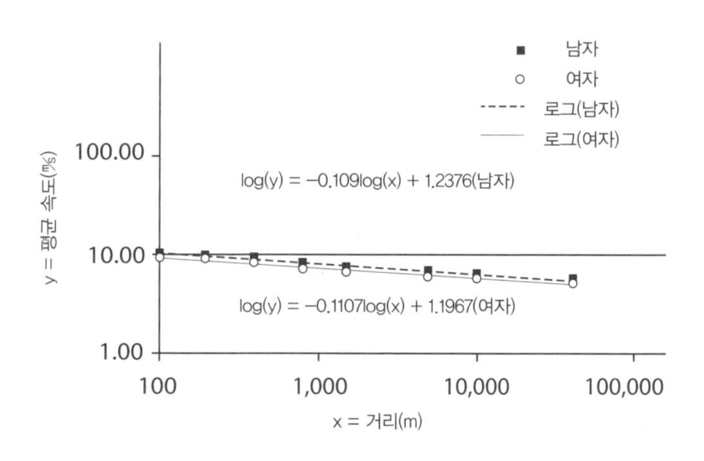

발하는 이유가 몇 가지 있다. 단 · 중거리 기록은 트랙에서 세우는데, 그런 기록을 세우려면 선수들은 400m 트랙을 한 바퀴 돌 때마다 곡선주로를 2구간씩 극복해야 한다. 비장애인 선수들은 그 영향을 별로 받지 않지만 휠체어 선수들에게는 곡선 구간이 큰 문제가 된다. 그들은 그런 구간에서 다른 선수들을 추월하기도 더 힘들다. 그래서 휠체어는 곡선주로에서 두 직선주로의 속도보다 느려진다.

마라톤은 굴곡이 얼마 없는 평평한 도로 코스에서 하므로 휠체어 경주 종목으로 훨씬 무난하다. 물론 사실상 그런 코스는 비장애인 주자들에게 최적화되어 있긴 하다. 게다가 휠체어 마라톤은 10km 트랙 경주보다 경쟁이 더 치열하고 경기도 자주 열린다. 휠체어 마라톤 기록은 더 많은 출전자 사이에서 훨씬 큰 압박감을 느끼며 세운 것이다. 10km 트랙 경주는 전략적 속성 때문에 기록이 느려지는 경우도 많다.

거리에 따른 속도 변화가 매우 작다 보니 휠체어 선수들은 비장애인

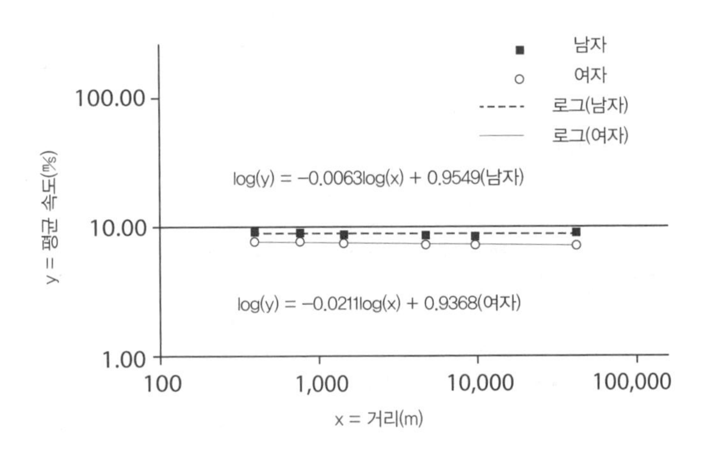

선수들보다 훨씬 다양한 거리의 종목에서 경쟁력을 갖출 수도 있다. 데이비드 위어David Weir는 런던 휠체어 마라톤에서 네 차례 우승했는데 올림픽 100m, 200m, 400m, 800m, 1,500m, 5,000m 휠체어 종목의 메달도 보유하고 있다. 비장애인 선수들은 그런 종목 중 셋 이상에서 좋은 결과를 얻는 일은 꿈도 못 꿀 것이다. 앞에서 평균 속도를 분석한 내용을 보면 왜 그것이 장애인 선수들에게 가능한 일인지 알 수 있다.

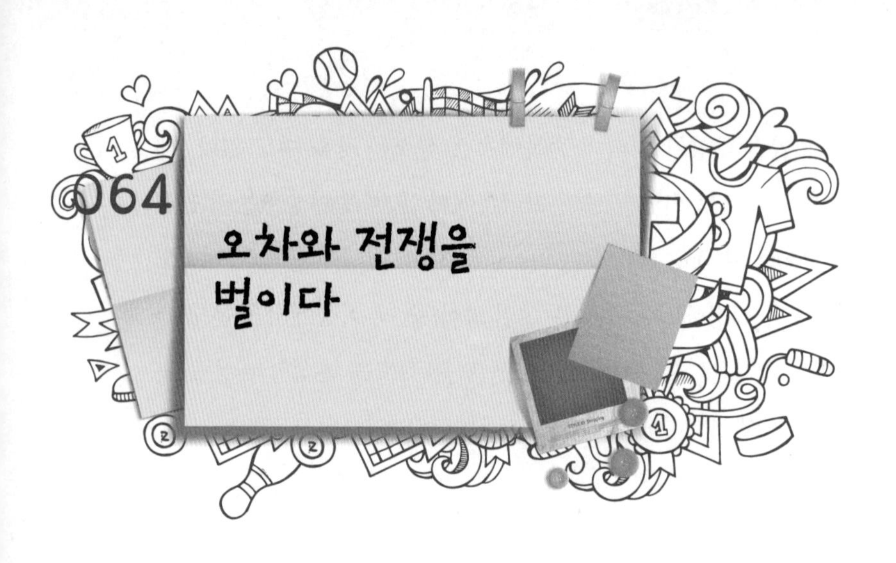

오차는 문제를 일으킨다. 하지만 오차가 꼭 잘못이라고는 할 수 없다. 오차는 사물의 진상에 대해 불확실하게 알고 있는 부분이다. 때로는 일회성 오차가 발생한다. 예를 들어 아기 몸무게를 재려는데 디지털 저울이 1g까지만 정확하다면 아기 몸무게 측정에 부정확한 부분, 즉 측정 '오차'가 생길 수밖에 없다. 때로는 오차가 다단계 과정에서 단계마다 두 배로 (또는 더 심하게) 늘어나며 급격히 누적되기도 하는데, 이는 지난 30년간 널리 알려진 '혼돈'이라는 현상의 근원이다. 이런 오차는 날씨를 아주 정확하게 예측해보려 할 때 골칫거리가 된다. 그런 두 극단 사이에 또 다른 유형의 오차가 있다. 이 오차는 다단계 과정의 각 단계에서는 그대로 유지되지만 전반적으로는 서서히 누적되어 상당한 불확실성을 가져올 수 있다.

수영장이나 달리기 트랙을 만들고 있는데 그것이 선수가 여러 차례 왕복하거나 여러 바퀴를 도는 레이스와 타임트라이얼에 쓰일 예정이라면 랩(lap, 트랙 한 바퀴나 수영장 한 차례 왕복) 길이의 정확도가 매우 중요하다. 랩을 표준보다 짧게 만들면 종목의 거리가 길어질수록 실제 레이스 길이가 표준에 더 많이 미달하게 된다. 결국 레이저 거리계로 랩 길이가 확인되면 그곳에서 세워진 기록은 모두 무효가 될 것이다. 달리기 트랙에서는 결승선 위치를 조절해 최종 시공 오차를 상쇄할 수도 있지만 수영장에서는 그런 선택을 할 수 없다.

예를 들어 어떤 레이스가 길이 L의 랩을 N번 돌아(왕복해) 총거리 R를 가는 종목이라면 NL=R이다. 해당 경기장을 짓는 과정에서 랩 길이에 ε만큼 오차가 생겼다면 전체 레이스에서 누적되는 오차는 Nε=εR/L만큼의 거리일 것이다.

사실상 기록용으로 관심을 두는 대상은 바로 시간이다. 레이스를 끝마치는 데 걸리는 시간이 T라면 평균 속도는 L/T이고 랩 길이 오차 때문에 생기는 총시간오차 ΔT는 R/L×ε÷R/T=Tε/L이므로 ΔT/T=ε/L라는 매우 간단한 결과를 얻게 된다. 여기서 총레이스 시간의 비율 오차가 랩 길이의 비율 오차와 같다는 점을 알 수 있다.

국제 육상 경기 트랙의 공사와 관련해 IAAF가 허용하는 오차 기준은 해당 직선구간과 곡선구간을 몇 차례 측정해 평균한 수치로 결정한 400m 랩 길이가 표준을 최장 4cm까지 초과해도 되지만 미달하면 안 된다는 것이다. FINA 공인 수영장의 경우 50m 수영장을 만들 때 표준을 최장 3cm까지 초과해도 되지만 표준에 미달하면 안 된다. 이는 표준 미달 길이의 레이스로 기록이 경신되지 못하게 하기 위해서 또는 훨씬 심하게는 표준보다 짧은 트랙이나 수영장에서 기록된 시간이 통계용이나 상대평가용으로 무효화되게 하기 위해서다.

이 표에 최대 허용 오차대로 트랙 길이 4cm 초과, 수영장 길이 3cm

	랩 길이 L	랩 길이 최대 허용 오차, ε	레이스 소요시간이 T일 때 총시간오차 ΔT(초)	시간 오차가 0.01초보다 커지는 경기 지속 시간(초)
육상 경기 트랙	400m	0.04m	$10^{-4} \times (T/1s)$	100
롱코스 수영장	50m	0.03m	$6 \times 10^{-4} \times (T/1s)$	16.7
쇼트코스 수영장	25m	0.03m	$12 \times 10^{-4} \times (T/1s)$	8.3

초과인 경우를 상정하고 위 공식으로 계산한 결과를 적어두었다. 마지막 열에는 그런 랩 길이 오차 때문에 총시간오차가 육상과 수영의 기록용 시간 측정의 정확도인 0.01초를 넘으려면 레이스가 얼마나 오랫동안 지속돼야 하는지를 계산해놓았다. 50m 이상 수영 레이스와 800m 이상 표준 트랙 종목은 모두 영향을 받는다. 10,000m 레이스를 남자 세계 기록(26분 30초) 수준의 속도로 달리면 누적 오차는 0.16초가 되니 상당히 의미심장해진다. 물론 달리기 종목의 상황은 그다지 명확하지 않다. 출전자들은 전략적 이유로 맨 안쪽 레인 경계선에서 뚝 떨어져 달려 사실상 모두 표준보다 긴 거리를 달릴 경우 총주파거리가 서로 달라질 수 있기 때문이다. 수영에서는 상황이 비교적 명확하다. 꼼꼼한 측량이 정말 중요하다.

끝으로, 아무리 계획을 많이 세워도 완전히 뿌리 뽑을 수 없는 인적 오류가 있다. 1932년 올림픽 때 한 경기임원은 3,000m 장거리장애물경주에서 선수들이 트랙을 몇 바퀴 뛰었는지 잘못 세는 바람에 손을 흔들어 모두 한 바퀴씩 더 돌게 했다. 3,000m를 달린 직후 2위였던 선수는 괜히 한 바퀴를 더 돌고 나니 3위가 되어버렸다. 맙소사.

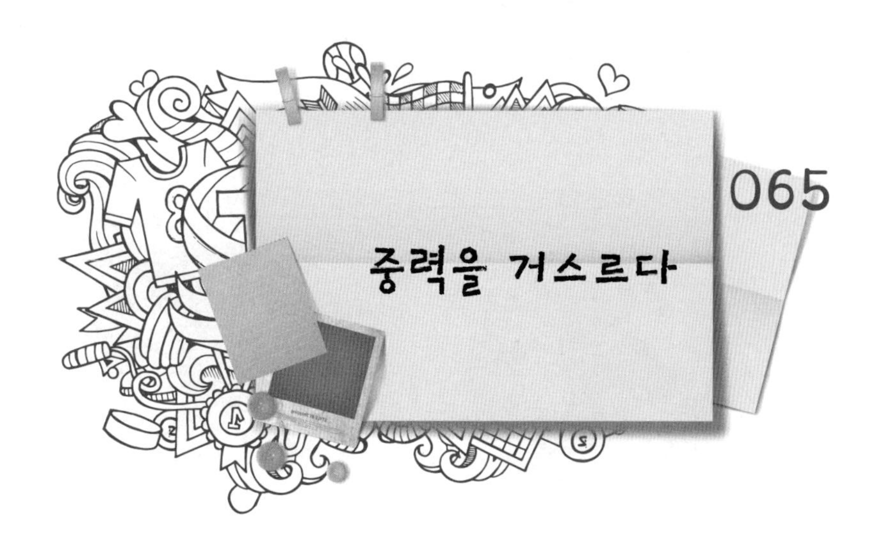

065 중력을 거스르다

수많은 스포츠가 중력의 제약을 받는다. 출전자들은 중력의 작용을 극복해 경쟁자들보다 물체를 더 멀리 던지거나 더 높이, 더 멀리 뛰어오르려고 애쓴다. 선수가 물체를 던진 거리나 뛰어넘은 높이는 중력가속도에 반비례한다. 지구 표면에서는 그 값이 평균적으로 $g=9.8\,m/s^2$이다(덧붙여 말하면 달에서는 g가 6분의 1배로 더 작다). 질량 100㎏의 무게는 질량과 g을 곱한 값이다. 하지만 g 값은 여러분이 지구 표면의 어디 있느냐에 따라 달라진다.

이는 두 가지 요인의 결과다. 비교적 덜 중요한 첫 번째 요인은 지구가 완벽한 구체가 아니라는 사실이다. 지구는 양극 방향보다 적도 방향으로 약간 더 두툼하다. 다시 말해 양극 지방에서 적도 지방으로 갈수록 지구 중심까지 거리가 증가한다. 하지만 아주 꾸준히 증가하지는 않는데, 중간에 산과 협곡이 산재하기 때문이다. 체감하는 중력 크기에 영향을 미치는 더 중요한 요인은 지구가 중심축 둘레로 매일 회전한다는 사실이다.

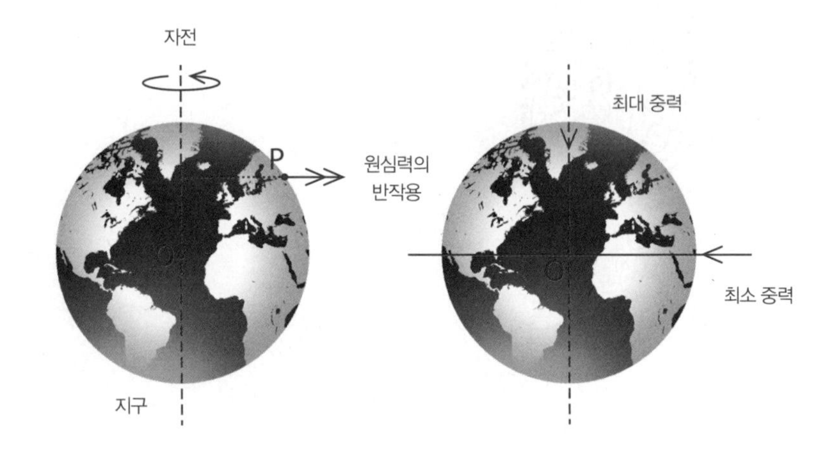

자전의 영향으로 지표면의 사람들은 반지름이 양극에서 적도로 갈수록 0부터 최댓값까지 꾸준히 증가하는 원을 그리며 돌게 된다. 그런 회전은 지구 자전축에 수직인 바깥 방향으로 작용하는 원심력을 낳는다. 그 힘이 지구 질량 때문에 생기는 중력을 거스르다 보니 질량 1kg짜리 추가 달린 용수철저울의 바늘은 극지방에서 최대 무게를 가리키지만 적도 쪽으로 갈수록 꾸준히 떨어져 결국 최솟값을 가리키게 된다.

$$g(\text{북극과 남극}) > g(\text{적도})$$

이런 사실 때문에 흥미로운 결과들이 나타난다. 100kg 질량은 저위도에서보다 고위도에서 무게가 더 많이 나가므로 머리 위로 들어 올리려면 힘이 더 많이 든다. 일반적으로 물체는 적도에서보다 양극에서 무게가 0.5% 정도 더 나갈 것이다. 역도 기록을 경신하고 싶다면 적도 쪽으로 가라. 가장 유망한 장소는 멕시코시티다. 그곳은 위도도 높고 고도도 높다 보니 g=9.779㎨여서 100㎏의 무게가 977.9N이다. 최악의 장소로 꼽을 만한 오슬로나 헬싱키에서는 g=9.819㎨여서 100㎏의 무게가 981.9N이다.

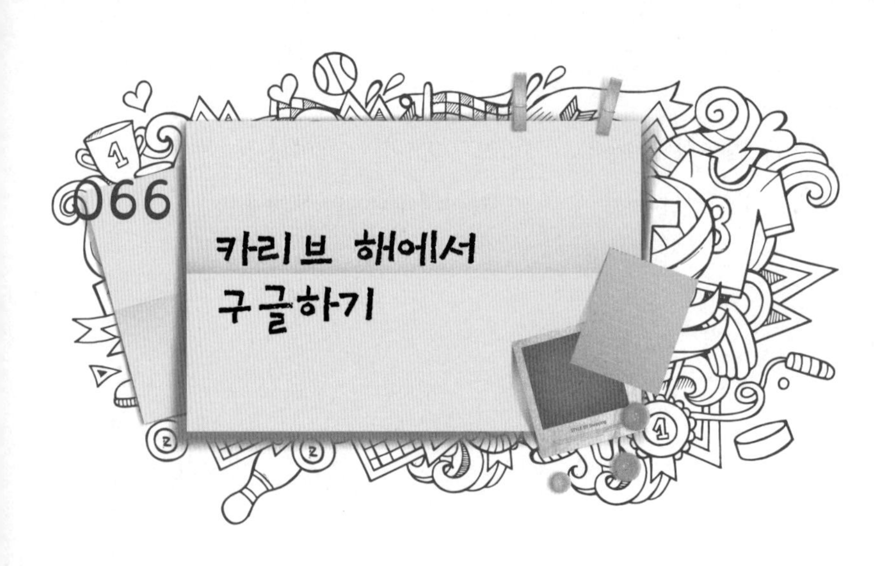

066 카리브 해에서 구글하기

리그전 방식의 스포츠 대회에서는 대부분 출전 팀들 사이의 시합이 모두 끝나면 어느 팀이 최고인지 보려고 성적표를 만든다. 각 시합의 승리, 패배, 무승부에 승점을 부여하는 방식은 최종 우승 팀을 가리는 데 결정적 영향을 미칠 수 있다. 앞서 살펴보았듯이 몇 년 전 축구 리그에서는 승리에 2점이 아닌 3점을 부여하기로 하면서 그런 방식이 좀 더 공격적인 플레이를 유도하길 바랐다. 하지만 그런 단순한 방식은 좀 조잡해 보인다. 어쨌든 리그 최하위 팀을 이긴 일보다 최상위 팀을 이긴 일을 더 인정받아야 하지 않을까?

카리브 해 지역에서 열린 2007년 크리켓 월드컵에서 좋은 예를 볼 수 있다. 대회 둘째 단계에서는 상위 8팀이 서로 시합했다(실은 각 팀이 첫 단계에서 이미 나머지 팀 중 한 팀과 겨루었고 그 결과가 둘째 단계로 넘어왔기 때문에 그들은 여섯 경기만 더하면 됐다). 그들은 승리에는 2점, 무승부에는 1점, 패배에는 0점을 승점으로 받았다. 성적표의 상위 4팀이 토너먼트 준결승전 2경기 출전권을 얻었다. 동점인 팀들은 오버당 평균

8강 순위표

팀	시합 수	승	무	패	오버당 평균 득점	승점
오스트레일리아(A)	7	7	0	0	2.40	14
스리랑카(SL)	7	5	0	2	1.48	10
뉴질랜드(NZ)	7	5	0	2	0.25	10
남아프리카공화국(SA)	7	4	0	3	0.31	8
영국(E)	7	3	0	4	−0.39	6
서인도제도(W)	7	2	0	5	−0.57	4
방글라데시(B)	7	1	0	6	−1.51	2
아일랜드(I)	7	1	0	6	−1.73	2

득점에 따라 순위가 나뉘었다. 위의 표에 그 결과가 나와 있다.

하지만 나쁜 팀을 이긴 것보다 좋은 팀을 이긴 것을 더 인정해주는 또 다른 팀 순위 결정 방식을 생각해보자. 각 팀에 그 팀이 이긴 팀들의 승점 총합에 해당하는 승점을 부여한다. 무승부 시합은 없었으니 그런 경우는 걱정하지 않아도 된다. 종합 스코어는 다음과 같이 8개 방정식의 목록처럼 보인다.

$$A = SL + NZ + SA + E + WI + B + I$$

$$SL = NZ + WI + E + B + I$$

$$NZ = WI + E + B + I + SA$$

$$SA = WI + E + SL + I$$

$$E = WI + B + I$$

$$W = B + I$$

$$B = SA$$

$$I = B$$

	A	NZ	WI	E	B	SL	I	SA
A	0	1	1	1	1	1	1	1
NZ	0	0	1	1	1	0	1	1
WI	0	0	0	0	1	0	0	0
E	0	0	1	0	1	0	1	0
B	0	0	0	0	0	0	0	1
SL	0	1	1	1	1	0	1	0
I	0	0	1	0	1	0	0	0
SA	0	0	1	1	0	1	1	0

이 목록은 수량 x=(A, NZ, WI, E, B, SL, I, SA)에 대한 행렬 방정식 Ax=Kx의 형태로 표현할 수 있다. 여기서 K는 상수이고 A는 각각 승리와 패배를 나타내는 0과 1로 구성된 8×8 행렬로 위와 같은 모양이다.

이 방정식을 풀어 각 팀의 총승점을 알아내 다른 채점 방식에 따른 팀별 리그 순위를 알아내려면 모든 원소가 양수이거나 0인 행렬 A의 고유벡터를 구해야 한다. (그런 해들이 각각 존재하려면 K가 특정 값을 취해야 한다.) 그 고유벡터는 위에서 설명한 경우에 당연히 그래야 하듯 모든 팀의 승점이 양수인(단, 전패한 팀의 승점은 0인) 목록 x가 무엇인가에 대한 해답에 해당한다. 행렬 방정식을 풀어 최적의 '랭킹 1위' 고유벡터를 찾아보면 다음과 같은 결과가 나온다.

x = (A, NZ, WI, E, B, SL, I, SA)
= (0.729, 0.375, 0.104, 0.151, 0.153, 0.394, 0.071, 0.332)

팀 순위는 여기에서 승점 크기로 알 수 있다. 오스트레일리아(A)가

0.729점으로 최상위이고 아일랜드(I)가 0.071점으로 최하위다. 이 순위를 위 성적표의 순위와 비교하면 다음과 같다.

내 랭킹제 순위	A	SL	NZ	SA	B	E	WI	I
리그제 순위	A	SL	NZ	SA	E	WI	B	I

준결승전 진출권을 얻는 상위 4팀은 두 채점 방식에서 똑같은 순서로 단계를 마쳤지만 하위 4팀은 많이 다르다. 방글라데시는 1경기에서만 이겼으므로 겨우 2점을 얻어 월드컵 리그 최하위에서 두 번째 순위로 단계를 마쳤다. 채점 방식에 따르면 그들은 5위로 뛰어오른다. 그들의 1승은 순위가 높은 남아프리카공화국을 상대로 거두었기 때문이다. 영국은 사실상 2경기에서 이겼지만 최하위 2팀을 상대로 했으므로 결국 방글라데시 바로 뒤 순위에 자리하게 된다(두 팀의 순위를 나누려면 소수점 아래 셋째 자리까지 비교해야 한다. 0.153 대 0.151). 딱한 서인도제도는 간단한 리그제에서는 6위로 단계를 마쳤으나 우리 랭킹제에서는 순위가 하나 떨어진다.

이 랭킹제는 구글 검색 엔진의 기반을 이루는 방식이다. 팀 i와 팀 j가 대결하는 경우의 결과 행렬은 주제 i와 주제 j 사이에 존재하는 링크 수와 대응한다. 어떤 단어를 검색하면 구글은 막대한 연산 능력으로 '점수' 행렬을 만든 뒤 행렬 방정식을 풀어 고유벡터를 구해 '검색 결과'의 순위별 목록을 알아낸다. 그래도 워낙 순식간에 일어나는 일이다 보니 마법처럼 느껴지긴 한다.

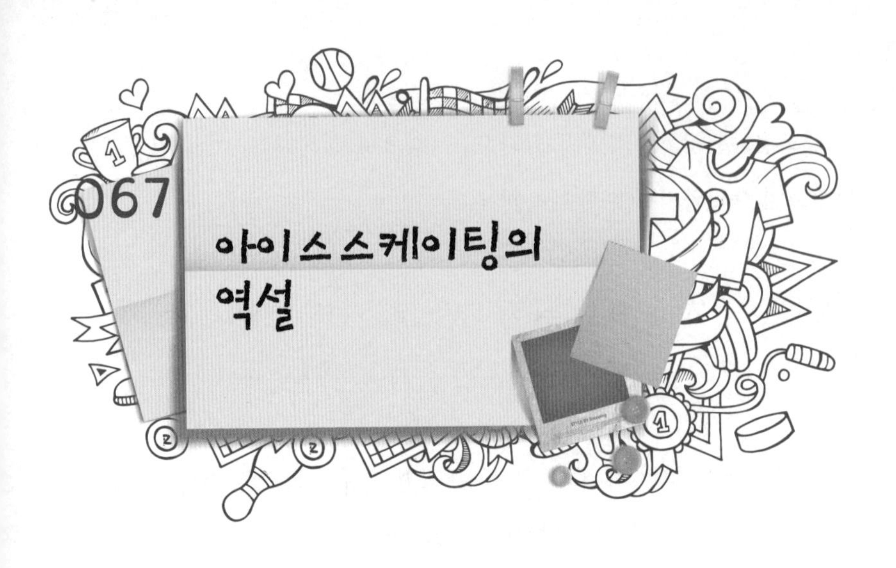

067 아이스스케이팅의 역설

뭔가에 대해 선택이나 투표를 할 때는 이렇게 생각해두는 것이 합리적일 듯하다. 처음에 모든 유효한 대안 중에서 K를 최선책으로 선택했는데 누가 와서 아까 실수로 누락된 또 다른 대안 Z가 있다고 일러준다면 K를 고수하거나 Z를 선택할 것이다. 다른 선택은 비합리적인 듯하다. 처음에 K에 찬성하면서 거부했던 안들 중 하나를 고르는 셈이기 때문이다. 어떻게 새로 추가된 선택지 때문에 다른 선택지들의 순위가 바뀔 수 있을까?

이를 용납하면 안 된다는 요건이 경제학자와 수학자들 대부분의 마음속에 하도 깊이 뿌리박혀 있다 보니 그런 일은 보통 투표 제도를 만들 때 명령에 따라 가능성이 아예 차단된다. 하지만 다들 알다시피 인간의 심리는 완전히 합리적일 때가 드물어서 무관한 대안 때문에 선호 순위가 달라지는 일이 더러 있다. 악명 높은 한 가지 예는 대중교통 체계에서 자가용의 대안으로 빨간 버스를 운행한 것이다. 곧 여행자의 절반 정도가 빨간 버스를 이용하는 것으로 밝혀졌다. 그리고 얼마 후 두 번째로 색깔이 파란 버스가 도입되었다. 상식적으로 생각해보면 여행자의 4분의 1은 빨간 버스를 이용하고 4분의 1은 파란 버스를 이용하고 2분의 1은 계속 자가용을 타고 다니게 될 듯싶다. 사람들이 뭐 하러 버스 색깔에 신경 쓰겠는가? 하지만 실제론 3분의 1은 빨간 버스를, 3분의 1은 파란 버스를, 3분의 1은 자가용을 이용했다.

스포츠계에도 무관한 대안들의 영향이 사실상 심사 절차에 내재했던 악명 높은 사례가 하나 있다. 그 결과가 너무 기묘해서 관계자들은 결국 그 심사 절차를 버리게 됐다. 2002년 동계 올림픽 때 아이스스케이팅 연기를 심사하는 과정에서 문제가 생겼다. 그 경기에서는 미국의 어린 선수 세라 휴스Sarah Hughes가 세라 코언Sarah Cohen뿐 아니라 우승 후보였던 미셸 콴Michelle Kwan과 이리나 슬루츠카야Irina Slutskaya도 물리쳤다. 스케이팅 경기를 텔레비전으로 보면 심사위원들이 개개인의 연기에 매긴 점수(6.0, 5.9 등)가 요란한 팡파르와 함께 발표된다. 하지만 이상하게도 그런 점수에 따라 실제로 우승자가 결정되지는 않는다. 그런 점수는 선수들의 순위를 매기는 데 쓰일 뿐이다. 심사위원들이 각 선수가 연기한 두 프로그램의 점수를 모두 합산해 총점이 가장 높은 선수가 금메달을 딴다고 생각했을지도 모른다. 유감스럽게도 2002년 솔트레이크시티 올림픽에서는 그렇게 하지 않았다.

쇼트프로그램이 끝난 후 상위 4명의 순위는 다음과 같았다.

콴(0.5), 슬루츠카야(1.0), 코언(1.5), 휴스(2.0)

그들은 자동으로 0.5, 1.0, 1.5, 2.0점을 받는다. 4위권에 들었기 때문이다(가장 낮은 점수가 가장 좋은 점수다). 근사한 개인 점수(6.0, 5.9 등)는 모두 그냥 잊혔다는 데 유의하라. 1위 선수가 2위 선수를 몇 점 차로 이겼는지는 중요하지 않다. 그 선수는 0.5점만큼 유리해질 뿐이다. 그 다음 롱프로그램 연기에서는 같은 채점 방식이 쓰이는데 점수가 2배라는 점만 다르다. 그래서 1위 선수는 1점, 2위는 2점, 3위는 3점, 4위는 4점을 받는다. 그러고 나면 두 프로그램의 점수를 합쳐서 각 선수의 총점을 낸다. 총점이 가장 낮은 선수가 금메달을 획득한다. 휴스, 콴, 코언이 롱프로그램 연기를 마친 후에는 휴스가 선두여서 롱프로그램 점수 1점을 받고 콴이 2위로 2점을, 코언이 3위로 3점을 받았다. 그런 점수와 쇼트프로그램 점수를 합치면 슬루츠카야가 연기하기 전의 전반적 점수는 다음과 같다.

콴(2.5), 휴스(3.0), 코언(4.5)

마지막으로 슬루츠카야가 연기를 하고 롱프로그램 2위에 올랐다. 그래서 이제 롱프로그램에 부여한 최종 점수는 다음과 같다.

휴스(1.0), 슬루츠카야(2.0), 콴(3.0), 코언(4.0)

그 결과는 희한하다. 최종 우승자는 휴스였다. 최종 총점이 다음과 같았기 때문이다.

휴스(3.0), 슬루츠카야(3.0), 콴(3.5), 코언(5.5)

휴스가 슬루츠카야보다 높은 순위에 자리하게 된 것은 총점이 동점인 경우 롱프로그램 성적으로 순위를 가렸기 때문이다. 하지만 어설프게 만든 규칙의 결과는 확연하다. 슬루츠카야의 연기 때문에 콴과 휴스의 순위가 뒤바뀐 것이다. 콴과 휴스가 연기를 마친 직후에는 콴이 휴스보다 앞서 있었는데 슬루츠카야가 연기한 뒤에는 휴스보다 뒤처져버렸다! 어떻게 콴과 휴스의 상대적 우열이 슬루츠카야의 성적에 따라 좌우될 수 있을까?

테니스공을 멀리까지 잘 던진다면 창던지기도 잘할지 모른다. 하지만 원반던지기도 반드시 잘하리라고는 보기 어렵다. 창던지기를 잘하려면 팔이 아주 빨라야 하고 전향 운동량을 창의 투척 속도로 바꿀 줄 알아야 하지만 원반던지기에서는 작은 원형 구역을 벗어나지 않으면서 회전운동을 최적으로 활용하는 일이 관건이다. 세계 기록은 오래전에 세워진 것이다. 1986년에 위르겐 슐트Jürgen Schult가 남자 2kg 원반 종목에서 세운 74.08m, 1988년에 가브리엘레 라인슈Gabriele Reinsch가 여자 1kg 원반 종목에서 세운 76.8m가 그것이다. 두 사람은 모두 구동독 선수인데 그들의 기록은 지금껏 한 번도 경신되지 않았다.

원반던지기는 프리스비 던지기와 같지 않다. 원반던지기 선수는 지름 2.5m의 던지기서클이라는 콘크리트 원형 구역을 벗어나지 않으면서 원반을 34.9도로 벌어진 부채꼴의 안전 구역 안으로 던져야 한다. 지금까지 개발되어온 최적의 테크닉은 빠르게 회전한 후 원반을 수평면 위 30~40도 각도로 던지는 기술이다. 선수들은 처음에 와인드업 단계에서 원반을 앞뒤로 흔든 다음 오른손잡이의 경우 반시계 방향으로 회전하며 가속해 최대 속도에 이르는 순간 팔을 쭉 뻗은 채 원반을 던진다. 그럴 때 던지는 손의 검지나 중지로 원반에 시계 방향의 회전을 어느 정도 준다. 그런 테크닉을 익히려면 연습을 아주 많이 해야 한다. 정상급 선수들은 대체로 나이가 많은 편이며 풍향, 투척각, 원반 무게 분포를 최대한 효과적으로 활용해본 경험이 많다.

놀랍게도 미국의 뛰어난 선수 알 오터Al Oerter는 우승 후보였던 적이 한 번도 없었지만 1956년, 1960년, 1964년, 1968년 올림픽 남자 원반던지기에서 우승했다. 올림픽에서 오터와 경쟁한 선수들은 수년간 그를 점점 더 두려워하게 됐다.

한 바퀴 반을 회전하는 정상급 선수는 던지기서클 둘레의 1.5배, 즉 $1.5\times\pi\times2.5m=11.8m$ 정도 거리에 걸쳐 원반을 가속해 약 $V=25$㎧의 속도로 던질 것이다. 그런 속도의 회전을 감당하는 데 필요한 내향 가속도는 V^2/R인데, 여기서 $R=1m$는 선수의 팔 길이다. 그 가속도의 값은 625㎨, 즉 63.8g이다. 세계 기록 보유자는 몸무게가 110㎏이므로 팔에 작용하는 힘이 자기 몸무게의 절반을 넘는다. 바로 그런 까닭에 원반을 멀리 던지려면 힘이 아주 세야 한다.

선수 손에서 벗어난 원반은 무동력 항공기의 날개처럼 작용한다. 이 원반은 공기 항력 때문에 느려지긴 하겠지만 나아가면서 공기를 밀쳐내기 때문에 공기역학적 양력을 받게 된다. 공기 항력과 양력은 둘 다 공기 밀도, 원반의 운동 방향 단면적(약 0.04㎡), 공기에 대한 원반 속도의 제곱에 비례한다. 공기에 대한 원반의 공격각이 작으면 양력이 저항보다 커질 것이다.

바람의 영향은 이례적이다. 역풍이 달리기 선수와 사이클 선수의 운동에 불리하게 작용한다는 사실은 익히 알고 있다. 하지만 원반던지기 선수에게는 역풍이 매우 유리할 수 있다. 양력이 저항보다 우세할 때 그 힘은 원반이 바람을 거스르는 방향으로 던져지면 더욱더 커진다. 양력은 $(V_{원반}-V_{바람})^2$에 비례하므로 바람이 순풍($V_{바람}$ 값이 양수)일 때보다 역풍($V_{바람}$ 값이 음수)일 때 훨씬 더 커지기 때문이다. 상세한 연구 결과에 따르면 최적의 상황은 10㎧ 역풍을 거스르는 방향으로 원반을 던지는 것이다. 그러면 바람 한 점 없을 때의 성적보다 4m 정도 거리의 이득을 보게 된다. 반면에 뒤에서 10㎧ 순풍이 분다면 투척 거리가 2m 정도 줄어들 것이다.

다음 도표를 보면 예상 결과가 나와 있는데 7.5㎧ 순풍이 부는 경우

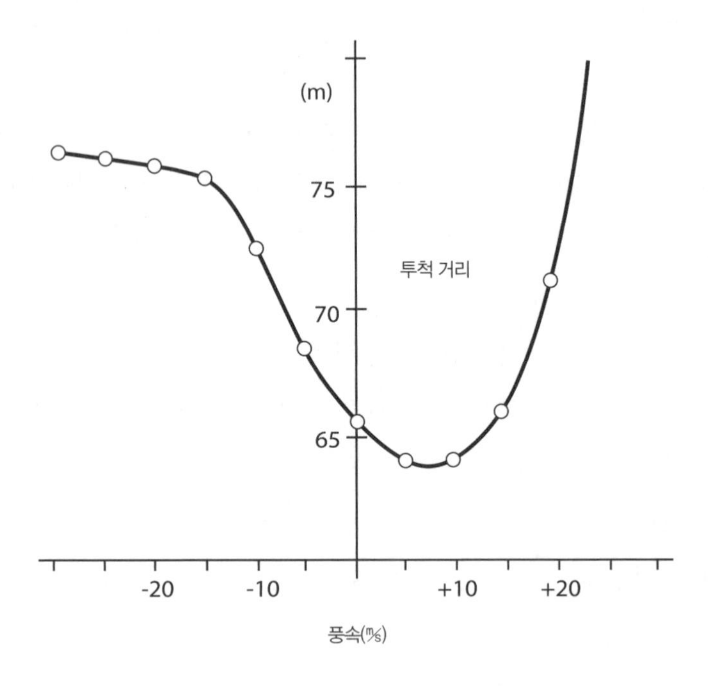

가 최악의 시나리오가 될 듯하다. 그런 풍속은 매우 강해서 단거리 달리기 성적을 무효화할 것이다. 단거리 달리기에서는 기록용으로 허용되는 순풍의 최대 풍속이 2㎧이다. 원반던지기 성적을 기록할 때 바람의 그런 큰 영향을 고려하지 않는다니 이상하다. 그런 영향은 단거리 달리기와 뜀뛰기에 허용 풍속 이상의 순풍이 미치는 영향보다 훨씬 중요할 때가 많다.

069 골 득실 차가 최선입니까?

다양한 스포츠에서 동점 문제의 해결책이 나름대로 고안되어왔다. 미국인이야 무승부 경기를 워낙 두려워하니 그들의 운동 경기에서는 항상 승자가 나와야 하지만 다른 나라 사람들은 좀 더 낙천적이다. 그러나 모든 축구 경기 중 4분의 1 정도가 무승부로 끝나긴 해도 리그 챔피언십이나 컵 결승전의 승부를 정하는 일이라면 이야기가 달라진다. 골 수나 승점이 같은 팀들을 가를 방법이 있어야 한다. 수년간 관계자들은 컵 결승전 결과를 결정하기 위해 온갖 방법을 시도해왔다. 연장전이 언제나 첫 번째 방법인데, 연장전에서 우승자가 나오지 않으면 예전에는 보통 재경기가 열렸다. 아마 두 번째 재경기가 열리기도 했을 것이다.

좀 더 최근에는 각종 선취골승부제sudden-death 연장전이 시도되어왔다. 이른바 '골든골Golden Goal', 즉 연장전에서 먼저 득점하는 팀이 경기를 이기는 방식은 하키, 아이스하키, 축구에서 쓰였다. 하지만 축구에서는 그런 시도가 오래가지 못하고(2002~2004) 얼마 동안 '실버골Silver Goal'제도로 대체되었다. 이 제도에서는 연장전 전반 15분 후 한 팀이 앞서면 경기를 이기고 연장전 후반은 진행되지 않았다. 그때까지 승부가 나지 않으면 으레 그렇듯이 연장전 후반이 끝날 때 앞선 팀이 승자가 되었다.

1967년 글래스고레인저스와 레알사라고사 간의 유럽 인터시티페어스컵 준준결승에서는 종합 스코어 2 대 2 동점으로 경기가 끝난 후 유색 원반을 동전처럼 던져 승부를 결정했다. 몇 년 뒤에는 그런 동점 상황의 승부를 원정경기 골과 승부차기로 갈랐다. 만약 홈경기와 원정경기 후 두 시합의 종합 점수가 동점이라면 원정경기에서 넣은 골 수를 모두 2배로 계산했다. 하지만 이는 수학에 약한 심판들에게 문제가 되었다. 글래스고레인저스(왜 항상 이 팀인가?)는 스포르팅리스본을 상대로 홈경기에서 3 대 2로 이기고 원정경기에서 3 대 4로 진 뒤 승부차기에서 졌다. 심판은 레인저스가 이미 원정경기 골 수로 이겼으니 아예 승부차기를 할 필요가 없었다는 사실을 알아차리지 못했다. 레인저스 감독 윌리 왜들Willie Waddell은 규정집을 들고 현장의 유럽축구연맹UEFA 임원을 찾아갔고 결과는 레인저스 승리로 번복됐다. 그들은 이어 결승전에서 디나모모스크바를 3 대 2로 물리치고 페어스컵을 거머쥐었다.

리그전에서는 총승점이 동점일 때 여러 방식으로 순위를 결정할 수 있다. 옛날에는 '골 평균'이 쓰였다. 골 평균은 해당 팀이 넣은 골 수(F) 대 그 팀이 내준 골 수(A)의 비율로 계산했다.

$$\text{골 평균} = \frac{F}{A}$$

전자계산기가 나오기 전 언론인들은 리그 순위를 결정하려면 계산자slide rule가 필요하다고 주장했다. 골 평균은 처음에는 1970년 월드컵 결승전에서 그리고 1976~1977년 잉글랜드축구리그 시즌에는 골 득실 차로 대체되었다.

골 득실 차 = F − A

1952~1953년 잉글랜드리그챔피언십의 우승자는 골 평균으로 결정됐다. 아스널과 프레스턴노스엔드 둘 다 누적 승점이 54점이었으나(당시에는 승리에 대한 승점을 2점만 주었다) 아스널은 골 평균이 F/A=97/64=1.5156이었는데 프레스턴은 F/A=85/60=1.4167에 불과했다. 골 득실 차를 도입한 것은 적은 A보다 많은 F에 보상을 더 많이 해주어 공격적인 플레이를 장려하기 위해서였다. 1952~1953년에 아스널은 골 득실 차가 33이었고 프레스턴은 골 득실 차가 25였다. 두 팀이 똑같은 골 평균으로 리그전을 마칠 확률은 매우 희박하지만 골 득실 차가 똑같아지는 방법은 아주 많다. 놀랍게도 1988~1989년 시즌에 아스널과 리버풀은 축구리그챔피언십 최상위에서 승점도 76점으로 같고 골 득실 차도 같은 상태로 리그전을 마쳤다. 실제로 그들은 22승, 10무, 6패로 기록이 똑같았다. 아스널은 골 득실 차가 73−24=39였고 리버풀은 골 득실 차가 65−26=39였다. 만약 골 평균이 그때도 쓰였다면 아스널은 F/A=73/34=2.15인데 리버풀은 F/A=65/26=2.5였으니 리그전에서 리버풀이 우승했을 것이다.

다행히 1989년 리그전에서는 골 득실 차가 같을 때 순위를 결정하는 규칙이 시행 중이어서 아스널에게 우승이 넘어갔다. 아스널이 리버풀보다 골을 73 대 65로 더 많이 넣었기(즉 F 값이 더 컸기) 때문이다. 그런

2009~2010년 잉글랜드프리미어리그 성적표

팀	총승점	골 득실 차	무승부 홈팀에 승점을 주지 않을 경우의 총승점
첼시	86	71	85
맨체스터유나이티드	85	58	84
아스널	75	42	73
토트넘홋스퍼	70	26	73
맨체스터시티	67	28	63
애스턴빌라	64	13	56
리버풀	63	26	60
에버턴	61	11	55
버밍엄시티	50	−9	41
블랙번로버스	50	−14	44
스토크시티	47	−14	41
풀럼	46	−7	43
선덜랜드	44	−8	37
볼턴원더러스	39	−25	33
울버햄프턴원더러스	38	−24	32
위건애슬레틱	36	−42	29
웨스트햄유나이티드	35	−19	30
번리	30	−40	25
헐시티	30	−41	24
포츠머스	28	−32	25

동점 처리 규칙은 그 후 버려졌고 1992년 새로 설립된 프리미어리그에서도 채택되지 않았다.

축구 리그에서는 아직도 골 득실 차를 이용해 동점 문제를 해결한다. 하지만 그것이 최선책일까? 여러 대안을 생각해낼 수 있다. 도대체 왜 승점에 신경 쓸까? 그 대신 그냥 골 득실 차로 리그전 순위를 모두 결정해버릴 수도 있다. 한 가지 선택 사항은 0 대 0 무승부에 승점을 주지 않는 것이다. 또는 무승부 경기가 있을 때마다 홈팀에는 승점을 주지 않고 원정팀에는 1점을 줄 수도 있다. 앞의 표는 2009~2010년 잉글랜드프리미어리그 성적표다. 여기에는 총승점,* 골 득실 차, 무승부 홈팀에 승점을 주지 않을 경우의 총승점이 나와 있다.

표에서 볼 수 있듯이 최상위에서는 승점 부여 방식의 세부적 변화로 이득을 거의 보지 않는다. 하지만 성적표 최하위 근처에는 좀 더 흥미로운 변화가 있는데, 위건은 골 득실 차로 평가받았다면 하위 리그로 강등됐을 것이다(위건은 토트넘과 첼시에 각각 1 대 9와 0 대 8로 완패하는 바람에 골 득실 차에 큰 타격을 입었다). 무승부 홈팀에 승점을 주지 않고 계산한 새 총점은 흥미롭다. 그 총점으로 평가하면 최상위와 최하위에는 아무런 변화가 나타나지 않지만 중위권에는 순위에 어느 정도 변화가 생긴다. 그런 평가 방식을 적용하면 홈경기에서 무승부를 많이 기록한 애스턴빌라, 버밍엄, 블랙번 같은 팀들의 총승점은 크게 달라지지만 성적표에서 팀 그룹 간의 점수 차가 워낙 크다 보니 순위는 그다지 달라지지 않는다.

당연한 이야기이지만 경기에서 이기려면 내주는 골보다 넣는 골이 많아야 하므로 골 득실 차는 승점과 서로 매우 밀접하게 관련되어 있다. 따라서 골 기록에 기초한 리그 성적표는 더 간단하고 골을 더욱 장려하는 수단이 될 것이다. 어쨌든 그런 골이 바로 팬들(과 텔레비전 방송사들)이 보고 싶어 하는 것 아닌가.

* 포츠머스가 금융적 지급 불능으로 9점이 공제된 사실은 여기에 반영하지 않았다.

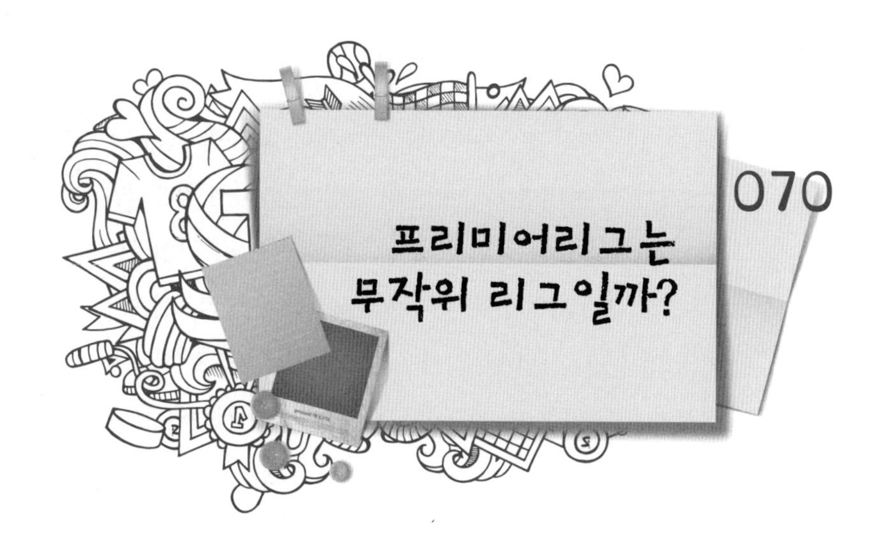

축구는 때때로 꽤 무작위적인 경기 같아 보인다. 하위 리그를 보면 특히 더 그렇다. 선수들이 될 대로 되라는 식으로 공을 아무 데로나 차는 가운데 재빠른 일련의 패스와 가로채기, 리바운드, 자책골이 이어지는 듯하다. 한 시즌 동안 평균적으로 다 그런 식이다 보면 결국 단순한 무작위 과정의 여러 특징을 보여주는 리그전 성적표가 나오지 않을까 궁금해진다.

평균적으로 축구는 4경기당 1경기 꼴로 무승부를 기록한다. 예를 들어 프리미어리그가 어떤 경기든 무승부로 끝날 확률이 4분의 1인 단순한 무작위 과정이라고 해보자. 계산이 간단해지도록 홈경기의 이점을 무시하고 홈경기 승산도 8분의 3이고 원정경기 승산도 8분의 3이라고 가정할 것이다. 그 리그에는 30팀이 있는데, 각 팀은 나머지 팀과 홈경기와 원정경기 2경기씩 치르므로 총 38경기를 하게 된다.

정팔각형 뺑뺑이를 이용해 20팀 간의 무작위 리그전을 모의로 진행해 볼 수 있다. 정팔각형의 두 변에는 '무승부', 세 변에는 '홈경기 승', 나머지 세 변에는 '원정경기 승'이라고 적어둔다. 하지만 모든 경기를 그렇게 손으로 일일이 하려면 시간이 많이 걸린다. 따라서 컴퓨터가 그 일을 몇 초 만에 처리하게 하는 편이 낫다. 그다음에는 각 팀이 얻은 승점(승 3점, 무 1점, 패 0점)의 총계를 내어 리그전 최종 성적표를 만든다. 총승점이 가장 많은 팀을 1번 팀, 그다음 팀을 2번 팀 등으로 부르자.

비교가 되도록 2003~2004년, 2004~2005년 시즌의 실제 프리미어리그 최종 성적표도 아래에 정리해놓았다. 무작위 리그와 실제 리그의 결

팀	승	패	무	총승점	2003~2004 실제 리그전 성적표	2004~2005 실제 리그전 성적표
1	19	10	9	67	90 아스널	95 첼시
2	18	9	11	63	79	83
3	18	8	12	62	75	77
4	17	10	11	61	60	61
5	16	10	12	58	56	58
6	16	8	14	56	56	58
7	13	16	9	55	53	55
8	15	9	14	54	53	52
9	16	5	17	53	52	52
10	15	8	15	53	50	47
11	15	8	15	53	48	46
12	14	11	17	53	47	45
13	13	13	12	52	45	44
14	14	9	15	51	45	44
15	13	12	13	51	44	42
16	15	4	19	49	41	39
17	11	11	16	44	39	34
18	9	16	13	43	33	33
19	9	8	21	35	33	33
20	8	7	23	31	33 울버햄프턴 원더러스	32 사우샘프턴

과를 비교해보면 꽤 유익하다.

표에서 최상위 3팀을 차치하면 리그전 성적표의 나머지 부분은 승점을 무작위로 분배한 결과와 매우 비슷해 보인다. 최상위 3팀이 남다른 이유는 그들이 경기에서 이길 확률이 8분의 3(=37.5%) 모형보다 훨씬 높기 때문이다. 실제로 우승 팀 첼시는 경기의 76%를 이겼고 우승 팀 아스널은 경기의 68% 이상을 이겼다. 두 시즌 모두에서 프리미어리그는 경쟁력이 고만고만해서 4위 팀의 경우 리그에서 우승하는 쪽보다 하위 리그로 강등되는 쪽에 더 가까울 정도였다! 모형의 장점 중 하나는 우승 팀의 정체가 무작위라는 것이다. 그렇다면 프리미어리그의 몇몇 측면과 국가 발행 복권의 몇몇 측면을 조합한 대회를 구상해보면 재미있을 듯하다.

자세히 살펴보면 최상위 3팀을 차치했을 때 무작위 모형은 최상위 근처와 최하위 근처에서는 매우 효과적이지만 성적표 중위권에서는 실제 결과에서 멀어진다는 점을 알 수 있다. 여기에는 그럴 만한 이유가 있다. 단순한 모형에서는 홈경기 승산과 원정경기 승산이 똑같다고 가정했다. 최상위권 팀과 최하위권 팀은 실제로 그런 상태에 꽤 가깝다. 최상위권 팀들은 홈경기든 원정경기든 거의 늘 이기고 최하위권 팀들은 홈경기든 원정경기든 대부분 진다.

하지만 성적표 중위권에서는 홈구장의 이점이 보통 유리하게 작용한다. 그런 중위권 팀들은 원정경기에서보다 홈경기에서 더 자주 이길 것이다. 이런 결점이 모형을 조금 바꿀 수 있다. 이를테면 팀들이 여전히 모든 경기의 4분의 1에서 무승부를 기록하되 홈경기는 16분의 7에서 이기고 원정경기는 16분의 5에서 이긴다고 수정하는 것이다. 그리고 경기에서 이길 확률이 5분의 3인 '슈퍼 팀'을 몇 개 넣으면 그 모형은 또 좀 더 나아질 것이다.

종합적으로 보면 이 단순한 모형은 축구 경기 보는 것을 좋아하지 않는 사람들 모두에게 격려가 될 것이다. 엄청난 비용이 드는 프리미어리그(와 나머지 하위 리그) 사업 전체를 간단한 난수 생성 프로그램으로 대체해도 전반적인 결과 패턴은 크게 달라지지 않을 것이다. 어쩌면 이는 아스널이 훗날 리그에서 다시 우승할 절호의 기회가 될지도 모른다.

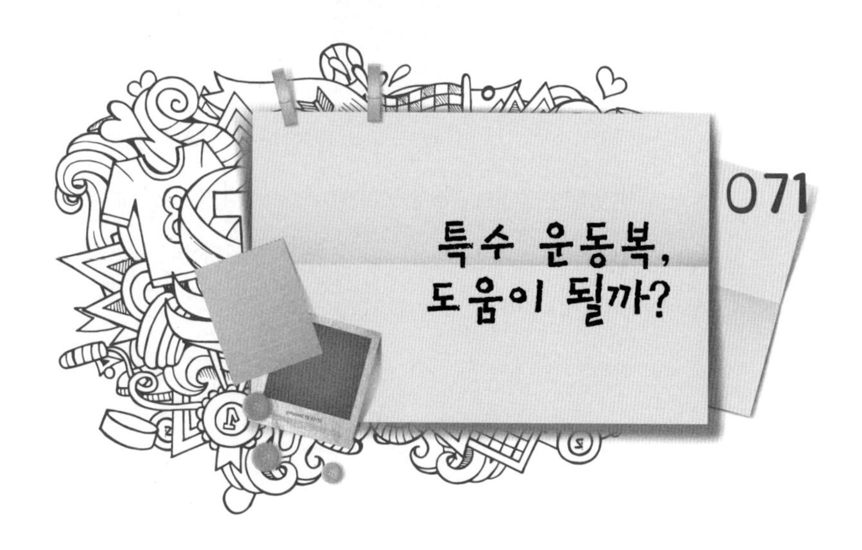

단거리 달리기, 사이클링, 스피드스케이팅처럼 속도를 겨루는 종목의 선수들은 예전부터 공기 항력을 줄이기 위해 보디슈트와 후드를 많이 실험해왔다. '플로 조Flo-Jo' 같은 여자 선수들이 한쪽 다리만 노출되는 보디슈트 차림으로 트랙에 나타났을 때, 후원 업체가 일반인들에게 많이 팔고자 후하게 투자해서 만든 그런 독특한 복장에서 선수가 얻는 이점이 조금이라도 있는지 궁금해졌다.

또 다른 수수께끼는 여자 달리기 선수들이 복부가 노출되는 배꼽티를 입는 경향이 갑자기 나타났다는 점이다. 남자 육상 선수들 중에는 배꼽티 러닝셔츠를 입는 사람이 없다. 거기에는 그럴 만한 이유가 있다. 날씨가 추울 때면 노출된 피부 때문에 몸이 추워지고 날씨가 더울 때면 땀이 증발하니까 몸이 또 추워지고 햇볕이 쨍쨍할 때는 피부가 햇빛에 지나치게 노출된다.

모두 고려해보면 배꼽티를 입고 달리는 것은 남자 선수에게나 여자 선수에게나 거의 이치에 맞지 않는 일이다.

보디슈트를 입은 이유는 공기 항력을 줄이기 위해서였다. 이는 그럴 만한 가치가 있다. 지면에 대해 V의 속도로 달리며 지면에 W의 속도로 불어오는 바람을 거슬러 나아간다면 운동에 방해가 되는(즉 수치가 음수인) 공기 항력을 다음만큼 느끼게 된다.

$$F = -\frac{1}{2}C\rho A(V - W)^2$$

여기서 ρ는 달리면서 가르는 공기의 밀도이고 A는 몸과 운동복의 정면 단면적이며, C는 체형과 표면의 공기역학적 특성에 좌우되는 이른바 항력 계수다. C 값은 보통 달리기 선수들의 경우 1에 아주 가깝고 사이클 선수들의 경우 0.8~0.9이다.

이 공식에서 주목할 부분이 몇 가지 있다. 항력은 바람에 대한 주자의 상대속도의 제곱에 따라 달라진다. 앞으로 달리는 주자의 속도 V는 항상 양수이고 풍속 W는 바람이 주자 뒤에서 불어오는 순풍이면 양수가 되지만 주자 정면으로 불어오는 역풍이면 음수가 된다. 단거리 경주와 뜀뛰기 경기에서 순풍은 + 기호로, 역풍은 − 기호로 기록한다.

항력 공식에서 선수가 어느 정도 통제할 수 있는 인자는 면적 A와 항력 계수 C이다. 공기를 받는 면적을 줄이면 항력을 줄일 수 있다. 팔을 이리저리 흔들고 팔락거리는 헐렁한 옷을 입으면 A가 증가해 속도가 느려진다. 일반적으로 주자들은 공기를 받는 정면 면적이 A=0.45㎡ 정도이고 C 값이 1 정도 된다. 따라서 바람 한 점 없을 때(W=0) 10㎧로 나아가는 세계 정상급 남자 단거리 달리기 선수는 바람의 저항을 극복하는 데 자기 노력의 3% 정도를 들일 것이다.

자세를 바꾸면 A를 아주 조금 줄일 수 있는데, 어떤 주자들은 바람 상태에 그런 식으로 대응한다. 머리털이 길면 문제가 될까? 달랑거리는 레게머리를 하고 있으면 확실히 A와 그에 수반하는 항력이 증가하겠지만 그 영향은 작다. 머리는 몸 정면 면적의 6~7%만 차지한다. 따라서 바람 극복에 들이는 총 3% 노력 중 그만큼의 일부가 머리 전체 때문에 쓰인다고 볼 수 있는 노력량의 최대치다. 머리털은 또 거기서 훨씬 더 작은 일부에 해당한다. 그러므로 1980년대 말에 일부 단거리 선수들이 머리에 썼던 후드는 착용해도 기록에 크게 도움이 되지 않고 후텁지근해지기만 했을 것이다.

보디슈트는 어떨까? 그런 옷의 목적은 단거리 선수의 몸이 움직임에 따라 발생하는 항력 계수 C를 줄이는 데 있다. 흥미롭게도 임계 속도 근처에서는 유체의 속도가 조금만 변해도 항력 계수가 크게 달라지는데, 그런 현상은 학자들이 자동차와 비행기를 비롯한 온갖 이동 물체를 바람 터널 안에 두고서 아주 면밀하게 연구한다. 그런 갑작스러운 변화가 발생하는 이유는 공기 흐름이 이동체 표면 아주 가까이에서 난류亂流로 바뀌기 때문이다.

이를 공기역학자들은 '항력 역설drag paradox'이라고 한다. 그런 난류는 공기가 위로 흐르는 표면의 거친 정도를 이용해 유발할 수 있다. 그래서 달리기 선수들은 몸에 딱 붙는 매끈한 운동복을 입는 것이 최선이다. 그 옷감의 골은 공기의 순조로운 흐름을 방해해 표면 아주 가까이에서 난류로 바꿀 수 있도록 매우 가늘며 높이가 0.5mm 정도 되는 것이 가장 좋다. 그런 복장을 제대로 갖추면 C 값을 절반으로 줄여 100m 달리기 기록을 0.1초나 향상할 수 있다.

하지만 운동회에서 느릿느릿 달리는 학부모들은 '항력 역설'에 따른 항력 급감으로 이득을 보는 속도 범위 안에 있지 않을 테니 라이크라 보디슈트를 입지 않는 편이 낫다.

072 물속의 삼각형

수구는 수영, 핸드볼, 레슬링이 혼합된 스포츠다. 그 이름water polo은 빅토리아 시대에 영국령 인도에서 '공'이란 뜻으로 썼던 단어 '폴로polo'에서 유래하며 말馬과는 아무 관련이 없다. 남자 수구는 1900년부터 올림픽 종목이었지만 여자 종목은 2000년에야 추가되었다. 골키퍼 1명을 포함해 7명씩으로 구성된 팀들이 8분씩 4피리어드 동안 기진맥진하도록 경기를 하는데, 경기가 진행되지 않을 때는 시간을 재지 않기 때문에 각 피리어드는 보통 총 12분 정도 지속된다. 골키퍼만 발이 수영장 바닥에 닿아도 되지만 국제 경기에서는 수심이 적어도 1.8m는 되어야 하며 가장자리에도 깊이가 얕은 곳은 없다. 선수들은 항상 선헤엄을 치거나 빠른 헤엄으로 이동한다.

나는 학창 시절에 수구를 해봐서 그것이 매우 고된 운동이라고 장담할 수 있다. 선수들은 그런 피리어드 동안 긴 거리를 헤엄치며 끊임없이 속도를 높이고 방향을 틀고 자신을 가라앉히려는 상대편 선수들에게 밀치락달치락 시달린다! 게다가 무거운 공에 맞지 않도록 조심해야 한다.

그리고 한 팀이 공을 차지했을 때 30초 안에 상대편 골문에 슛을 날리지 않으면 상대편에 공이 넘어간다. 골키퍼만 동시에 두 손으로 공을 만질 수 있고 어떤 선수든 공을 물속에 넣으면 안 된다.

수구에서는 긴 피리어드 동안 생각을 빨리빨리 하고 눈과 손의 동작을 잘 맞춰야 한다. 경기 중에는 신체적 접촉이 많고 반칙도 잦다. 아이스하키에서처럼 해당 선수는 20초 동안(혹은 자기 팀이 공을 다시 차지하거나 골이 들어갈 때까지) 수영장 밖으로 '퇴수'될 수도 있고 퇴수될 만한 반칙을 세 번 저지르면 아예 끝까지 경기에 참여하지 못할 수도 있다(그래도 그런 추방 후 4분이 지나면 다른 교체 선수가 들어갈 수 있다).

반칙에 대한 벌칙 시간이 아주 짧은 듯하지만 그런 일은 자주 일어난다. 게다가 수영장 밖에 팀당 6명씩만 교체 선수로 대기 중이다 보니 선수가 1명 줄어든 영향은 그만큼 매우 크다. 그런 상황에서 골을 내주지 않기는 아주 어렵고 축구와 달리 시간 끌기를 할 여지도 없다. 설령 골을 내주는 일을 면했다 하더라도 수비에 노력을 좀 더 많이 들였을 테니 나중에 그 대가를 치르게 될 것이다.

선수가 1명 더 많은 이점이 일시적으로 생겼을 때 그 이점을 활용해 골로 연결하는 확실한 기하학적 전략이 있다. 수구 수비수들은 두 공격수 사이에 들어가 둘 다 마크하려고 애쓰므로 공격하는 팀은 그런 일이 일어나기 어렵게 만들어야 한다. 그리고 무엇보다 명백한 사실이지만 공격수들은 골키퍼가 옆으로 헤엄칠 수 있는 속도보다 훨씬 더 빠르게 공을 공중으로 던질 수 있다. 골문은 3m 너비에 물 위로 90cm 솟아 있다. 그래서 공격수들은 길고 짧은 삼각 대형을 만들려고 애쓴다. 그런 대형으로 수영장을 가로질러 공을 패스하면 골키퍼가 골문의 엉뚱한 쪽에서

버둥대느라 다른 쪽에서 날아오는 슛을 막지 못하게 할 수 있다.

공격수들은 공을 나란히 일직선상에 있는 선수들에게 옆으로 패스하지 않으려고 노력한다. 그런 패스는 받기가 힘들어서 실수를 유발할 가능성이 크기 때문이다. 그 대신 그들은 골문과의 거리가 자신과 다른 선수들에게 비스듬한 방향으로 패스하고자 한다. 숙련된 선수는 공을 받아 슛을 던지는 일을 공이 물에 닿을 새도 없게 한 동작으로 이어서 할 수 있다. 슛은 공중으로만 날아가게 던질 수도 있지만 골키퍼 바로 앞의 수면을 향해 쏠 수도 있다. 즉 공이 수면을 빨리 스치며 나아가게 하여 골키퍼가 그 경로를 예측하기가 더 어려워지게 할 수도 있다.

공격 팀이 수비 팀보다 선수 수가 6명 대 5명으로 유리할 때 전형적인 공격 대형은 4-2 대형, 즉 골문 가까이에 4명이 한 줄로 있고 몇 미터 뒤 2명이 한 줄 더 있는 형태다. 골문과의 거리가 2m 이내인 구역(레드존)에서는 공을 받을 수 없으므로 공격수는 공도 그 구역 안에 있다면 모를까 골문에 그렇게 가까운 곳에는 있을 수 없다.

골문

A1 A2 A3 A4

A5 A6

이것은 3명씩 두 줄을 이루는 대형보다 훨씬 낫다. 후자의 경우 수비수들이 A1과 A3 사이 그리고 A4와 A6 사이에 들어가 각각 2명씩 마크할 수 있기 때문이다. 정 그런 식으로 하고 싶다면 A5를 뒤로 빼서 세 번째 줄을 만들어야 한다. 그 선수는 마크를 당하지 않을 테니 언제든지 자유롭게 골문을 향해 슛을 날릴 수 있다. 그런 대형에서는 사선 패스 경로가 훨씬 많아져 수비하기가 훨씬 어려워진다.

골문

A1 A2 A3

A4 A5 A6

차라리 다음이 훨씬 낫다.

골문

A1 A2 A3

A4 A6

A5

4-2 대형을 보면 기하학적 가능성이 보인다. 거기에는 패스를 돌리기 좋은 큰 삼각형 A1-A6-A4와 A1-A5-A4가 있다. 골문에서 골키퍼를 공격수 A1 쪽으로 유인할 수 있다면 A6이나 A5를 거쳐 A4에게 공을 빨리 전달할 경우 공의 이동 속도가 골키퍼가 날아오는 슛을 막으러 뒤로 헤엄쳐 갈 수 있는 속도보다 빠를 것이다. 그 외에 A1-A5-A6 이 3명도 삼각형을 이룬다. 어떤 경우든 선수들이 주요 패스는 삼각형의 사선 경로로 보내고 불편한 측면 패스는 삼간다는 점을 알 수 있다.

선수가 1명 더 많은 이점을 오랫동안 활용할 수 없으므로 그런 삼각 대형은 빠른 속도로 철저하게 연습해두어야 한다. 수구 경기를 하려면 전략적인 전문지식과 기술이 많이 필요하다. 이는 마치 축구에서 코너킥과 프리킥이 자주 나오는 것과 같다.

공격 팀 선수가 1명 더 많은 경우에 대응해 수비 팀이 할 수 있는 일은 덩치가 아주 크고 동작이 날쌘 골키퍼를 두는 것 말고는 별로 없다. 그러니 올림픽에서 최고 수준의 수구 경기를 볼 기회가 생기거든 그 기회를 놓치지 마시라.

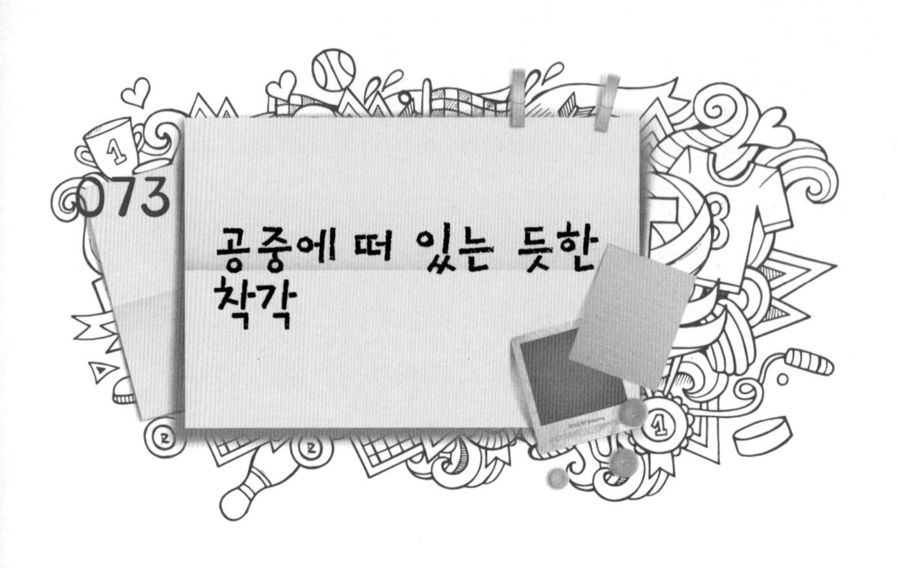

정상급 농구 선수들은 물론이고 축구 선수들도 농구공을 가져가 림에 통과시키거나 축구공을 머리로 받아 골문으로 날리려고 뛰어오를 때 공중에 떠 있는 것처럼 보이기도 한다. 이는 이상한 현상이다. 역학 법칙에 따르면 포물체는 중력의 영향을 받아 땅으로 떨어지기 전 얼마간 공중에 '떠 있을' 수 없기 때문이다. 그래서 그런 초인적인 운동 동작 이야기는 지나치게 열성적인 스포츠팬과 호들갑스러운 해설자들이 유발하는 착각 내지 과장된 표현에 불과하다고 믿는 사람들이 많다.

그런 의심 많은 사람들은 포물체, 즉 이 경우엔 인체가 땅에서 뛰어오르면 그 질량중심(키의 약 0.55)이 포물선 비행경로를 따라가는데 포물체가 무슨 짓을 해도 그 경로는 바뀌지 않는다고 말한다. 하지만 그런 역학 법칙에는 놓치기 쉬운 세부 사항이 있다. 포물선 경로를 따라가야 하는 것은 포물체의 '질량중심'뿐이다. 팔을 이리저리 움직이거나 무릎을 가슴 쪽으로 끌어당기면 질량중심에 대한 신체 부위들의 상대 위치를 바꿀 수 있다.

비대칭적인 물체, 이를테면 드라이버(나사돌리개) 같은 물체를 공중으로 던져보면 드라이버 한쪽 끝은 공중에서 뒤로 빙글빙글 도는 꽤 복잡한 경로를 따라가기도 한다. 하지만 드라이버의 질량중심은 그와 상관없이 예의 그 포물선 경로를 따라간다.

이제 농구 선수가 무엇을 할 수 있는지 알 것 같지 않은가. 선수의 질량중심은 포물선 경로를 따라가지만 그의 머리는 그럴 필요가 없다. 그는 몸의 모양을 바꿔 머리의 비행경로가 같은 높이로 제법 얼마간, 최장 0.5초간 유지되게 할 수 있다. 그가 뛰어오르는 모습을 볼 때 머리의 움직임에만 주목할 뿐 질량중심을 관찰하진 않는다. 마이클 조던Michael Jordan의 머리는 실제로 수평 경로를 잠시 따라간다. 그것은 착각이 아니며 물리학 법칙에 어긋나지 않는다.

발레리나들이 '그랑주테grand jeté'라는 화려한 발레 점프를 하면서 그런 요령을 더 아름답게 구사하는 모습도 볼 수 있다. 이 점프에서 그들은 공중으로 솟구쳐 올라 다리를 일자로 벌린다. 발레리나들은 예술적인 이유로 몸이 공중에 떠 있는 듯한 착각을 일으키고자 한다. 점프 단계 동안 그들은 다리를 수평으로까지 올리고 팔을 어깨 위로 들어 올린다. 그러면 머리에 대한 질량중심의 상대 위치가 올라간다. 그 직후 머리에 대한 질량중심의 상대 위치는 내려간다. 그들이 바닥으로 도로 떨어지면서 팔다리를 아래로 내리기 때문이다.

발레리나 머리는 점프 중간에 수평으로 이동하는 것처럼 보이는데, 이는 점프 단계 동안 질량중심이 몸에서 윗부분으로 이동하기 때문이다. 발레리나의 질량중심은 예상대로 시종일관 포물선 경로를 따라가지만 머리는 바닥 위로 같은 높이를 약 0.4초간 유지하여 그녀가 공중에 떠 있

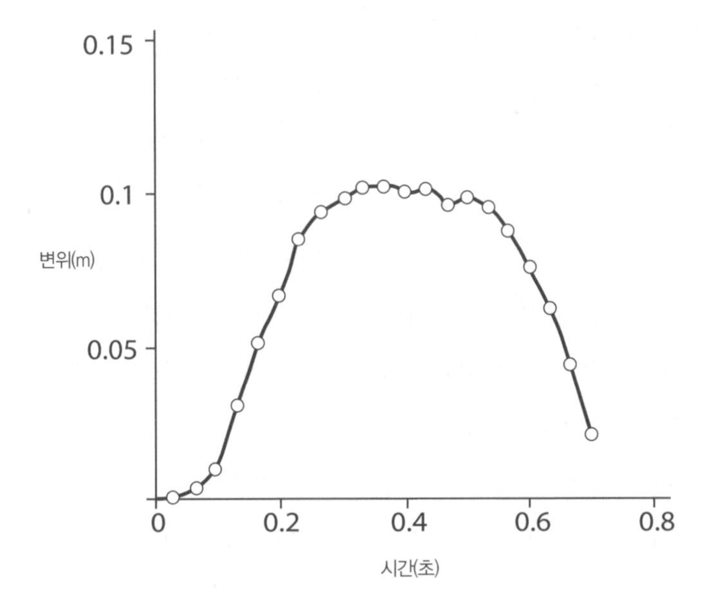
0.15
0.1
0.05
변위(m)
0
0.2
0.4
0.6
0.8
시간(초)

는 듯한 아주 멋진 착각을 일으킨다.

물리학자들은 무용수의 움직임을 센서로 관찰해왔는데, 앞의 도표는 그런 점프 단계 동안 바닥에 대한 무용수 머리의 변위가 어떻게 변하는지 보여준다. 점프 중간에 아주 뚜렷이 구별되는 평평한 부분이 있는데, 그 부분은 공중에 떠 있는 상태를 나타내며 질량중심의 포물선 경로와 크게 차이가 난다.

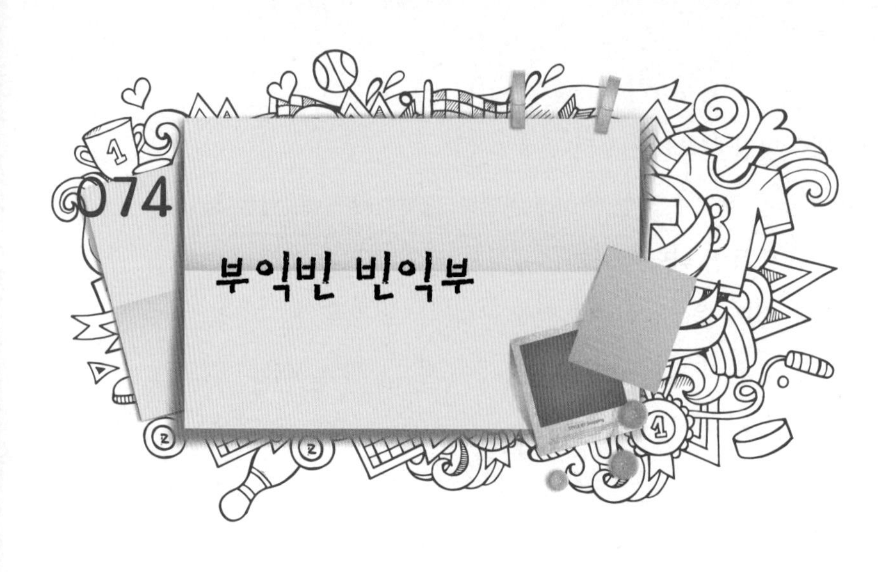

영국, 이탈리아, 스페인의 축구를 비롯한 여러 스포츠에는 부의 함정이 있다. 부유한 구단들은 점점 더 부유해져 선수를 더 많이 영입하고 우승컵을 더 많이 차지하고 텔레비전 수익을 더 많이 얻고 더욱더 부유해져 우승컵을 더 많이 차지하고……. 유럽축구연맹UEFA은 구단들이 축구 활동으로만 얻은 수입을 산정하는 테스트 방법 한 가지를 도입하였다. 하지만 정상급 구단에 대한 처벌을 막아주는 경고, 안전망, 전환기가 너무 많아 그런 조치가 실제로 효과가 있을지는 확실히 알 수 없다.

미국 미식축구리그NFL에서는 또 다른 종류의 축구를 하지만 잉글랜드의 프리미어리그처럼 엄청나게 많은 수익을 창출해낸다. 그러나 유럽 축구계와 달리 NFL은 돈 때문에 역전 불가능한 성공이 발생하지 않도록, 즉 부유한 팀들이 갈수록 부유해지고 더 성공해 그들의 선수권을 어떤 다른 팀도 영영 가져가지 못하게 되지 않도록 조심해왔다. 오히려 NFL은 일방적인 우세를 저지하는 방법을 만들어냈다.

봄마다 NFL은 고등학교를 졸업한 지 2년 반이 되지 않은 젊은 신인 선수들을 구단들이 선발하는 '드래프트draft'를 준비한다. 유망한 선수들은 에이전트와 계약을 맺고 드래프트 풀pool에 들어가 공식적으로 선발 대상이 된다. 선발 과정에서 흥미로운 점은 지난 시즌 성적이 가장 나빴던 팀이 선수들을 처음 선택할 권리를 얻고 계속 성적의 역순으로 내려가 마지막에 지난 시즌 우승 팀에 선택권이 돌아간다는 사실이다. 그런 선발 과정은 7라운드, 라운드별 32차례 선발로 해마다 부활절 즈음 며칠 동안 진행된다. 선발된 선수들은 선발 순서를 반영하는 연봉을 받는다. 즉 가장 먼저 뽑힌 선수가 제일 큰 액수로 계약을 맺는다.

그런 과정은 NFL의 경쟁력을 유지하는 데 꽤 효과적인 듯하다. 지난 시즌 한 팀이 최고였다면 올해 드래프트에서는 그 팀보다 라이벌 팀들이 유리해져 팀 간 격차가 좁게 유지될 것이다.

이런 상황은 지연미분방정식이라는 흥미로운 수학 분야를 이용해 모형화할 수 있다. t라는 시점에 한 팀이 거둔 성공(수입, 승리, 우승 등) 정도를 S(t)로 나타낸다면 그것의 변화율은 다음과 같이 현재 성공 정도에 비례한다고 가정해도 좋다.

$$\frac{dS(t)}{dt} = FS(t)$$

이 방정식의 해는 S(t)=Aexp(Ft)라는 형태를 띤다. 여기서 A는 상수다. 따라서 F가 양의 상수이면 성공 정도는 시간이 갈수록 기하급수적으로 증가한다(프리미어리그의 최상위권이 거의 그런 식이다). 하지만 F가 음수이면 성공 정도는 시간이 갈수록 기하급수적으로 감소한다. NFL의 드래프트 방식은 이 방정식을 시점 t의 S 증가율이 시점 t의 S 값이 아니라 다소 과거의 시점 t−T의 S 값에 비례하는 방정식으로 바꾼 상태에 가깝다. 시점 t−T의 S 값을 S(t−T)라고 하자. 여기서 T는 '지연' 시간에 해당하는 상수다. 그럼 다음과 같은 방정식을 얻는다.

$$\frac{dS(t)}{dt} = FS(t - T)$$

이 식은 성질이 미묘하게 다르다. 이 방정식의 해는 다음과 같은 형태로 시간의 흐름에 따라 꾸준히 오르락내리락 진동한다.

$$S(t) = A\cos\{\frac{\pi t}{2T}\}$$

여기서 A는 시작 조건에 따라 결정되는 상수다. 이런 진동에는 그래프의 마루에서 마루까지 4T라는 주기가 있다.

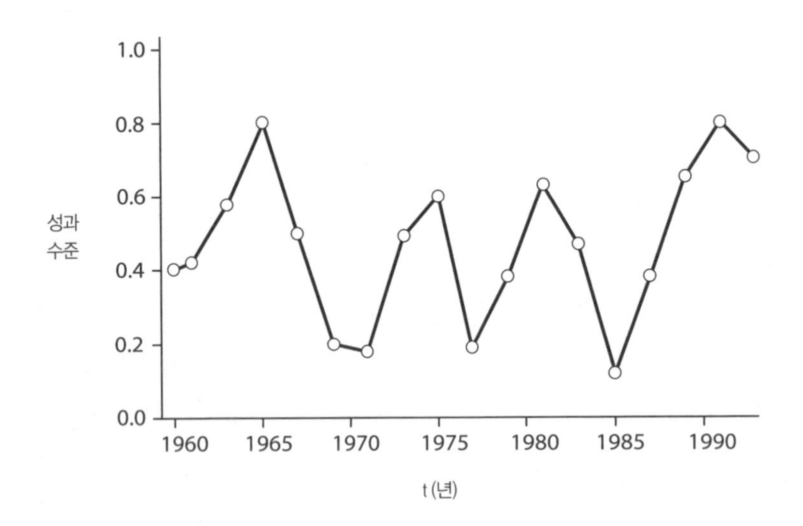

이런 방식이 효과가 있을까? NFL 팀들의 기록은 몇 년을 주기로 하여 그런 식으로 오르락내리락 진동하는 듯하다. NFL에서는 대략 T=2년인 지연 모형을 이용한다. 그러므로 예상해보면 드래프트만의 영향으로는 각 팀의 성쇠가 4T=8년 주기로 순환할 듯싶다. 로버트 뱅크스Robert Banks는 버펄로빌스와 시카고베어스의 성적을 (승 1점, 무 0.5점, 패 0점을 부여해) 연구했는데, 두 팀 성적은 각각 평균 8.3년과 8년의 성공 주기를 분명히 보여주었다. 버펄로빌스의 성적은 앞의 도표에 나와 있다.

뱅크스가 NFL 전체의 평균을 내봤더니 이 단순한 지연방정식 모형과 아주 잘 들어맞는 8.24년의 성공 주기가 나왔다. 실제로는 다른 요인들, 예컨대 적절한 운영, 행운, 부상, 알맞은 작전 같은 요인도 성공에 영향을 미친다. 하지만 이 모형이 실제 상황과 들어맞는 것을 보면 NFL이 드래프트 방식으로 나쁜 팀은 나아지게 하고 좋은 팀은 나빠지게 하는 능력은 단순한 지연 시스템에 있는 듯하다. 유럽 축구에서도 이는 긍정적 혁신이 될 것이다. 이런 방식이 채택되면 이적을 원하거나 청소년 팀에서 프로 리그로 입성하는 선수들은 모두 시즌 초에 맨 먼저 리그 최하위권 팀에 지명되어 입단을 제안받게 된다.

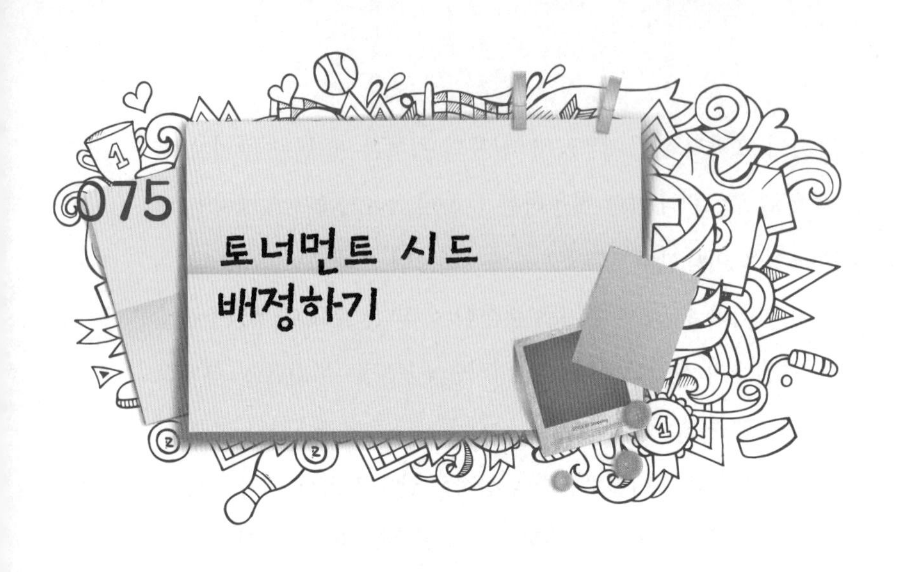

윔블던 테니스선수권대회나 챔피언스리그 같은 승자진출식 토너먼트 대회에는 우수 팀들이 대회의 나중 단계까지 되도록 맞붙지 않게 하려고 출전 팀들에게 시드를 배정하는 제도가 있다. 윔블던은 먼젓번 토너먼트 결과로 만든 현재 세계 랭킹에 따라 시드를 매우 체계적으로 배정한다. 최정상급인 두 시드 팀은 대진표에서 반대쪽 끝에 있으므로 각각 모든 경기를 이기면 결승전에서 만나게 된다. 축구 챔피언스리그에는 조별 예선에서 (무의미하게) 만났던 팀들이 승자진출식 단계에서 일찍 다시 만나지 않도록 추가한 제약 조건이 있다.

잉글랜드 FA컵은 비非리그 팀들이 예선 다섯 라운드를 마친 후 두 하부 리그의 구단들이 본선 제1라운드에 출전하는 좀 더 순수한 대회다. 상부 리그인 프리미어리그와 챔피언십리그의 팀들은 제3라운드에 출전하는데, 제3라운드의 추첨은 완전히 무작위로 진행된다. 최정상급 두 팀이 즉시 맞붙을 수도 있다. 그 이후 각 라운드에서도 추첨이 무작위로 실시되므로 출전 팀들은 향후 라운드에 어느 팀과 겨룰지 (또는 겨룰 수 없을지) 예측할 수 없다. 이는 가장 자연스럽고 흥미진진한 승자진출식 토너먼트용 체계다.

정상급 팀들이 추첨에 따라 무명의 '강팀 킬러'와 맞붙게 될 수도 있다. 예측 불가능성이 아주 큰 것이다. 물론 정상급 구단들은 그런 방식을 싫어한다. 그들은 대회에서 좋은 성적을 거둬 돈을 벌고 싶어 한다. 바로 그런 까닭에 챔피언십리그에서는 조별 예선 리그에서 무수히 많은 지루한 경기를 치러 승자진출식 단계의 출전 팀을 결정한다. 그 리그에서는 두 경기(홈경기와 원정경기) 만에 탈락해버리는 팀이 절대 나오지 않는다. 실은 설령 예선 리그에서 탈락하더라도 2부 리그격인 유로파리그의 다음 라운드에 참가하게 된다. 이는 마치 어떤 출전자든 탈락하는 데 엄청난 시간이 걸리는 텔레비전 오디션 프로그램 〈댄싱 위드 더 스타Strictly Come Dancing〉와도 같다.

승자진출식 컵 대회의 출전 팀 수가 N이라면 $N=2^r$를 성립시키는 r 값만큼 라운드가 필요하다. FA컵은 출전 팀이 $256=2^7$개여서 결승전 전에 일곱 라운드가 있다. 토너먼트 대회 개최자들은 예선 라운드에서 본선 제1라운드 진출 팀이 2의 거듭제곱에 해당하는 수만큼 나오게 해놓았다. 그런데 토너먼트 대회에 몇 팀이든 출전할 수 있다면 어떻게 될까? 그런 경우에는 제1라운드에서 2^r-N팀에 부전승을 줘야 한다. 그러고 나면 다음 라운드에 남아 있는 팀 수가 2의 거듭제곱이 되므로 모든 일이 여느 때처럼 순조롭게 진행된다. 예컨대 28팀이 출전했다면 그중 $2^5-28=32-28=4$팀에 제1라운드 부전승을 줘야 한다. 그러면 나머지 24팀이 서로 겨룰 텐데, 여기서 이긴 12팀과 부전승한 4팀을 합치면 제2라운드로 진출할 16팀이 나온다.

향후 모든 대전 패턴이 (FA컵과 달리) 처음에 완전히 정해지는 토너먼트 대회에서 $N=2^r$개의 출전 팀 중 최고 두 팀이 결승전에서 만날 확률을 계산해볼 수 있다. 만약 그들이 대진표의 같은 쪽 절반에 있다면 그런 일은 결코 일어날 수 없다. 그럴 때 그들이 바랄 수 있는 최선은 준결승에서 만나는 것이다.

대진표의 각 절반에는 1/2 N팀이 있다. 최우수 팀의 자리를 뽑고 나면 대진표의 같은 쪽 절반에는 1/2 N−1개 자리가 남아 있고 다른 쪽 절반에는 1/2 N개 자리가 있다. 그들은 대진표에서 서로 반대쪽 절반에 있어야만 결승전에서 만날 수 있으므로 그 확률이 (1/2 N)/(N−1)임을 알 수 있다. 따라서 출전 팀 수가 N=32라면 최고 두 팀이 결승전에서 만날 확률은 16/31으로 50%를 조금 넘는다. 출전 팀 수가 많아질수록 최고 두 팀이 결승전에서 만날 확률은 1/2에 점점 더 가까워진다.

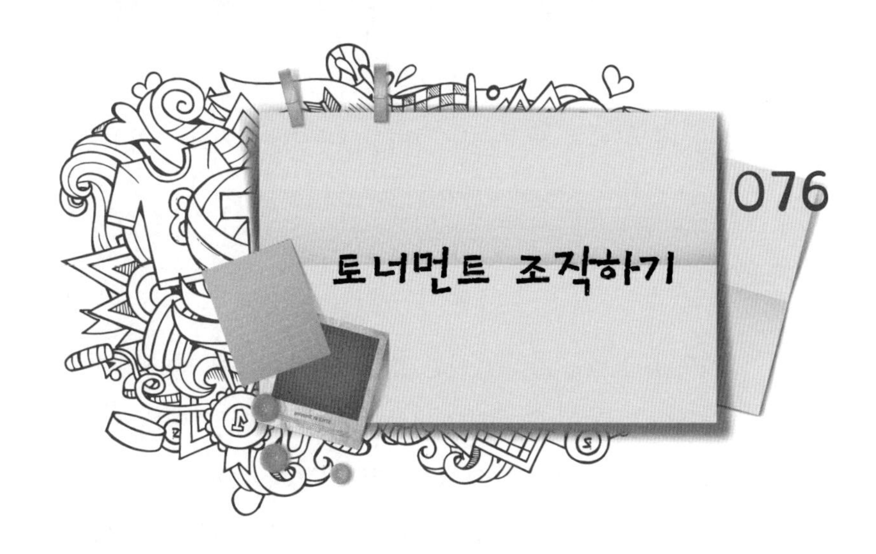

승자진출식 토너먼트를 구성하고 그 시드를 배정하는 일의 기본 특징을 살펴보았다. 당연한 이야기이지만 토너먼트 전개 양상이 제1라운드 추첨으로 완전히 정해진다면 약팀이 초기에 강팀과 맞붙지 않을 수도 있다. 그리고 어떤 강팀은 처음에 더 강한 팀을 만나는 바람에 탈락해버릴 수도 있다. 비교적 약한 팀이 토너먼트에서 우승하도록 대진표를 짜보면 어떨까?

그러려면 그 일을 역순으로 분석해서 계획해야 한다. 추론이 간단해지도록 8팀이 출전했다 치고 그들을 A, B, C, D, E, F, G, H라고 하자. H가 우승하려면 어떤 일이 일어나야 할까? 결승전 전에 두 라운드가 있을 테니 모든 팀이 예상대로 경기한다면 H는 적어도 다른 3팀보다는 실력이 나아야 한다.

H가 G를 이기고, E가 F를 이기고, D가 C를 이기고, A가 B를 이긴다.

H가 E를 이기고, A가 D를 이긴다.

H가 A를 이긴다.

계획할 수 있는 가장 특이한 결과는 H가 딱 3팀, 즉 자신이 우승하려면 이겨야 하는 A, E, G보다만 잘하는 상황이다. 그다음 우리에게 필요한 요건은 A가 B와 D보다 잘하고 E가 F보다 잘하는 것이다. 여기서 알 수 있듯이 H는 전체 랭킹이 아주 높을 필요가 없다. 그냥 8팀 중 5위만 하면 충분하다. 그런 경우 H는 추첨 결과에 따라 F, B, D, C와 겨루게 된다면 지겠지만 첫 추첨이 H에 유리하도록 조작되면 그래도 우승할 수 있다.

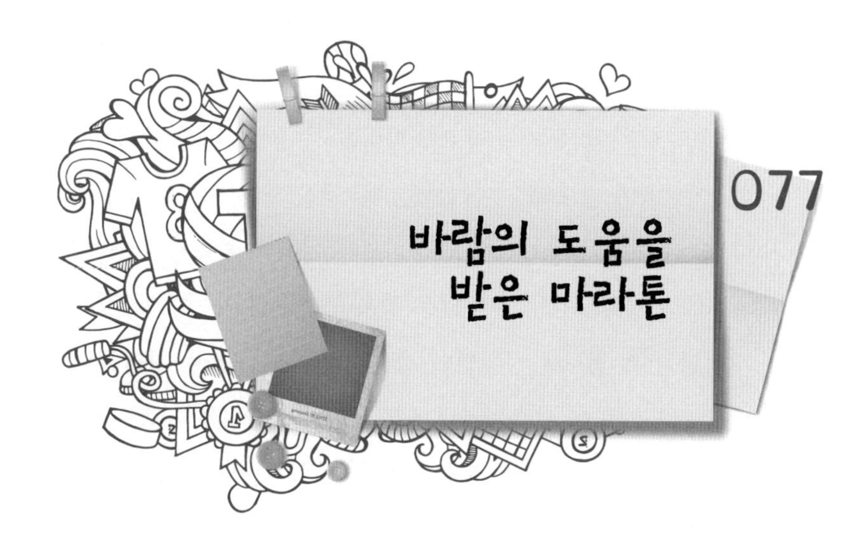

077 바람의 도움을 받은 마라톤

2011년 4월 18일 보스턴 마라톤의 우승자는 남자 마라톤 세계 기록을 1분 가까이 줄였다. 케냐 선수 제프리 무타이Geoffrey Mutai(그 전날 런던 마라톤에서 우승한 이매뉴얼 무타이Emmanuel Mutai와는 성姓이 같긴 하지만 아무 관계가 없다)는 편도코스 마라톤을 2시간 3분 2초 만에 완주했다. 이는 하일레 게브르셀라시에Haile Gebrselassie의 세계 기록보다 57초나 빠른, 그야말로 크게 향상된 기록이었다. 놀랍게도 2위 선수 모세스 모소프Moses Mosop는 겨우 4초밖에 뒤지지 않았다.

선수들은 편도코스 마라톤을 좋아한다. 같은 구간을 지겹게 몇 바퀴 돌지 않아도 되고 경주 후반에 슈퍼맨 복장, 기린 모양 옷차림을 한 꼴찌 그룹보다 한 바퀴 이상 앞설 일도 없으며 뭔가 진전을 보고 있다는 느낌이 들기 때문이다. 반면에 관중, 주최 측, 언론은 선수들이 단일 순환코스를 작게 여러 바퀴 돌게 하는 방식을 훨씬 더 선호한다. 지나가는 주자들을 구경할 기회도 많고, 필요한 음료대 수도 적으며 상황을 지켜보기도 더 수월하기 때문이다.

편도코스 마라톤과 순환코스 마라톤 사이에는 다른 잠재적 차이도 있다. 이를테면 편도코스 마라톤은 내리막을 내려가는 경주가 될 수도 있다! 그런 이점이 생기지 않도록 마라톤 기록은 결승점이 출발점보다 해발 고도가 42m 이상 낮지 않은 경우에만 수립 가능하게 되어 있다. 그 사이의 기복 정도는 상관없다. 유감스럽게도 보스턴 마라톤 코스는 해발 고도 감소량이 선수들에게 매우 유리하도록 허용 한도를 훨씬 웃돌아 139m나 된다. 그래도 중간중간에 비탈길이 있어서 사정이 그나마 좀 나아지긴 한다.*

해발 고도 감소량이 2011년 보스턴 편도코스 마라톤 세계 '기록'의 가장 큰 논란거리는 아니었다. 만약 출발점에서 결승점까지 바람이 적절한 방향으로 분다면 선수들은 결국 42.195km를 뛰는 내내 바람의 도움을 받을 수도 있다. 앞서 이야기했지만 트랙 단거리 달리기, 허들, 멀리뛰기에서는 순풍 속도가 2㎧만 넘어도 시간이나 거리가 기록용으로 무효가 된다. 보스턴에서는 풍속이 상당했다. 몇몇 해설자에 따르면 약 6.75㎧나 되었다. 그 경기에서 순풍이 강하게 불었다는 점은 언론 보도에 따르면 나중에 여러 주자가 코스 대부분에서 바람을 전혀 느끼지 못했다고 말한 사실로도 입증된다. 앞으로 달리는 속도가 뒤에서 불어오는 순풍의 속도와 같은 경우 바로 그런 느낌을 받게 되는데, 우승자의 평균 속도는 5.7㎧로 해설자들이 말한 풍속 추정치와 꽤 비슷했다.

풍속 W의 순풍이 부는 가운데 속도 V로 달릴 때 전진 운동을 방해하는 항력은 다음과 같다.

* 투손 마라톤에서는 출발점에서 결승점까지 600m 넘게 내려간다. 이는 평균적으로 몸무게의 0.014배, 즉 몸무게가 60㎏인 주자라면 8.2N만큼의 중력에 계속 떠밀리는 것과 같다.

$$F_{항력} = -\frac{1}{2}\rho CA(V - W)^2$$

여기서 C는 항력 계수, A는 정면으로 바람을 받는 몸 단면적, ρ=1.2 ㎏/㎥는 공기 밀도이다. 정상급 마라톤 선수들은(무타이는 몸무게가 56㎏, 키가 183cm) 대체로 CA 값이 0.45㎡ 정도다. 이 공식을 보면 알 수 있듯이 풍속 W가 달리기 속도 V에 가까워지면 선수는 사실상 공기 항력을 극복하는 일($F_{항력} \times V$)을 전혀 하지 않고도 달릴 수 있게 된다.

보스턴 마라톤에서 '기록적'인 성적을 거둔 무타이의 평균 속도는 42,195/7,382=5.7㎧였다. 시속 마일 단위로 환산하면 13mph 정도 된다. 바람이 안 불 때(W=0) 5㎧로 달리면서 받는 평균 항력은 0.5×1.2×0.45×25=6.8J/m이다. 정상급 주자들을 연구한 결과, 평지를 달릴 때 그런 선수들은 속도와 거의 무관하게 에너지 소비량을 3.6J/㎏/m 정도 수준으로 유지할 수 있다. 몸무게가 60㎏인 선수의 경우 바람이 없었다면 일정한 상태로 달리는 데 3.6×60=216J/m가 필요했던 셈이다.

실제로는 강한 순풍 덕분에 6.8J/m 정도를 아꼈을 테니(투손 마라톤의 내리막 코스에서 오로지 중력 덕분에 얻는 이익과 크게 차이 나지 않는다) 순풍을 받으며 달리는 데 필요한 에너지 대 바람 없이 달리는 데 필요한 에너지의 비율은 (216−6.8)/216=0.97이다. 즉 순풍이 불면 3%가 절약되는 것이다. 에너지 소비량은 속도에 비례하고 코스 주파 시간은 그런 속도에 반비례하므로 순풍은 주파 시간 7,382×0.03=222초, 즉 3분 42초 정도 줄어드는 효과를 불러올 수 있다. 따라서 무타이가 바람의 도움을 받아 거둔 성적은 바람이 없는 조건에서 세운 기록 2시간 6분 45초 정도와 맞먹는 셈이다.

하지만 무타이의 성적을 격상할 만한 마지막 요인이 하나 있다. 선두 주자들이 경주 전반에는 빽빽한 무리 속에서 달렸으니 무타이가 바람의 혜택을 등으로 온전히 체감하지 못했을지도 모른다는 사실을 고려해보면 어떨까. 무타이가 경주 후반에만 바람의 덕을 보았다고 가정하면(코스 후반을 무타이는 놀랍게도 61분 4초 만에 주파했는데, 그 시간만 봐도 그는 바람의 도움을 더 많이 받았음 직하다) 경주 후반에 총 110초 이득이 있었을 테니 전체 기록은 사실상 2시간 4분 52초로 줄어들 것이다. 그러므로 바람 덕분에 실질적으로 본 이득은 아마 110~222초 사이에 있을 것이다. 한편 공인 기록은 패트릭 마카우Patrick Makau가 2011년 9월 25일에 세운 기록인 2시간 3분 38초로 향상되었다.

078 오르막 오르기

달리기 선수들과 사이클 선수들은 비탈길의 영향을 아주 잘 알고 있다. 달리기 선수들은 내리막을 내려갈 때 버는 시간보다 오르막을 오르며 잃는 시간이 훨씬 더 많다. 사이클 선수들은 그래도 내리막을 아무 노력 없이 내려갈 수 있으니 좀 낫다. 반면에 달리기 선수들은 내리막을 내려갈 때면 늘 다리로 충격을 감당하기 위해 다소 노력해야 한다.

몸과 자전거의 총질량이 75㎏인 사이클 선수는 10㎧로 달릴 때 0.004×75㎏$\times9.8$㎨$=2.9$N 정도의 마찰력을 극복해야 한다. 그런 힘을 거스르는 데 필요한 에너지는 거기에 속도 10㎧를 곱하면 얻을 수 있다. 그렇게 계산해보면 구르는 바퀴의 마찰력을 극복하는 데 에너지가 29W 필요함을 알 수 있다. 좀 더 일반적으로, 바람 한 점 없을 때 사이클 선수가 밀도 ρ의 공기 속에서 속도 V로 달리며 몸 면적 A로 다가오는 공기를 받는다면 그리고 공기 항력 계수 C가 CA=0.25㎡를 성립시키는 값이라면 공기 항력 $0.5\rho CAV^2=0.5\times1.2\times0.25\times100=15$N도 극복해야 한다. 이를 위해 필요한 에너지는 15N$\times$10㎧=150W이다.

여기서 알 수 있듯이, 마찰력 극복에 필요한 일보다 공기 항력 극복에 필요한 일이 약 5배 많다. 사이클 선수가 내놓아야 하는 총에너지는 약 150+29=179W이다. 여기에 조금만 더하면 자전거와 발전기를 연결할 경우 60W 백열전구 3개를 켤 수 있을 정도다.

이제 이 경우와 먼저 기울기 1/G의 오르막 5,000m를 올라간 후 같은 기울기의 내리막 5,000m를 페달 밟기 없이 내려가는 일을 비교해보자. 오르막을 오르는 사이클 선수는 또 다른 힘, 즉 중력도 극복해야 한다. 그 힘은 선수 몸무게에 분수 꼴의 기울기 1/G를 곱한 값과 같다. 앞에서 든 예에서는 중력이 (75×9.8)/G=735/GN이다. 따라서 오르막 기울기가 1/10이라면 그 힘은 73.5N으로 공기 항력보다 훨씬 크다.

내리막에서는 어떻게 될까? 이제 기울기를 따라 아래로 향하는 중력은 선수에게 유리하도록 작용하며 선수를 가속하지만 공기 항력과 (그보다 훨씬 작은) 마찰력은 그것과 반대로 작용한다. 두 힘이 동등해지면 선수는 합력을 전혀 받지 않으므로 일정한 속도로 내려가게 된다. 그런 상황에서는 다음이 성립한다.

$$0.5\rho CAV_d^{\,2} = \frac{mg}{G}$$

따라서 일정한 하강 속도는 다음과 같다.

$$V_d = \sqrt{(2mg/\rho CAG)} = \sqrt{(2\times75\times9.8)}/\sqrt{(1.2\times0.25\times G)}$$
$$= \frac{70}{\sqrt{G}\text{m/s}}$$

기울기가 아까처럼 1/10이어서 G=10이면 22㎧라는 엄청난 하강 속도를 얻게 된다.

사이클 선수가 내는 세 가지 속도, 즉 평지에서의 V_L, 오르막에서의 V_{up}, 내리막에서의 V_d 사이에는 근사한 관계가 하나 있다. 선수가 평지에서 달릴 때 상당한 시간 일정한 에너지(에너지=힘×속도) P를 낼 수 있다면 $P=0.5\rho CAV_L^3$이다. 선수가 오르막을 오를 때는 그와 같은 출력으로 오르막의 중력을 극복할 테니 $P=mgV_{up}/G$가 성립할 것이다. 마지막으로, 내리막에서는 $V_d^2=mg/(0.5\rho CAG)$가 성립한다. 이런 방정식들을 조합하면 세 가지 속도 사이의 간단한 관계가 하나 나온다.

$$V_{up} = \frac{V_L^3}{V_d^2}$$

선수가 평지에서 10㎧로 간다면 1/10 기울기의 오르막은 0.2G=2㎧로 올라갔다가 같은 기울기의 내리막은 22㎧로 내려갈 것이다.

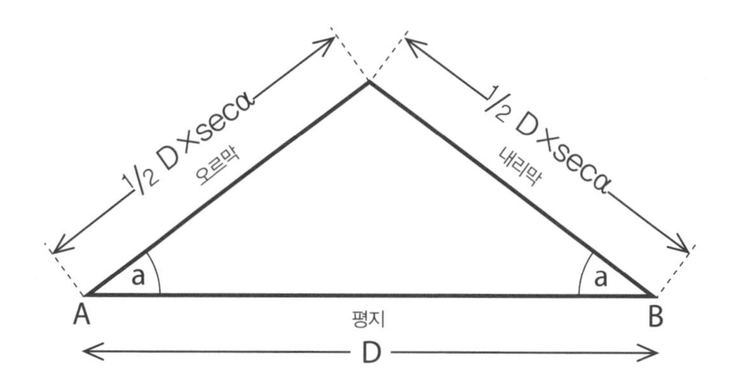

우리는 T_L과 T_{hill}도 비교할 수 있다. T_L은 사이클 선수가 평지에서 A 지점부터 B 지점까지 거리 D를 속도 V_L로 가는 데 걸리는 시간이고 T_{hill}은 그가 A에서 기울기 1/G의 오르막을 거리 $1/2\ D/\cos\alpha=1/2\ D\sec\alpha$만큼 속도 V_{up}으로 올라갔다가 그 너머 같은 기울기의 내리막을 같은 거리만큼 속도 V_d로 내려가 B에 도착하는 데 걸리는 시간이다. 평지에서 10㎧를 유지할 수 있는 사이클 선수는 경사진 경로를 가면 시간이 2.5배 더 오래 걸릴 것이다.

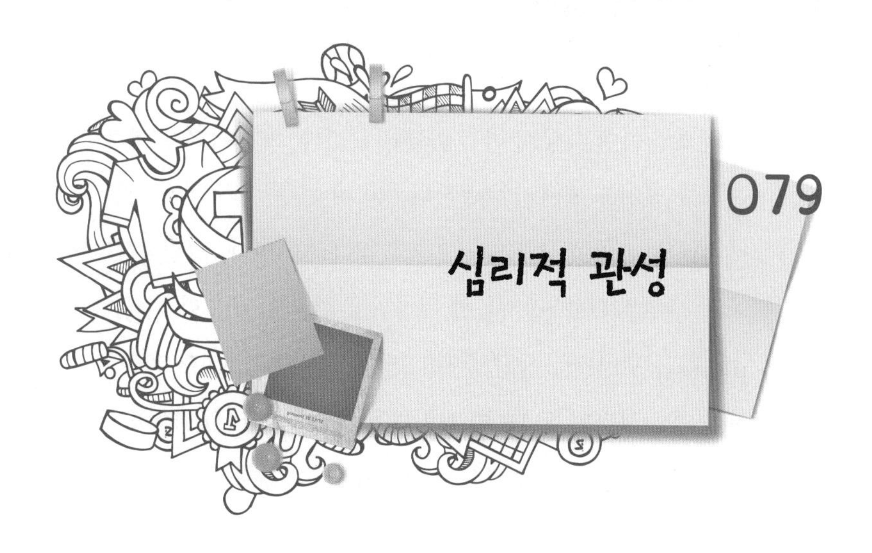

스포츠 경기에서는 선수들이 '영문 모를 좌절'을 겪거나 '심기일전해 좋은 성적'을 거두거나 '불운의 연속'에 시달리거나 '전세를 유리하게 이끌'거나 '경기 흐름을 뒤집어' 성공하거나 '악조건을 딛고' 재기해 승리하는 경우가 비일비재하다. 그런 온갖 표현과 그런 표현이 나타내는 뜻밖의 사건들로 미루어 보면 운동 경기에는 득점하거나 승리할 가능성이 그 이전 상황과 무관하다는 냉정한 수학적 가정에 어긋나는 '심리적 관성' 같은 것이 있는 듯하다.

심리적 문제를 잠시 내버려두면 테니스 같은 종목에서 서브권의 이점을 무시하고 선수마다 득점 확률이 p, 실점 확률이 1−p로 일정하다고 가정하고 경기를 분석해볼 수 있다. 그런 확률은 한 세트를 이길 확률로 어떻게 이어질까?

세트를 이기는 몇 가지 경로가 있다. 우선 게임을 이기는 경로부터 살펴보자. 가장 간단한 경로는 네 차례 연거푸 득점하며 40 대 0을 거쳐 이기는 방법이다. 모든 득점이 독립 사건이고 두 선수 모두 지난 일에 동요

되지 않는다면 그렇게 이길 확률은 p^4이다. 계산이 간단해지도록 타이브레이크 규정은 적용하지 않는다. 40 대 15를 거쳐 이길 확률은 40 대 15에 이르는 방법이 4가지 있으므로 $4p^4(1-p)$이다. 그런 4가지 경우 각각에서 선수는 확률 p로 세 번 득점하고 확률 $1-p$로 한 번 실점한 후 확률 p로 다음 포인트를 득점해 게임을 이겨야 한다. 40 대 30을 거쳐 이길 확률을 계산하려면 40 대 30에 이르는 방법 10가지를 헤아린 후 그 확률에 다음 포인트를 득점할 확률을 곱해야 한다. 그렇게 하면 $10p^4(1-p)^2$이 나온다.

끝으로, 듀스를 거쳐 이길 확률을 알아내야 한다. 스코어가 듀스(40 대 40)가 될 확률은 그 상태에 이르는 방법 20가지를 헤아려 계산해보면 $20p^3(1-p)^3$이다. 듀스 상태에서 이길 확률은 어떻게 될까? 그 확률을 Q라고 하면 선수는 두 포인트를 확률 p^2으로 내리 득점할 수도 있고 한 포인트를 내준 후 한 포인트를 따거나 그 역순으로 듀스어게인에 이른 다음 다시 확률 Q로 이길 수도 있다. 그렇다면 $Q=p^2+2p(1-p)Q$이니 $Q=p^2/\{p^2+(1-p)^2\}$이다. 따라서 듀스를 거쳐 이길 확률은 $20p^3(1-p)^3 \times p^2/\{p^2+(1-p)^2\}$이 된다.

이제 그런 경로(40 대 0, 40 대 15, 40 대 30, 듀스)별 게임 승산들을 그냥 합산하면 한 포인트 득점 확률 p와 관련하여 전반적인 게임 승산 G를 구할 수 있다.

$$G = \frac{p^4 + 4p^4(1-p) + 10p^4(1-p)^2 + 20p^5(1-p)^3}{p^2 + (1-p)^2}$$

$$= \frac{p^4(-8p^3 + 28p^2 - 34p + 15)}{p^2 + (1-p)^2}$$

두 선수의 실력이 막상막하라면 p=0.5+u라고 둘 수 있다. 여기서 u는 매우 작은 수이다(1/2보다 훨씬 작아서 u^2 같은 거듭제곱은 u에 비하면 무시해도 될 정도다). 그러면 대략 G=1/2+5u/2임을 알 수 있다(전개식에서 u^2, u^3, u^4 등은 비교적 아주 작은 값이어서 0으로 간주했다). 두 선수의 실력이 똑같다면 u가 0이어서 G=1/2이므로 두 선수가 게임을 이길 확률이 똑같게 된다. 하지만 u가 0보다 조금 더 크다면 한 선수가 각 득점에 대해 갖춘 미미한 이점 u가 게임 전체를 이길 확률에서는 훨씬 더 큰 5u/2로 불어난다. 계속해서 두 번째 게임을 이길 확률, 한 세트를 이길 확률 S 등을 계산할 수 있다.

종합적으로 보면 한 포인트 득점에 대한 작은 이점 u는 3세트 매치에서는 11u 정도의 이점으로, 5세트 매치에서는 13u 정도의 이점으로 불어난다. 선수들의 실력 차이가 작을수록 점수 체계에서 일련의 게임과 세트로 매치를 길게 구성해야 경기의 변별력이 커질 것이다.

접근법을 바꿔 심리적 요인도 감안해보자. 첫 세트를 이기면 첫 세트를 져서 둘째 세트도 질 경우 경기 전체에서 패하게 생겼을 때보다 자신감이 커져 더 대담하게 경기할 수 있다. 5세트 3선승제 매치에서 첫 두 세트를 이기면 상대편보다 심리적으로 훨씬 유리해져서 제3세트를 이겨 매치 승부를 결정짓기도 수월하다. 첫 세트의 승패확률비$_{odds}$ O는 한 세트를 이길 확률 S를 그 세트를 질 확률로 나눈 값이므로 O=S/(1−S)이다. 그런데 예를 들어 한 세트를 이기면 심리적 상승효과를 B만큼 얻어 다음 세트의 승패확률비가 O×B가 되지만 한 세트를 지면 그런 확률비가 O/B로 떨어진다고 해보자. 그렇다면 둘째 세트도 이길 경우에는 셋째 세트의 승패확률비가 또다시 심리적 인자 B배로 증가해 $O \times B^2$이 될 것이다. 3세트 2선승제 매치에서 나타날 수 있는 승패확률비를 나뭇가지 모양 도표로 나타내면 아래와 같다.

B=1일 때는 지난 세트에서 이겼다고 심리적으로 유리해질 것이 없지만 B가 1보다 클 때는 세트를 이길 때마다 심리적 이점이 크게 늘어난다. 2 대 0으로 이기는 경우에 대한 승패확률비는 경기 시작 전 승패확률비의 B^2배이고 2 대 1로 이기는 경우에 대한 승패확률비는 경기 시작 전 승패확률비의 B배이다. 이 단순한 모형은 포인트 이점이 게임 이점으로 이어지는 방식을 알아볼 때 이용했던 모형과 상당히 다르다.

실제로는 두 모형 모두의 몇몇 요소가 약간의 무작위적 요소와 어우러지고 서브권이 있으면 득점 확률이 크게 증가한다는 점(정상급 선수들은 3분의 2 이상으로 커진다)도 함께 어우러져 신체 · 심리 요인이 테니스 같은 점진적 경기의 결과에 미치는 영향을 좀 더 온전히 보여줄 것이다.

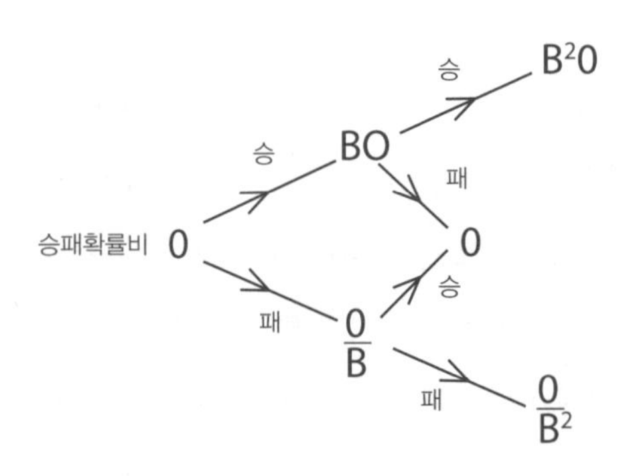

올림픽 종목 중에는 골문이 있는 경기가 네 종목 있다. 각 종목의 목표는 '골문'이라는 직사각형 구역으로 공이 완전히 넘어가게 하는 것이다. 그럴 때 상대편 골키퍼는 공을 잡거나 골대에서 멀리 쳐냄으로써 그런 노력을 좌절시키려고 애쓴다. 그렇게 골을 지향하는 네 종목인 축구, 수구, 핸드볼, 필드하키는 저마다 크기와 구성이 사뭇 다른 구장에서 경기가 진행된다. 공도 종목별로 매우 다르다. 하지만 네 종목은 모두 때때로 공격수 한 명이 상대편 골키퍼만 지키는 골문으로 아무 제약 없이 슛을 날리게 되는 페널티 슛이라는 개념을 공유한다.

다음 표에는 종목별 골 난이도를 비교해볼 수 있도록 네 종목의 갖가지 치수를 정리해놓았다. 첫 세 열에는 공격수들이 슛을 쏘아야 하는 골문의 높이, 너비, 넓이가 나와 있다. 그런 치수를 모두 미터법 단위로 명시해두었는데, 보면 알겠지만 유럽 대륙에서 창시된 현대 핸드볼 경기는 골문 치수가 미터법 단위로 딱 떨어지게 규정되어 있다. 나머지 세 종목은 영국에서 기원하다 보니 골문 치수가 원래 야드파운드법의 피트나 야드로 규정돼 있어서(예컨대 축구 골문은 너비 8야드에 높이 8피트다) 미터법 단위로 환산해놓으면 특이해 보인다.

넷째 열에는 경기용 공의 지름을 센티미터 단위로 열거했다. 그것이 바로 공격수들이 슛으로 골대 안에 통과시켜야 하는 물체다. 여섯째 열에는 페널티 슛 지점에서 골문까지의 거리가 나와 있다. 일곱째 열에는 공(X–S)의 단면적이, 그다음 열에는 골문 넓이 대 공 단면적의 비율이 나와 있다. 그 비율은 슛을 넣을 수 있는 상대적 공간이 얼마나 큰지를 나타낸다.

마지막 열에는 페널티 슛 지점과 골문의 거리를 골문 넓이의 제곱근으로 나눈 비율을 적어두었다. 이 마지막 수량 $P/\sqrt{A}$, 즉 '페널티 계수'는 단위가 없는 수치로 페널티 슛을 넣기가 얼마나 어려운지를 나타낸다. $P/\sqrt{A}$ 값이 클수록 득점하기가 어렵다. 그 이유는 P 값이 커져서, 즉 페널티 슛 지점이 골문에서 멀어지기 때문이거나 A 값이 작아져서, 표적인 골문의 넓이가 줄어들기 때문이다. 역으로 $P/\sqrt{A}$ 값이 작을수록 득점하기가 쉽다.

종목	골문 높이 m	골문 너비 m	골문 넓이 A/m^2	공 지름 cm	페널티슛 지점과 골문과의 거리 P/m	공(X–S) 단면적 B(m^2) B/m^2	A/B 비율	페널티 계수 $P/\sqrt{A}$
축구	2.44	7.32	17.86	22.0	11	0.038	470	2.6
수구	0.9	3	2.7	22.0	5	0.038	71	3.0
하키	2.14	3.66	7.83	6.8	6.4	0.0036	2175	2.3
핸드볼	2	3	6	18.8	7	0.028	214	2.9

흥미롭게도 각양각색의 네 종목에서 골문과 공의 크기, 골문과 페널티 슛 지점 간의 거리는 서로 크게 차이나지만 페널티 계수는 아주 비슷하다. 페널티 골의 난이도 순으로, 즉 득점이 가장 쉬운 것에서 가장 어려운 것으로 종목을 나열하면 필드하키, 축구, 핸드볼, 수구가 된다. 하지만 무엇보다도 눈에 띄는 것은 그런 난이도가 매우 비슷비슷하다는 점이다.

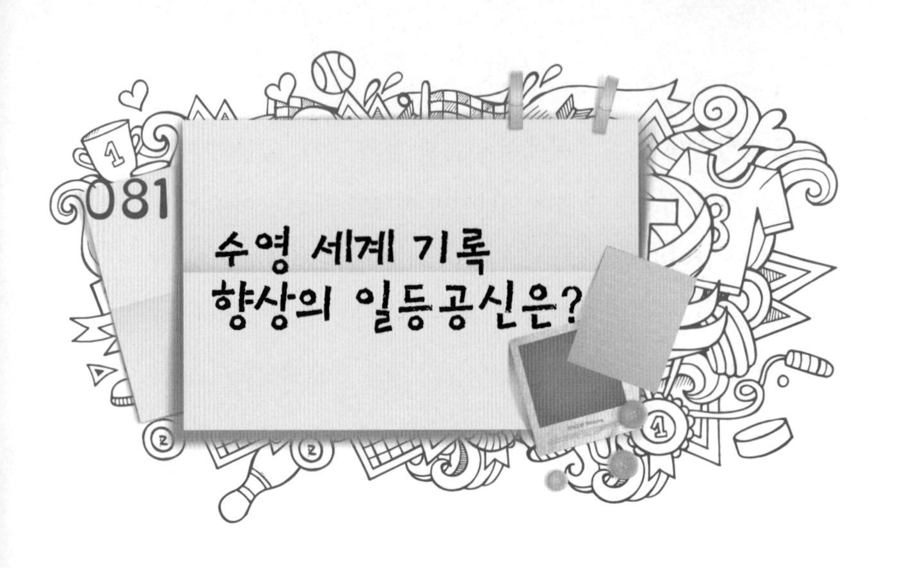

081 수영 세계 기록 향상의 일등공신은?

수영 자유형 선수들은 수영장 레인에서 최대한 빨리 나아가려 할 때 물의 갖가지 저항을 극복해야 한다. 달리기 선수나 사이클 선수와 달리 수영 선수들은 출발과 턴을 하는 잠깐을 제외하면 페달이나 땅바닥 같은 단단한 물체를 밀어내서 전진하지 않는다. 자유형 선수의 추진력 중 85% 이상은 팔과 손이 하는 일에서 나온다. 그리고 그런 선수가 내는 속도는 같은 거리를 뛰는 달리기 선수의 속도보다 4분의 1배 정도가 느리다.

수영 선수의 손은 물속의 수중익水中翼처럼 작용해 양력을 만들어내는 동시에 항력도 발생시키는데, 서로 어긋나는 그 두 힘은 물의 밀도, 선수의 속도, 손의 표면적에 비례한다. 양력은 몸을 위로 밀어 올리고 항력은 전진 운동을 방해한다. 두 힘의 크기는 손이 물을 갈라 뒤로 쓸어내는 각도에 따라 미묘하게 달라진다. 그래서 영법은 코치 조언과 면밀한 최적화로 개선될 여지가 많다.

수영 선수의 전진 운동을 방해하는 항력의 원천은 크게 세 가지가 있

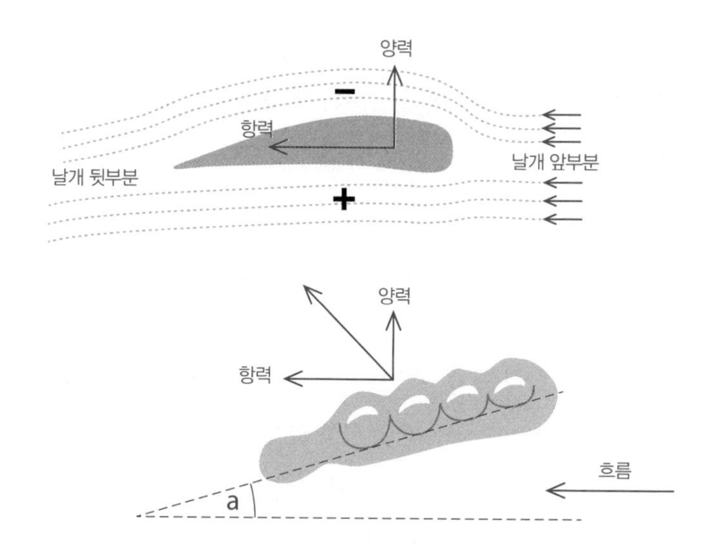

다. 그런 항력은 주로 마찰, 압력, 물결 때문에 생긴다. 마찰 항력은 선수의 몸에서 아주 가까운 곳의 수막층에서 발생한다. 이 항력의 크기는 수막층의 흐름이 순조롭지 않고 난류가 될 때 최대가 되며 선수의 속도와 몸집에 따라 그리고 물속의 선수 몸이 얼마나 유선형에 가까우며 매끈하느냐에 따라 결정된다. 앞서 다른 경우의 저항성 매질 속 운동에서 확인했듯이 이 항력 또한 선수 속도의 제곱과 운동 방향의 몸 단면적에 비례한다.

두 번째 종류인 압력 항력이 발생하는 이유는 빠른 선수가 자기 바로 앞의 물(고압)과 뒤의 물(저압) 사이에 압력 차이를 만들어내기 때문이다. 이 항력의 세기는 그런 압력 차이, 선수의 단면적, 수영 속도의 제곱에 비례한다.

세 번째 주요 종류인 물결 항력은 수면 부근의 수영에 영향을 미친다.

수영 선수의 에너지 중 일부는 물결을 일으키는 데 쓰인다. 선수가 속도를 높여 에너지를 더 많이 내면 물결의 마루에서 마루까지 파장과 진폭이 증가한다. 그런 물결의 파장이 선수의 키보다 조금 더 길어지면 선수는 자신이 만든 파동 골에 붙잡혀 속도를 더 내기가 어려워질 것이다. 키가 작은 선수일수록 더 느린 속도에서 그런 문제에 부딪히게 된다. 하지만 아주 실력 좋은 수영 선수는 영법을 개선해 그런 표면파의 진폭을 줄일 수 있다. 이런 항력은 각 레인의 상당 부분에서 잠수한 채 돌핀킥으로 헤엄침으로써 레이스 중 얼마간 완전히 없앨 수도 있다.

자유형 선수들이 출발한 후나 레인 끝에서 턴한 후 수면으로 올라오는 데 시간이 한참 걸리는 것도 바로 그 때문이다. 2010년 미국의 수영 선수 힐 테일러Hill Taylor는 50m '배영' 세계 기록을 1초나 경신해 관중을 즐겁게 해주었는데, 그것은 그가 물속에서 몸을 유선형으로 만드는 걸출한 능력에 더해 돌핀킥을 이용해 코스 전체를 잠수한 채 헤엄친 결과였다. 하지만 테일러는 실격을 당해서 자신의 성적 23.1초로 종전의 배영 세계 기록 24.04초를 갈아치우지는 못했다.

이런 세 가지 항력은 수영 속도가 빨라짐에 따라 차례차례 작용한다. 수영 속도가 아주 느릴 때는 마찰 항력이 가장 중요하다. 속도가 너무 느리면 몸길이에 걸쳐 상당한 압력 차가 생기지도 않고 파장이 긴 물결도 만들어지지 않을 것이다. 수영 속도가 점차 빨라지면 몸 뒤쪽의 압력은 낮아지고 앞쪽의 압력은 높아질 텐데, 결국 그런 차이 때문에 생긴 압력 항력이 마찰 항력보다 커질 것이다. 속도가 더욱더 빨라져 정상급 수영 선수들의 속도인 1.5~2㎧에 가까워지면 파장이 긴 물결이 발생해 물결 항력이 점점 더 중요해질 것이다. 1.3㎧를 넘는 속도 V에서 총항력은 약

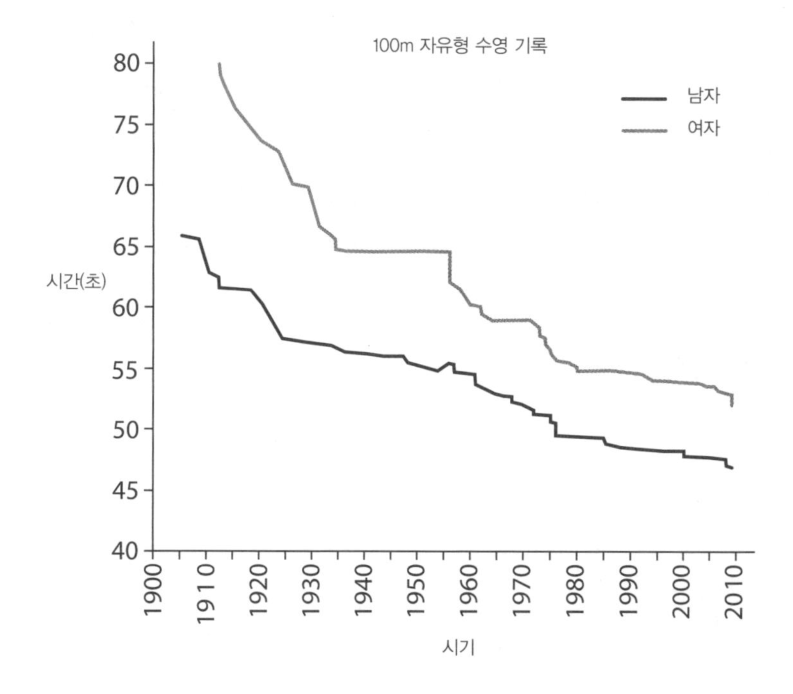

$40(V/1.3㎧)^2$N이고 물결 항력은 그것의 0.56배 정도일 것이다.

수영 세계 기록이 향상되는 과정을 살펴보면 미국의 제임스 카운실먼 James Counsilman 같은 코치들이 1980년대에 주도했던 수영에 대한 이런 과학적 이해가 영법의 효율성에 얼마나 큰 영향을 미쳐왔는지 확인할 수 있다. 1964년 100m 자유형 세계 기록은 남자 52.9초, 여자 58.9초였다. 지금 그 기록은 각각 46.91초와 52.09초로 남녀 둘 다 6초 정도 향상되어 있다. 현재 정상급 여자 선수들은 1964년 올림픽의 남자 우승자보다 빨리 헤엄칠 수 있다. 1972년 뮌헨 올림픽 때 7관왕에 오르는 과정에서 51.22초로 세계 기록을 세운 마크 스피츠Mark Spitz 같은 스포츠 슈퍼스타는 지금 같으면 미국의 올림픽 대표 선발전에도 출전하지 못할 것이다.

육상 트랙 경기 중에서는 400m 달리기가 이와 비슷한 시간 지속되며 흥미로운 비교 대상이 된다. 이 종목의 1964년 세계 기록은 남녀 각각 44.9초와 51초였다. 지금 이 기록은 43.18초와 47.6초로 향상되어 있다. 기록의 향상 폭은 각각 1.7초와 3.4초로 전천후 트랙이 출현했는데도 같은 기간의 수영 기록 향상 폭인 6초보다 훨씬 작다. 이를 보면 알 수 있듯이, 영법을 최적화해 수영 속도를 높일 가능성은 아주 컸던 데 비해 주법을 개선해 달리기 속도를 높일 가능성은 얼마 안 되었다.

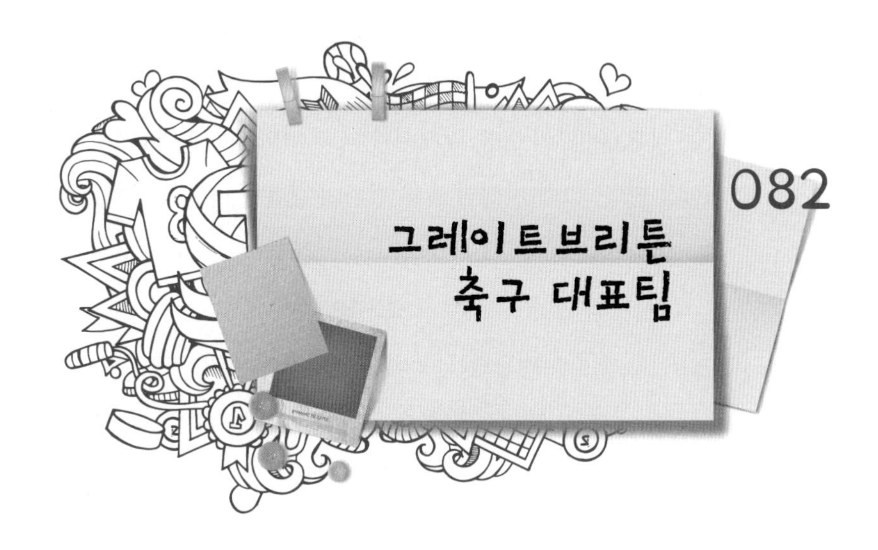

우주의 큰 수수께끼 중 하나는 왜 영국은 올림픽 축구 경기에 출전하길 꺼리는가 하는 점이다. 옛날에는 그러지 않았다. 1896년 올림픽에서는 축구 경기가 아예 열리지 않았지만 1900년 파리 올림픽에서는 업턴파크 축구단(웨스트햄유나이티드나 지금 그들의 홈구장인 업턴파크 구장과는 아무 관계가 없다)이 영국 대표팀으로서 프랑스를 4 대 0으로 꺾고 우승을 차지했다. 그때는 영국, 프랑스, 벨기에, 독일, 스위스만 팀을 출전시켰는데, 독일과 스위스는 나중에 기권했다. 1904년 올림픽 때는 세인트루이스의 한 축구단과 캐나다 대표팀만 출전했다. 유럽에서 세인트루이스까지 팀들이 이동하는 데 돈이 너무 많이 들었기 때문이다.

영국은 관계자들의 설득으로 1908년 런던 올림픽에서 축구 경기를 열기로 했는데, 그 경기에는 이동 경비가 적게 들다 보니 프랑스의 두 팀을 비롯해 유럽에서만 총 여덟 팀이 출전했다. 얼마 후 헝가리와 보헤미아가 기권함에 따라 네덜란드 팀과 프랑스 'A' 팀이 부전승으로 다음 라운드에 진출했다. 셰퍼즈부시의 옛 화이트시티스타디움에서 열린 결승전에서는 약 8,000명의 관중 앞에서 영국이 덴마크를 2 대 0으로 물리치고 금메달을 땄다. 그때 진행된 모든 경기의 결과는 다음과 같다.

준준결승

네덜란드(부전승) 헝가리(기권)

프랑스 'A'(부전승) 보헤미아(기권)

영국 12 스웨덴 1

덴마크 9 프랑스 'B' 0

준결승

영국 4 네덜란드 0

덴마크 17 프랑스 'A' 1

결승

영국 2 덴마크 0

묘하게도 3, 4위전에서는 프랑스 'A' 팀이 기권하는 바람에 네덜란드가 스웨덴과 싸워 2 대 0으로 이겼다.

여담이지만, 은메달을 딴 덴마크 팀에는 하랄 보어Harald Bohr라는 선수가 있는데, 그는 순수수학자이자 대물리학자인 닐스 보어Niels Bohr의 동생이다. 실은 닐스도 뛰어난 골키퍼였다. 하랄은 덴마크의 개막전에서 두 차례 득점했다. 1912년 스톡홀름 올림픽에는 열한 팀이 출전했는데 결승전에서 또 영국이 덴마크를 4 대 2로 이겼다.

영국은 1920년 올림픽 때도 출전했으나 승자진출식 경기의 첫 라운드에서 노르웨이에 3 대 1로 져 탈락하고 말았다. 그 대회의 축구 경기는 전체적으로 아주 안 좋게 끝났다. 축구 역사상 전무후무하게 벨기에와 체코슬로바키아의 주요 대회 결승전이 끝까지 진행되지 못했다. 선수 한 명이 퇴장당한 체코슬로바키아 팀이 경기 막바지에 (모두 영국인이었던) 경기임원들의 편파성과 관중 가운데 벨기에 군인들의 위협에 항의하며 구장을 떠나버린 것이다. 그 경기는 당시 2 대 0으로 앞서 있던 주최국 벨기에 팀이 이긴 것으로 판정 났다.

영국은 그 후 한동안 올림픽 축구 경기에 참가하지 않다가 1936년 올림픽과 전후 국내에서 열린 1948년 런던 올림픽에 모처럼 출전했다. 거기서 영국 팀은 맷 버스비Matt Busby 감독 지휘 아래 4위를 차지했다. 영국은 1952년, 1956년, 1960년에는 대회 초반에 탈락했고 1964~1972년에는 대회 출전권조차 얻지 못했다. 그 후 영국은 올림픽 축구 경기에 한 번도 다시 출전하지 않았다.

왜 그랬을까? '축구 종주국' 영국이 올림픽 축구 경기에 참가조차 하지 않는 것이 다른 나라 사람들에게는 이상하게 보일 것이다. 그런 점은 1996년, 2000년 올림픽 개최 후보지로 영국이 맨체스터를 내세운 가운데 바비 찰턴Bobby Charlton, 데이비드 베컴David Beckham 같은 유명한 축구 선수들이 유치 활동에 앞장서고 있을 때 특히 이상해 보였다. 당시 사람들은 모두 그런 이례적인 일을 아무렇지 않게 넘겨버리는 듯했다. 올림픽 개최권을 영국에 주지 않기로 한 결정의 정치적인 면에 대해 토의하던 박식가들도 이런 중요한 점을 전혀 알아채지 못하고 놓쳐버리는 듯했다.

영국의 축구 경기 불참이라는 수수께끼의 답은 정치와 관련되어 있다. 거기에는 세 가지 맥락이 있다. 역사적인 이유로 영국을 구성하는 네 지역인 잉글랜드, 북아일랜드, 스코틀랜드, 웨일스는 각각 FIFA 회원이다. 그 결과 FIFA는 국제연합보다 회원이 많다! 축구 경기의 규칙을 통제하는 8인 체제 기관인 국제축구위원회도 FIFA 회원국의 대표 네 명 외에 영국 네 지역의 각지 대표 한 명씩으로 구성된다.

그러다 보니 1974년에 처음으로 올림픽에서 프로 선수가 아마추어 선수와 겨룰 수 있게 되자 영국은 축구 경기에서 기권해버렸다. 영국은 그 대회에 영국 대표팀을 내보내면 다른 FIFA 회원들에게서 영국 네 지역의 팀을 하나의 영국 대표 프로팀으로 합치라는 압력을 받게 될까 봐 두려웠다. 영국 선수들은 그런 합병을 달가워하지 않았다. 졸지에 국제 대회 출전 가능성이 4분의 1로 줄어들기 때문이다. 지금 같으면 그런 단일팀은 거의 잉글랜드 선수로만 구성되다시피 할 것이다. 게다가 오래된 경쟁의식 때문에도 팀 합병은 수많은 선수와 팬, 총리 앨릭스 샐먼드Alex Salmond의 스코틀랜드 국민당 같은 민족주의 정당들의 빈축을 산다. 그들은 정치적 지반을 훨씬 더 넓히자는 안에 반대한다.

또 다른 좀 더 미묘한 장애물은 영국 네 지역을 정치적으로 지지하는 FIFA 내부자들이 투표권 네 개가 갑자기 하나로 줄어들 수 있음을 알아차렸다는 사실이다. FIFA 고위층 부패에 대한 소문이 도는 가운데 잉글랜드가 FIFA 회장 제프 블라터Sepp Blatter의 2011년 재선 투표를 연기하자는 결의안을 내놓자 스코틀랜드는 이를 지지했지만 웨일스와 아일랜드는 그러지 않았다. 아마도 그 두 지역은 평지풍파를 일으키면 자기들의 독립적 지위가 흔들릴까 봐 걱정한 듯하다.

하지만 2012년 올림픽 축구 경기를 위해서라면 그들이 그런 걱정도

잠시 내려놓기를 모두 바랐다. 주최국으로서 영국은 지역 예선을 치를 필요가 없었다. 그런 이점을 활용해 단일팀을 잘 꾸리면 국민의 관심을 끌 수도 있었다. 하지만 총리와 영국올림픽위원회 회장이 격려했음에도 스코틀랜드, 웨일스, 아일랜드의 축구협회는 영국 대표팀 합류안을 거부했다. 그들은 이 일이 선례가 되어 자기들이 잉글랜드축구협회에 흡수되는 일은 없을 거라는 FIFA의 장담을 믿지 않았다. 그래도 그런 지역의 선수 개개인이 출전 초청에 응할 가능성은 열려 있었지만 그들이 속한 구단은 소속 선수들의 가외 경기를 못마땅하게 여겼다. 유일한 대안은 영국 전체의 대표팀이 그레이트브리튼이라는 이름 아래 경기를 펼치는 것일 듯싶다.

여러분이 1군, 2군, 3군, 청소년 팀에서 초보자 팀에 이르기까지 수준이 다양한 팀이 있는 스포츠클럽을 경영한다고 치자. 클럽은 규모가 아주 크고 경영 구조에 여러 층이 있다. 하급 팀 선수와 중간 관리자 같은 사람들의 진급을 결정해야 하는 사안이 항상 있는데, 그런 사람들은 모두 계층 사다리에서 위로 올라가길 열망한다.

대규모 조직은 모두 똑같다. 후보자가 둘 있는데 한 명은 지금 맡은 일을 아주 잘해내지만 나머지 한 명은 그리 유능하지 않다면 대부분 후자보다 전자를 진급시키는 것이 '당연지사'라고 생각한다. 하지만 캐나다의 심리학자 로런스 피터Laurence Peter는 1969년 그런 상식적 접근법에 대한 반론으로 '피터 원리'를 내놓았다. 그 내용인즉 사람들이 다른 능력이 필요할지 모르는 다음 상위 단계에서도 꼭 지금만큼 일이나 경기를 잘하리라고 볼 수는 없다는 것이다.

상식적인 진급 방침의 한 가지 당연한 결과는 누구든 자신이 감당하지 못하는 직위에 있게 될 때까지 승진한다는 것이다. 그렇게 되면 그들은 더 진급하지 못할 것이고 해당 조직은 모든 직위에 무능력자를 두게 될 것이다! 그래서 피터는 누구든 한 조직의 새 구성원이 되면 자신이 최고 무능력 수준에 도달할 때까지 승진한다고 주장했다.

근본적으로 피터 원리는 한 조직 내 여러 수준의 능력 사이에 상관관계가 거의 또는 전혀 없다는 가정에 기초한다. 상식적인 관점에서는 그런 상관관계가 있다고 가정하지만 그 타당성은 그다지 확실하지 않다. 훌륭한 교사가 꼭 훌륭한 교장이 되지는 않고 훌륭한 축구 선수가 꼭 훌륭한 감독이 되지는 않는다. 훌륭한 대학 연구원이 훌륭한 대학 부총장이 되지 못할 수도 있고 훌륭한 운동선수가 훌륭한 코치가 되지 못할 수도 있으며 훌륭한 의대생이 훌륭한 의사가 되지 못할 수도 있다.

컴퓨터 조직 모형을 이용해 다양한 진급 방침의 결과를 테스트하는 연구들이 진행돼왔다. 그 결과에 따르면 놀랍게도 무조건 가장 무능한 사람을 진급시키는 방침을 쓰면 조직의 전반적 능력이 극대화될 수 있는데 반해 가장 유능한 사람을 진급시키면 조직의 전반적 능력이 상당히 줄어들 수도 있다.

	최고능력자 진급	**최저능력자 진급**	**최고능력자와 최저능력자 중 무작위 진급**
각 직무 요건 간에 상관관계가 있는 경우 (상식적 관점)	+9%	−5%	+2%
각 직무 요건 간에 상관관계가 없는 경우 (피터 원리)	−10%	+12%	+1%

앞의 표는 칸타니아대학교의 알레산드로 플루치노Alessandro Pluchino, 안드레아 라피사르다Andrea Rapisarda, 체사라 가로팔로Cesare Garofalo의 실험 결과를 보여준다. 이들은 세 가지 방침('최고능력자 진급', '최저능력자 진급', '무작위 진급')에 따른 전반적 조직효과성의 변화를 계산해서 기존 직무의 수행에 필요한 능력과 진급할 경우 맡을 직무의 수행에 필요한 능력의 상관관계를 검토하고자 했다.

피터의 가정대로 그런 상관관계가 존재하지 않는 경우에는 '최고능력자 진급' 방침을 쓰면 조직의 전반적 효과성이 10% 떨어지지만 '최저능력자 진급' 방침을 쓰면 그 값이 12% 높아진다. 심지어 상관관계가 존재하는 경우에도 '최고능력자 진급' 방침은 겨우 9% 이득으로 이어질 뿐이다. 마지막 열에는 최고능력자와 최저능력자 중 무작위로 한 명을 선택한 결과가 나와 있다. 물론 다른 방침도 쓸 수 있다. 이를테면 직위 절반에는 최고능력자를, 나머지 절반에는 최저능력자를 진급시킬 수도 있고, 최고능력자 진급, 최저능력자 진급, 무작위 진급 방침을 또 다른 방식으로 혼용할 수도 있다.

이는 축구 감독, 체육 행정가와 최고경영자들에게 큰 걱정거리로, 그들의 직관과 정반대된다. 그리고 물론 새로운 방침이 도입됐을 때 당사자들은 예측 불가능하게 행동할 수도 있다. 최악의 후보들이 진급된다면 저마다 자신이 가장 무능력하니 진급에 최적격임을 상사에게 납득시키려는 하향 경쟁이 벌어질 것이다!

084 블레이드 러너

스포츠계에서 매우 특이한 논란 중 하나가 남아프리카공화국의 뛰어난 단거리 주자 오스카 피스토리우스Oscar Pistorius를 둘러싸고 일어났다. 피스토리우스의 달리기 기록은 400m 45.07초, 200m 21.41초, 100m 10.91초이지만 그는 열한 살 때 두 다리의 무릎 아랫부분을 절단하는 수술을 받았다. 피스토리우스는 럭비, 수구, 테니스, 레슬링에서도 좋은 결과를 거뒀지만 트랙 단거리 달리기를 전문으로 해오며 2004년 패럴림픽 100m, 200m, 400m에서 금메달을 따고 이어서 2008년에도 100m 동메달과 200m 금메달을 획득했다. 그가 추구해온 목표 중 하나는 자신이 가장 잘하는 종목인 400m에서 올림픽 출전권을 얻을 수 있는 기록을 세워 런던 올림픽에서 비장애인 주자들과 겨루는 것이었다.

하지만 피스토리우스가 달리기용 의족인 블레이드 때문에 비장애인 선수들보다 불공평하게 유리해지는 것은 아닐까? 육상 경기를 관리하는 국제육상경기연맹IAAF은 비교 연구를 의뢰했다. 피스토리우스의 400m 달리기 메커니즘을 비슷한 키와 몸무게에 400m를 비슷한 속도

(46.5~49.26초)로 달릴 수 있는 비장애인 선수들의 메커니즘과 비교해 달라고 한 것이다. 놀랄 것도 없이 연구자들은 블레이드의 메커니즘이 사람 다리의 메커니즘과 다소 다르다는 사실을 알아냈다. 비장애인 선수들은 발목 관절에 저장된 에너지의 40~45%만 회복되어 달리기 동작의 다음 단계를 도왔다. 반면에 피스토리우스는 탄력적인 블레이드에 저장된 에너지의 90~95%가 회복되어 무릎 관절이 달리기에 도움이 되는 정도가 기껏해야 5% 정도로 미약했다. 게다가 블레이드는 지치는 법이 없다. 그런 실험 분석의 결과로 피스토리우스는 불공평한 이점을 갖추었다는 판정을 받아 2008년 비장애인 올림픽 400m 종목 출전이 금지되었다. 하지만 결국 그가 남아프리카공화국 대표팀 선발전을 통과하지 못하는 바람에 IAAF 판정은 아무런 영향을 미치지 못했다.

피스토리우스의 법무팀은 IAAF 판정을 로잔의 스포츠중재재판소CAS에 상소했는데, 그곳에서는 IAAF의 금지령을 번복하고 피스토리우스가 향후 세계선수권대회와 2012년 올림픽에 출전할 수 있도록 길을 터주었다. 하지만 그 판정은 다소 미흡했다. IAAF 판정이 기초했던 기술적인 사항 하나, 즉 피스토리우스가 블레이드 덕분에 400m 경주에서 속도를 유지할 수 있다는 주장에만 초점을 맞추었기 때문이다. CAS는 IAAF의 그런 증거가 금지령을 뒷받침하지 못한다고 판결을 내렸다.

18개월 후 심각한 논란이 불거졌다. 피스토리우스의 상소를 뒷받침하는 증거를 제공했던 텍사스 라이스대학교의 피터 웨이언드Peter Weyand 연구팀이 피스토리우스의 달리기에 대한 연구 결과를 발표한 것이다. 그들은 IAAF가 주장한 특정 이점에 대한 증거는 전혀 찾지 못했지만 비장애인과 다리 절단 장애인의 달리기 메커니즘 차이 때문에 생기는 또 다른 주요 이점에 대한 강력한 증거를 발견했다. 비장애인 선수들이 내는 최고 속도는 피스토리우스의 최고 속도와 비슷했지만 다음 발을 내딛기 위해 다리를 원위치로 움직이는 데 걸리는 시간은 피스토리우스가 비장애인 선수들보다 훨씬 짧았다(0.1초). 이는 블레이드의 탄성 덕분이기도 했고 무릎 아랫부분 질량이 비장애인 주자의 그 부분 질량의 절반 정도라는 사실 덕분이기도 했다. 사실상 피스토리우스는 최근 100m 세계 기록 보유자 다섯 명보다 그런 동작이 18% 더 빨랐다. 그래서 웨이언드와 동료들은 이렇게 결론지었다. "피스토리우스의 달리기 메커니즘은 이례적이고 유리하며 더 가볍고 탄력적인 의족에 직접적으로 기인한다. 그런 블레이드는 단거리 달리기 속도를 15~30% 향상시킨다."

이런 결론은 사람들에게 격분을 불러일으켰다. 무엇보다도 피스토리우스는 자신에게 불공평한 이점이 있다 싶으면 비장애인 대회에 더는 출전하지 않겠다고 말해놓고서 2011년 세계선수권대회에 또 출전했다. 어떤 이들은 연구자들이 2008년 그런 사실을 CAS에 밝혔어야 했다고 주장해왔지만 웨이언드는 당시 자기들은 공식 기록에 있는 내용만 언급할 수 있었다고 말했다. 웨이언드의 연구 결과에 대한 반론도 연이어 제기돼왔다. 이를 보면 그 문제가 전혀 일단락되지 않았음을 알 수 있다.

하지만 실험 연구가 아닌 달리기 경험에 근거하여 이상에 대해 이야기해볼 만한 소견이 두 가지 있다. 피스토리우스가 400m를 달릴 때 블레이드 덕을 15~30% 본다는 주장은 믿을 만한 말이 아니다. 이는 곧 피스토리우스가 비장애인이라면 400m를 53.6~65.1초에 주파할 것이라는 이야기다! 그의 전반적인 신체적 특징을 띤 누군가가 비장애인일 경우 400m를 65초보다 빠른 기록으로 주파하지 못할지도 모른다는 것은 터

무니없는 생각이다.

두 번째 논점은 모든 연구자가 간과해온 어떤 사실인데, 비교적 긴 거리에서 속도를 유지하는 능력이 피스토리우스나 비장애인 선수들이나 동등하다는 결론에 매우 불리하게 작용하는 듯하다. 그런 결론에 대한 핵심적 반증은 피스토리우스의 200m 기록과 400m 기록의 관계이다. 400m를 45.1초 만에 주파하는 비장애인 주자 중 200m 달리기에서 21.4초밖에 기록하지 못하는 사람은 없을 것이다. 400m 역대 성적 목록에서 기록이 45.63~45.85초인 영국 선수 10여 명을 뽑아보면 그들의 200m 성적 범위가 20.76~21.01초임을 확인할 수 있다. 피스토리우스의 400m 기록은 200m 성적이 그와 비슷한 비장애인 선수들이 낼 수 있는 기록보다 훨씬 빠르다. 이로 미루어 보면 CAS 판정과 반대로 피스토리우스의 블레이드는 그가 400m 경주 후반에 빠른 속도를 유지하는 데 정말 상당히 도움이 되는 듯하다.

물론 그는 다른 방법으로 그렇게 하는지도 모른다. 피스토리우스의 100m, 200m 기록을 보면 그가 출발 후 속도를 내는 데 확실히 시간이 제법 걸린다는 사실을 알 수 있다. 하지만 정상급 비장애인 선수들이 대부분 400m 전반에서보다 후반에서 0.7~2.7초 더 느리게 달리는 데 반해 피스토리우스는 보통 후반을 1초 이상 더 빠르게 달린다. 이상적으로는 피스토리우스의 500m, 600m 성적 자료가 필요하다. 그런 자료가 있다면 그의 블레이드에 따르는 이점이 훨씬 더 명백해질 것이다. 어쩌면 그는 그런 거리에서 세계 기록에 도전할 수 있을지도 모른다. 연구자들이 온갖 생체역학적 테스트를 하면서도 더 긴 거리에 대한 이런 결정적 테스트를 수행할 생각을 하지 않는다니 이상하다.

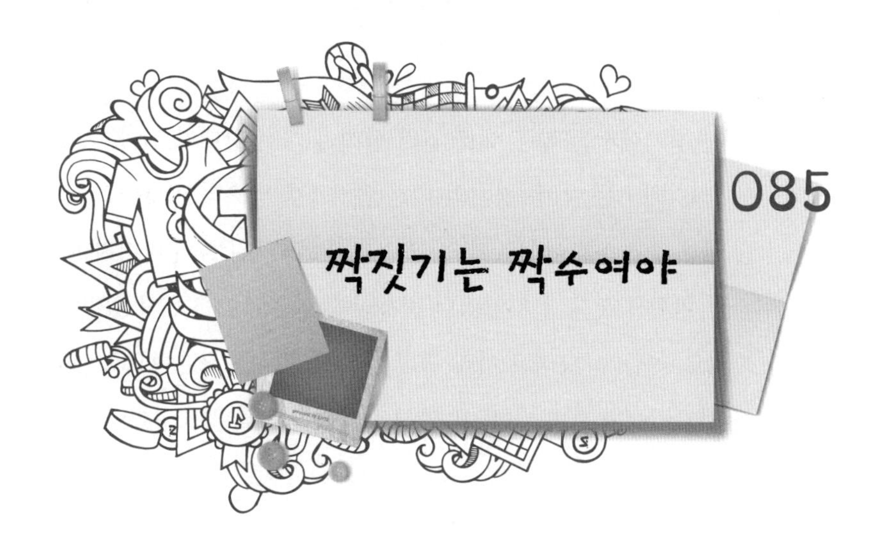

예를 들어 여러분이 코치나 대회 주최자여서 모든 출전자가 일련의 경기에서 서로 겨루게 해야 한다고 해보자. 그런 일은 선수 수가 적을 때는 아주 쉽지만 선수 수가 많아지면 까다로워진다. 잇따르는 각 경기에서 모든 선수가 자신이 전에 겨뤄본 적이 없는 상대와 만나게 할 체계적인 방법이 있을까?

구체적인 경우를 생각해보자. 일련의 7경기에 짜 넣어야 하는 선수 14명이 있으며 그들이 모두 서로 한 번씩만 겨뤄야 한다고 가정하자. 그런 선수 14명을 알파벳 A, B, C, D, E, F, G, H, I, J, K, L, M, N으로 나타낼 것이다.

각 알파벳을 정사각형 쪽지에 적은 후 그런 쪽지들을 다음과 같이 7개씩 인접하는 두 줄로 늘어놓는다.

A	B	C	D	E	F	G
H	I	J	K	L	M	N

첫 경기에서는 같은 세로 열의 팀끼리 대전 상대가 된다. A 대 H, B 대 I, C 대 J 등. 다음 경기의 대전 편성표를 얻으려면 H라고 적힌 쪽지를 들어내고 A를 아래로 내려 그 자리에 둔다. 위 줄의 나머지 모두를 한 칸씩 왼쪽으로 옮겨 A가 있던 빈자리를 채우고 N을 G가 있던 위 줄 빈자리로 올린다. 그리고 아래 줄의 나머지 모두를 오른쪽으로 옮긴 후 H를 빈자리에 놓으면 된다. 새 편성표는 다음과 같은 모양이다.

B	C	D	E	F	G	N
A	H	I	J	K	L	M

두 번째 경기에서는 이 새로운 세로 열 짝끼리 대전 상대가 된다. B 대 A, C 대 H, D 대 I 등. 다음 경기의 대전 편성표를 얻으려면 이 과정을 되풀이하기만 하면 된다. 먼저 A를 들어내고 B를 아래로 내리며 나머지 모두를 반시계 방향으로 옮긴 뒤 A를 B와 H 사이의 빈자리에 놓으면 된다. 모든 선수가 나머지 선수 모두와 겨루게 될 때까지 계속 이렇게 하면 된다. 이 방법은 선수가 짝수 명이기만 하면 효과가 있다. 그리고 댄스 파트너를 정하는 데도 효과적이다!

두 암표상이 축구 경기 관람권을 팔고 있다. 그들은 각각 관람권을 30장씩 가지고 있는데, 델은 100파운드에 2장씩 팔고 그의 경쟁자 로드니는 200파운드에 3장씩 판다. 경기 시작 시간이 가까워지자 시장점유율 경쟁으로 가격이 내려가게 될까 봐 그들은 힘을 모으기로 한다. 입장권을 60장의 공유물로 합쳐놓고 300파운드에 5장씩 팔기로 한 것이다. 그런 사업 합병으로 그들은 어떤 이득을 보았을까? 만약 합병 전에 입장권을 다 팔았다면 그들의 총수입은 3,500파운드, 즉 각자 1,750파운드씩이다. 하지만 합병 후에는 총수입이 3,600파운드, 즉 각자 1,800파운드씩이다.

그들의 경쟁 상대이면서 서로 경쟁하는 두 암표상 샤론과 트레이시는 각각 관람권을 100파운드에 2장, 100파운드에 3장씩 팔며 마찬가지로 각자 30장씩 가지고 있는데, 델과 로드니의 성공 전략을 전해 듣고는 자기들도 똑같이 관람권 수와 가격을 합치기로 한다. 그들은 관람권 60장을 5장에 200파운드라는 가격으로 판매한다. 두 사람은 이익을 더 많이 보게 되리라고 확신한다. 하지만 잠시 후 계산을 좀 해본다. 그들의 최대 총수입은 합병 전에는 1,500+1,000=2,500파운드였는데 합병 후에는 2,400파운드, 즉 각자 1,200파운드씩으로 떨어져버린다.

여기서 알아낼 수 있는 일반적 규칙이 하나 있다. 관람권 한 장당 가격이 높은 쪽을 A장에 B파운드, 낮은 쪽을 C장에 D파운드라고 하면(따라서 $B/A>D/C$) 델과 로드니의 경우에는 $A=3$, $B=200$, $C=2$, $D=100$이다. 그럴 때 두 사람이 힘을 모아 관람권 한 장당 $(B+D)/(A+C)$라는 가격에 파는 것이 각자 따로 평균 가격 $1/2(B/A+D/C)$로 파는 것보다 나으려면 $(B/A-D/C)\times(A-C)$가 양수여야 한다. 그렇게 되려면 원래 관람권 한 장당 가격이 서로 달라야 하고(B/A와 D/C가 같지 않아야 하고) A가 C보다 커야 한다. 델과 로드니의 연합은 $A=3$이고 $C=2$이므로 이 요건을 충족하지만 샤론과 트레이시는 $A=2$, $B=D=100$, $C=3$이어서 $A<C$이므로 수익성 조건을 충족하지 못한다.

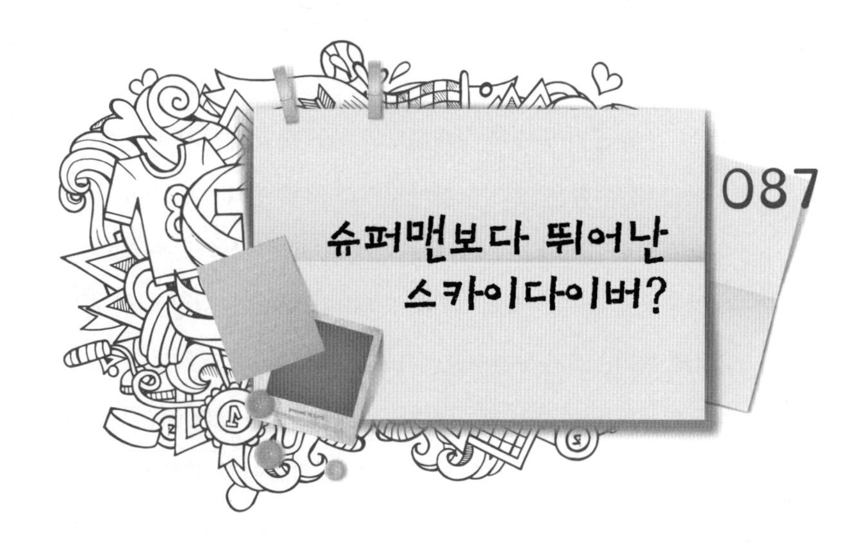

스카이다이빙은 하늘 높이 나는 항공기에서 뛰어내린 다음 공중을 빠른 속도로 자유 낙하하다가 낙하산을 펼쳐 우아하게 땅으로 내려오는 스포츠이다. 실제로 그것이 말만큼 쉬운 일은 아니지만 간단한 수학을 이용하면 본질을 추려낼 수 있다. 비행기나 기구 곤돌라에서 뛰어내리면 두 가지 힘을 느끼게 된다. 하나는 몸의 질량중심을 통해 수직으로 아래로 작용하는 몸무게이고 다른 하나는 위로 작용하는 공기 항력이다. 몸무게는 mg에 해당하는데, 여기서 m은 몸과 착용 장비의 질량이고 g는 중력가속도다. 이와 반대 방향으로 작용하는 공기 항력은 $D=1/2\ C\rho Av^2$인데, 여기서 v는 하강 속도이고 ρ는 공기 밀도이다(고도에 따른 공기 밀도 차이는 무시하자). C는 공중 운동에 대한 항력 계수이고 A는 몸 형태를 하강 운동 방향에 수직인 평면에 투영했을 때 나타나는 투영 면적이다.

비행기에서 뛰어내리고 나면 몸무게 때문에 가속도가 붙어서 하강 속도가 급증하게 된다. 하강 속도가 증가하면 항력은 더 빨리 증가하게 된다. 그 값은 공기에 대한 상대속도의 제곱에 비례하기 때문이다. 얼마 지나지 않아 두 힘은 크기가 같아지지만 서로 반대 방향으로 작용하다 보니 스카이다이버가 받는 합력은 0이 된다. 그다음 그는 합력을 전혀 받지 않으므로 속도가 빨라지지도 느려지지도 않고 그냥 일정 속도로만 떨어지게 된다. 그 속도를 '종단 속도terminal velocity'라고 하는데, 그런 명칭이 붙은 이유는 낙하산이 안 펴질지도 모른다는 불길한 예감 때문이 아니라 그 속도가 저항성 매질 속 낙하의 최종 결과이기 때문이다. 몸무게 mg와 항력 D를 등식화하면 그런 종단 속도에 해당하는 v 값이 $U=(2mg/C\rho A)^{1/2}$임을 알 수 있다.

이 공식에서 몇 가지 흥미로운 점을 발견할 수 있다. 종단 속도 U는 몸의 투영 면적 A가 좁아질수록 빨라진다. 일군의 숙련된 스카이다이버들이 대형을 이뤄 낙하하는 모습을 보면 그들은 우선 약간의 시간차를 두고 띄엄띄엄 뛰어내린 뒤 서로를 따라잡고서 같은 고도를 유지하며 손

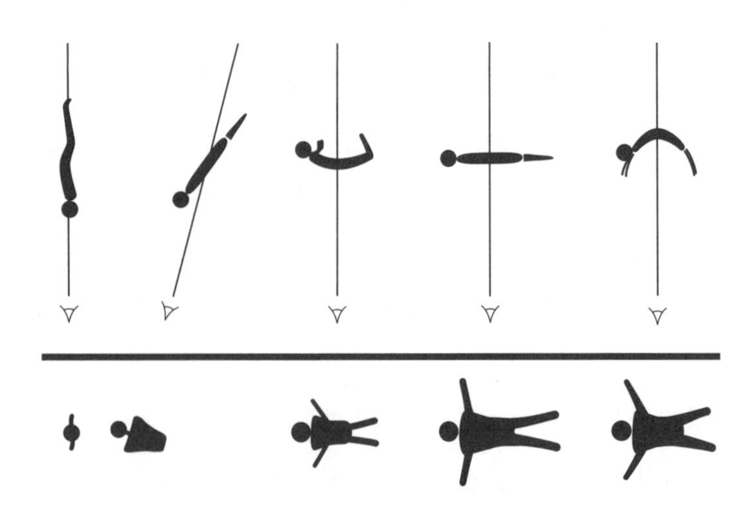

을 잡거나 다른 동작을 해 보인다. 몸의 자세에 따라 투영 면적이 달라지는데, 이는 앞의 그림에 나타나 있다. 몸이 수직에 더 가까워지도록 자세를 바꾸면 A 값을 줄일 수 있다. 따라서 더 빠른 종단 속도로 떨어질 수 있으며 팔다리를 벌려서 저항 면적을 넓혀 종단 속도를 늦춘 다른 스카이다이버들을 따라잡을 수도 있다. 몸무게가 60㎏인 스카이다이버는 팔다리를 벌린 자세에서는 50㎧ 정도 종단 속도에 이르겠지만 몸을 거꾸로 하여 유선형으로 만들면 80㎧ 이상 속도에도 이를 수 있다. 또 종단 속도가 스카이다이버의 몸무게에 비례한다는 점도 알 수 있다. 몸이 무거운 사람일수록 종단 속도에 도달했을 때 더 빨리 떨어질 것이다.

스카이다이빙에서 생명 유지에 가장 필수적인 다음 단계는 낙하산을 펼치는 일이다. 낙하산을 펼치면 A가 25㎡ 정도로 갑자기 넓어져 공기 항력이 급격히 증가하게 된다. 그 이전에는 속도 U로 낙하 중인 스카이다이버의 몸무게 600N이 공기 항력과 정확히 균형을 유지했지만 이제는 속도 U로 낙하하는 낙하산 캐노피의 넓은 면적 때문에 항력이 커진다. 그런 항력이 몸무게보다 훨씬 커지기 때문에 스카이다이버는 속도가 줄어 10㎧ 정도의 새로운 종단 속도에 이르게 된다.

옛날 전쟁 중 찍은 사진을 밑에서 보면 윤곽이 둥근 큰 곡면형 낙하산을 군인들이 타고 내리는 장면이 나온다. 그런 낙하산은 가운데에 공기가 통하도록 구멍이 하나 나 있는데, 공기가 직물의 저항을 피해 옆으로 쇄도함에 따라 낙하산이 홱 뒤집히는 경향에 대응하기 위해서다. 요즘 낙하산은 사각형이다. 낙하산을 사각형으로 만들면 공기 저항을 받을 필수 투영 면적을 얻는 데 드는 직물 표면적이 상당히 줄어든다. 게다가 낙하산의 안정성도 커지고 조종하기도 쉬워진다. 낙하산의 네 모퉁이에 각각 끈을 달아둘 경우 스카이다이버들이 끈을 따로따로 당겨 하강과 착륙 동작을 세밀하게 조정할 수 있다.

끝으로, 기네스북을 보면 스카이다이빙과 관련된 기록은 대부분 전설적인 미국 공군 파일럿 조지프 키팅어Joseph Kittinger가 보유하고 있다는 사실을 확인할 수 있다. 1960년 그는 31,330m 높이의 헬륨 기구에서 뛰어내려 4분 36초 동안 자유 낙하하며 255㎧라는 속도에 도달하고 −70℃의 온도를 체감했다. 그리고 고도 4,270m에서 낙하산을 펼쳐 땅으로 내려왔다. 키팅어는 기구로 가장 높이 올라간 기록, 가장 높이서 낙하산으로 강하한 기록, 가장 오랫동안 자유 낙하한 기록, 지구 대기에서 무동력으로 가장 빠른 속도에 이른 기록을 세웠다.

그는 또 다른 기록도 보유하고 있다. 여러 차례 대단한 강하를 경험한 그는 장비 고장으로 수평 회전을 하게 되면서 120rpm에 도달한 적도 한 번 있다. 다시 말해 그는 20g이 넘는 원심력을 체험한 셈인데, 이는 세계 최고 기록이다. 슈퍼맨도 이런 갖가지 위업은 달성하기가 만만치 않을 것이다.

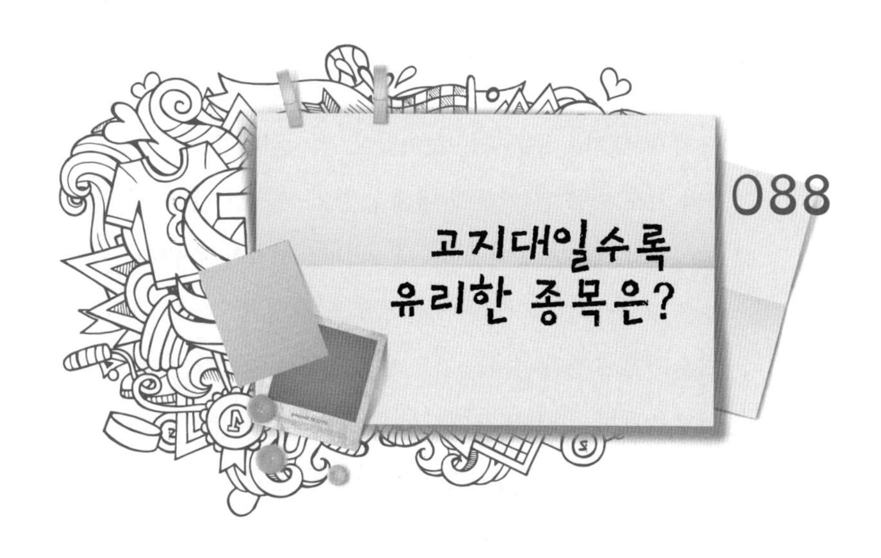

멕시코시티가 1968년 올림픽 개최지로 선택됨에 따라 '해발 고도'라는 말이 처음으로 육상 경기 용어에 포함되었다. 멕시코시티는 해발 고도 2,240m에 있다. 이는 수많은 문제를 유발했다. 800m 이상 장거리 달리기 종목은 고지대에서 뛰기가 훨씬 더 어려웠다. 그런 곳에 익숙하지 않은 주자들의 경우 몸의 산소 흡수량이 10~15% 감소했기 때문이다. 아프리카 선수들을 비롯해 고지대에서 생활하는 선수들은 상당히 유리해져 모든 장거리 달리기 종목에서 우승했다. 하지만 그들의 우승 기록은 대부분 그들이 해수면 높이에서 달성한 기록보다 못했고 사람들은 대체로 지구력이 필요한 종목의 세계 정상급 선수들 중 상당수가 고도의 영향으로 불공평하게 우승이나 기록 수립에 곤란을 겪게 됐다고 생각했다.

반면 단거리 달리기와 멀리뛰기에서는 공기 밀도가 비교적 낮아 공기 저항이 덜하다 보니 기록이 더 빨라졌다. 거의 모든 남녀 단거리 달리기, 멀리뛰기, 계주 종목의 세계 기록이 멕시코시티에서 세워졌다. 거기서 선수들이 겪은 심리적 문제는 그들이 해수면 높이에서는 그런 성적을 두 번 다시 못 낼지도 모른다는 것이었다. 멕시코시티 올림픽에서 불공평한 경기와 고도 덕을 본 기록에 대해 논란이 불거진 결과 이후 고지대에서 나온 성적과 해수면 높이에서 나온 성적을 구별하게 됐다.*

높은 고도가 왜 단거리 주자들에게 도움이 될까? 풍속 W의 순풍이 부는 가운데 밀도 ρ의 공기를 가르며 속도 V로 이동하는 주자가 받는 항력은 $\rho(V-W)^2$에 비례한다. 여기서 곧바로 알 수 있듯이 나머지 조건이 모두 그대로라고 할 때 공기 밀도가 줄어들면 항력이 감소하므로 주자가 앞으로 빨리 나아가는 데 더 많은 에너지를 쓸 수 있게 된다. 공기 밀도는 해수면 높이에서는 1.23kg/m³이지만 멕시코시티의 고도 2,240m에서는 20℃ 정도의 온난한 기온에서 0.98kg/m³까지 떨어진다. 이는 곧 멕시코시티에서 주자들이 받은 공기 항력이 그들이 해수면 높이에서 받는 항력보다 0.98/1.23=0.8배 적었다는 뜻이다. 그런 조건이면 100m, 200m, 400m 같은 종목에서는 시간 기록이 0.08% 정도 향상될 것이다. 그 정도면 상당한 편이지만 멕시코시티 올림픽 때 그런 종목에서 남녀 선수들이 보여준 1.5~2% 향상률을 설명할 수 있을 만큼 크진 않다.

그런 차이에 대한 답은 바람에 있을 듯하다. 멕시코시티 올림픽의 뜀뛰기와 단거리 종목에서는 바람이 유난히 유리하게 불었다. 의심스러울 정도로 많은 세계 기록이 공식 풍속 측정값이 +2㎧(기록이 인정되는 최대 풍속) 정도인 상황에서 수립되었다. 여자 200m 세계 기록이 나오고

* 1968년 올림픽은 0.01초까지 정확한 완전 자동 전기식 시간 측정 방식을 처음 적용한 대회였다. 그때부터는 성적표에서 '손으로 시간을 잰' 기록(항상 실제 기록보다 빠른 듯했다)과 전기식으로 시간을 측정한 기록을 구별했다. 또 멕시코시티 올림픽은 약물 검사가 실시된 최초의 대회이기도 했고, 모든 육상 경기가 신더 트랙이 아닌 인조 전천후 트랙에서 열린 최초 대회이기도 했다. 그런 전천후 트랙에서는 모든 종목에서 일관되게 더 빠른 기록이 나왔다. 전반적으로 멕시코시티 올림픽은 육상 트랙 · 필드 경기와 관련해 여러모로 획기적인 대회였다.

남자 3단뛰기에서 세계 기록이 (이틀에 걸쳐) 세 차례 나오고 밥 비먼Bob Beamon의 유명한 멀리뛰기 기록이 세워질 때는 바람이 약 2㎧로 불었다. 그리고 여자 100m 기록이 세워질 때는 풍속이 1.8㎧였다. 2㎧ 순풍이 불면 바람 한 점 없을 때보다 100m 기록이 0.11초 정도 향상된다. 그 효과는 속도의 제곱에 비례하며, 항력 인자를 무풍 시의 V^2에서 풍속 W의 순풍이 불 때의 $(V-W)^2$로 줄이는 것이다. 높은 고도 때문에는 주파 시간이 100m당 0.03초 정도밖에 줄지 않으므로 바람이 고도보다 훨씬 더 중요할 수도 있다. 바람과 고도의 영향을 함께 고려하면 100m, 200m 달리기, 멀리뛰기의 성적 향상률을 어느 정도 이해할 수 있다.

돌이켜 생각해보면 가장 큰 유산을 남긴 것은 바로 고도가 장거리 종목에 미친 영향이었다. 고지대에서 올림픽이 또다시 열리는 일은 없을 것이다. 이는 해수면 높이에서 생활하며 훈련한 선수들이 경험한 문제와 명백한 불공평성에 대한 거센 비난 때문이다.*

하지만 저지대 선수들은 고지대에서 오랫동안 생활하며 훈련하면 얻을 수 있는 이점을 알아차렸다. 1968년 올림픽 이후 줄곧 정상급 장거리 달리기 선수들은 고지대에서 태어난 선수들, 특히 케냐 주자들이 받은 생리적 이점을 어느 정도 얻으려고 애써왔다. 고지대에서 훈련하면 몸이 비교적 낮은 기압에서 산소를 흡수하는 데 익숙해진다. 그다음 선수가 해수면 높이의 지역으로 돌아오면 몸이 평소 그런 저지대에만 있었을 때보다 훨씬 많은 산소를 혈류 속으로 흡수해서 성적이 향상된다. 그런 효과는 일시적으로만 나타나므로 고지대 훈련 기간과 경기 전 저지대로 돌아오는 시기를 적절하게 맞춰야 한다.

---

* 해발 고도가 1,000m를 넘는 지역에서는 세계 기록을 세울 수 없다.

어떤 선수들은 그런 일을 극단으로 밀고 나가 고지대의 대기를 모의로 재현한 산소 텐트에서 매일 밤 자기도 했다. 또 선수들이 고지대 훈련의 이점을 간직하기 위해 '혈액 도핑'을 한다는 소문이 아직도 가끔 돈다. 혈액 도핑은 산소 운반 능력이 극대화됐을 때 피를 어느 정도 뽑아두었다가 나중에 큰 경기 전에 도로 몸에 주입하는 것이다. 그런 일이 이론상 유용하고 약물 검사로 발견되지도 않지만, 상식적으로 생각해볼 때 선수들은 대부분 올림픽 최종 준비의 일환으로 수혈받는 일을 꺼릴 듯싶다.

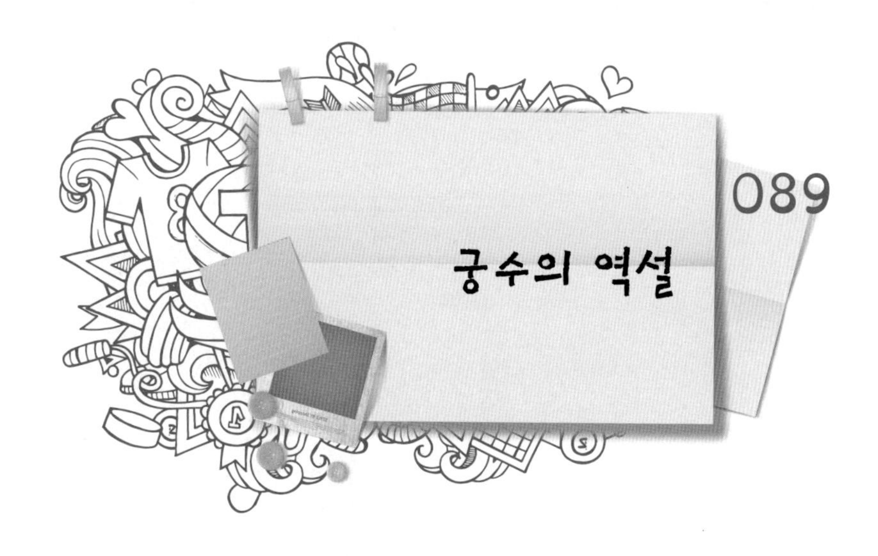

화살을 과녁으로 쏘는 일에는 역설적인 면이 있다. 과녁을 똑바로 겨냥해 맞힐 수는 없다는 것이다. 활대가 방해되기 때문이다. 화살을 활대 정중앙을 통해 겨눌 수는 없으므로 (궁수가 왼손잡이냐 오른손잡이냐에 따라) 활대의 왼쪽이나 오른쪽 면에 대고 겨누는 수밖에 없다. 화살을 손에서 놓았을 때 화살 오늬를 밀쳐내는 활시위는 깃 모양이 완벽한 화살도 과녁으로 똑바로 나아가게 하지 못한다. 오른손잡이 궁수가 곧이곧대로 겨냥해 쏜 화살은 결국 과녁의 왼쪽으로 한참 빗나가고 말 것이다.

이것이 바로 '궁수의 역설'이다. 활 쏘는 사람들은 현대 고속 사진술의 출현으로 화살의 동태를 면밀히 관찰할 수 있게 되기 전에도 수백 년 동안 이를 경험으로 잘 알고 있었다.

궁수의 손에서 벗어난 화살은 갑자기 추진력을 받아 활대에 닿은 채 밀려 나간다. 그런 접촉과 손이 시위에서 떨어지는 방식 때문에 화살은 고속으로 전진하면서 꿈틀꿈틀 흔들리게 된다(그런 일련의 화살 모양이 다음 그림에 나와 있다). 궁수는 활시위를 놓는 릴리스 동작이 화살에 그

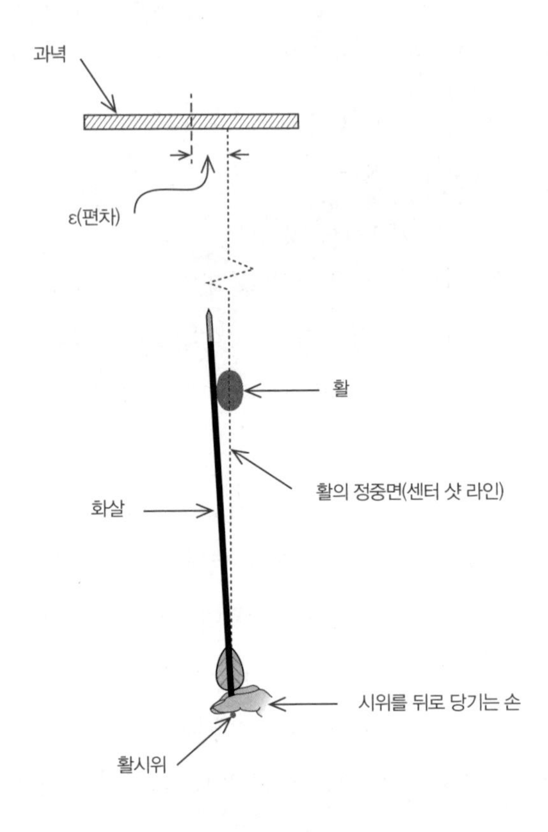

런 영향을 미치지 않을 만큼 손을 빨리 움직일 수 없고 화살이 활대를 스치며 받는 충격은 정말 불가피하다.

화살이 흔들리는 진동수는 화살 질량이 화살 길이를 따라 어떻게 분포되어 있는가, 화살이 얼마나 뻣뻣한가에 좌우된다. 그런 뻣뻣한 정도를 화살의 '강도spine'라고 하는데, 강도가 적절한 화살을 쓰는 일은 매우 중요하다. 강도가 부족한(많이 뻣뻣한) 화살은 잘 구부러지지 않아서 활을 벗어나면서 왼쪽으로 엇나가 버리고 강도가 지나치게 큰(덜 뻣뻣한) 화살은 변형이 너무 심해 날아가면서 오른쪽으로 빗나가 버릴 것이다.

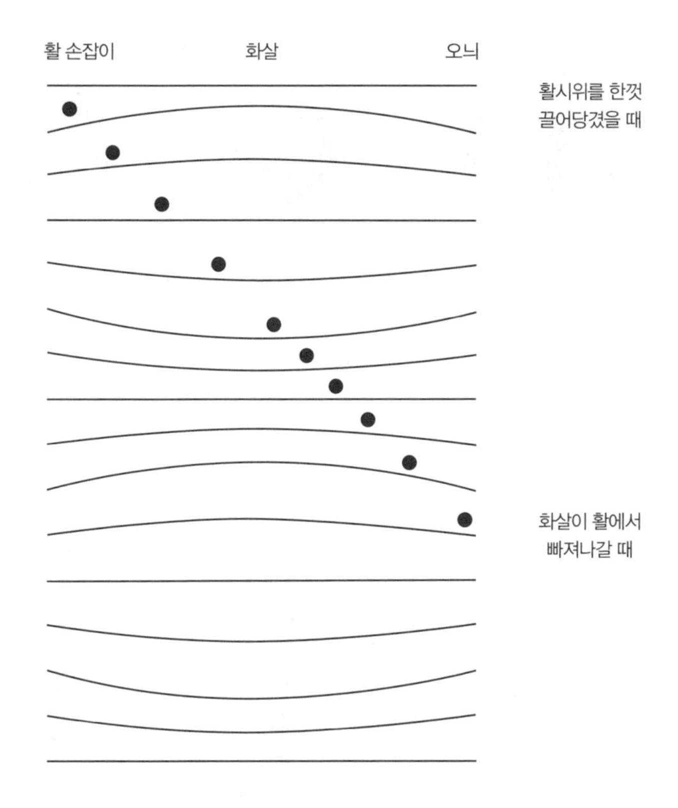

그런 극단 사이에 적절한 '골디락스' 강도가 있는데, 그에 따른 화살의 진동은 화살이 활대 옆을 꿈틀대며 지나간 후 생기는 편차를 정확히 상쇄한다. 그런 진동이 완료되면 화살은 궁수가 겨냥한 과녁을 향해 똑바로 날아간다. 사실 화살은 과녁으로 날아가는 도중에도 계속 흔들리지만 그런 진동은 화살이 활에서 벗어난 후 세기가 많이 누그러들어 곧 별 영향을 미치지 않게 된다. 화살 끝에 달린 포물선 모양의 깃은 측방 운동과 회전 운동에 방해가 되는 공기 저항을 키워서 화살이 비행 중 한 방향으로 계속 휘려는 경향을 어느 정도 저지해주므로 비행경로를 바로잡는 데

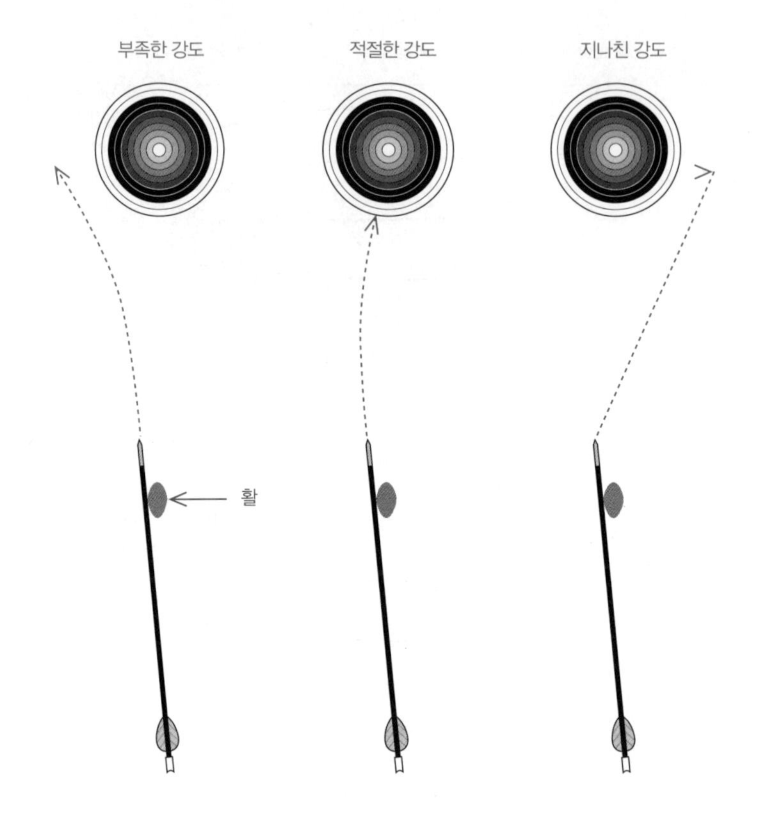

도움이 된다.

궁수의 대단한 역량 중 하나는 화살의 강도와 무게, 활 셋업과 릴리스 손동작을 어떻게 조합해야 발사된 화살의 진동이 초기 편차를 정확히 상쇄하게 할 수 있는지를 연습과 예민한 감각으로 알아내는 능력이다. 그것보다 훨씬 힘든 일도 있다. 경기 중 선수들은 그렇게 조합한 한 가지 방식이 매번 효과를 보이도록 화살을 쏠 때마다 시위를 당기고 화살을 놓는 방식이 완전히 한결같아야 한다.

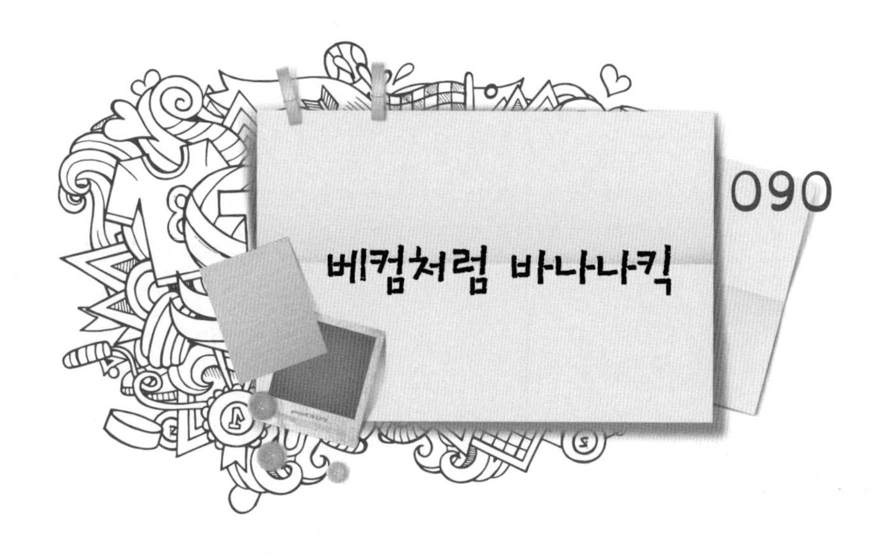

축구 선수들이 어려서부터 숙달하려고 애쓰는 기술 중 하나가 '바나나킥'이다. 축구를 잘 모르는 사람들을 위해 설명하면 이는 공이 공중에서 갑자기 방향이 바뀌도록 공을 차는 기술을 말한다. 이 기술은 상대편 수비수와 골키퍼를 속이는 데 유용하며 상대편 페널티에어리어 가장자리 근처에서 프리킥을 하게 됐을 때 특히 효과적이다.

수비 팀은 규정에 따라 공에서 약 9m 떨어진 곳에 선수들로 벽을 만들어(심판에게 걸리지 않으면 더 가까이서도 그럴 수 있다) 공격 팀이 골문으로 직접 슛하지 못하게 할 것이다. 공격 팀에는 수비벽 옆이나 위로 바나나킥을 할 수 있는 데이비드 베컴 같은 비장의 선수가 있을 것이다. 그렇게 찬 공은 처음에 수비벽의 옆이나 위를 지나면 곧 안쪽이나 아래쪽으로 휘어 결국 골문 안으로 들어갈 것이다. 아아, 가여운 골키퍼는 그런 수비벽에 시야가 가려 공도 못 보다가 마침내 공이 보일 때면 너무 늦어 대응할 수도 없다. 이런 일이 어떻게 일어나며 왜 가능할까?

축구공에서 중심이 아닌 부분을 깎아 차면 공이 회전하게 된다. 오른

발 안쪽으로 공의 오른쪽 면을 차면 공이 반시계 방향으로 회전하고 오른발 바깥쪽으로 공의 왼쪽 면을 차면 공이 시계 방향으로 회전한다. 공을 많이 회전시킬수록 공의 방향이 더 많이 바뀔 것이다.

이 기술의 가장 유명한 예로 1997년 브라질의 호베르투 카를루스 Roberto Carlos가 프랑스와 경기에서 프리킥한 것을 들 수 있다. 그는 처음에 골문에서 35m 떨어진, 페널티아크와 가까운 지점에서 시속 130km 정도의 속도로 공을 찼다. 그 후 공이 얼마나 많이 휘었던지 골문 10m 옆에 있던 볼보이는 공이 곧장 자기 쪽으로 날아오는 줄 알고 옆으로 비키려 했다. 그다음 공은 갑자기 볼보이에게서 멀어지도록 방향이 바뀌어 골문으로 들어갔다. 카를루스가 공을 워낙 세게 차는 바람에 중력이 공의 공

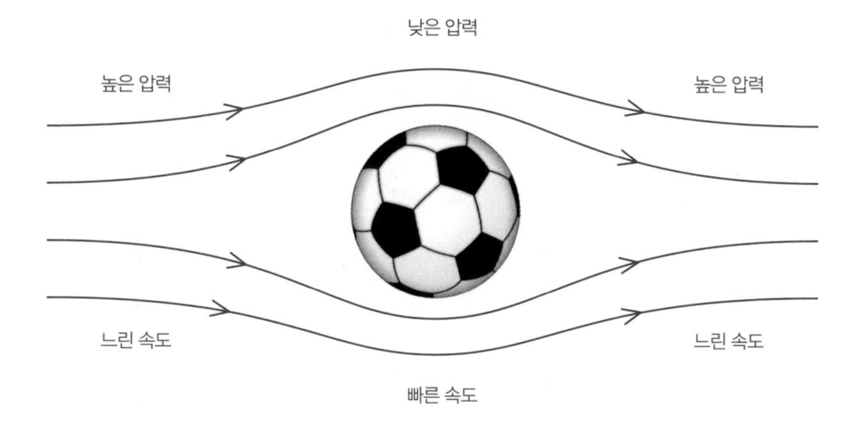

기역학적 움직임을 완화할 여지가 아예 없었다.

그런 효과는 축구에서만 나타나는 것이 아니다. 온갖 구기 종목에서 그런 현상을 볼 수 있다. 배구공, 야구공, 크리켓공, 테니스공 등의 공은 모두 회전을 먹어 회전하지 않았다면 따르지 않을 곡선 경로로 날아갈 수 있다. 공의 방향이 바뀌는 이유는 공기가 공을 지나 흐르는 모습을 보면 이해할 수 있다. 위 그림에서 공은 회전 없이 왼쪽으로 나아간다. 공기가 흐르다 공과 부딪치면 그 흐름선들이 함께 밀려나므로 공의 표면을 지나는 공기의 압력은 낮아지고 속도는 빨라진다.

공이 회전하면 공 표면 근처의 공기 흐름선이 상당히 달라진다. 다음 그림을 보면 공에 시계 방향의 회전을 주었을 때 어떻게 되는지 알 수 있다. 공 위쪽의 인접 공기는 다가오는 공기와 반대 방향으로 움직이지만 공 아래쪽의 인접 공기는 다가오는 공기와 같은 방향으로 움직인다. 이는 곧 공 위쪽 인접 공기의 합속도는 아래쪽 인접 공기의 합속도보다 느리다는 뜻이다. 그렇다면 아래쪽에서보다 위쪽에서 공에 작용하는 압력이 높으므로 하향 합력이 존재하게 된다. 그림을 이 상태로 보면 톱스핀을 먹은 공이 어떻게 아래쪽으로 휘는지 알 수 있다. 하지만 이 그림을 왼쪽에서 보면 오른발 바깥쪽으로 찬 공이 어떻게 오른쪽으로 휘는지를 이해할 수 있다.

남아프리카공화국 월드컵 축구 대회에서는 낯선 공기역학적 특징을 보여주는 가벼운 신형 축구공 도입에 골키퍼들이 수차례 항의했고 상당한 논란이 일었다. 하지만 분명한 것은 세계 정상급 공격수들도 그 공의 성질에 전혀 적응하지 못했으며 장거리 슛이나 프리킥으로 들어간 골이 거의 없었다는 점이다. 선수들은 공의 커브를 도무지 통제할 수 없었던 것이다.

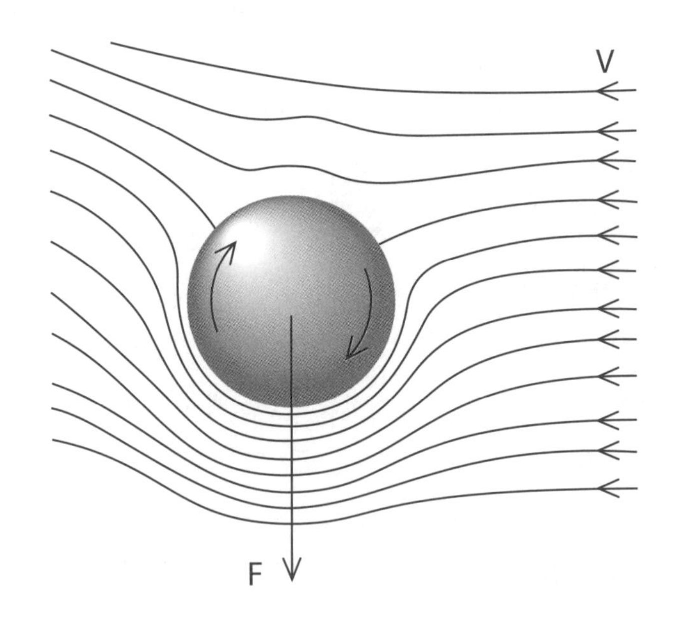

달리거나 자전거를 타거나 자동차를 모는 사람이 교차로에서 신호등에 걸려 또는 주자의 경우라면 인터벌트레이닝의 일환으로 여러 차례 짤막짤막 멈춰 설 때 그들의 에너지는 다 어디로 갈까? 자동차 운전자와 자전거 운전자의 운동 에너지는 결국 브레이크에서 열과 소리로 바뀌며 없어진다. 주자가 갑자기 멈추면 그의 에너지는 생리적 제동 장치 역할을 하는 근육, 힘줄, 팔다리를 당겨 가열하면서 손실된다.

그런 주자와 운전자들은 멈췄다 다시 출발하기를 하지 않을 때면 자신이 나아가며 가르는 공기의 저항을 극복하는 일을 한다. 그런 단속적 정지와 재출발이 어떤 경우에 공기 저항보다 더 큰 에너지 손실 원인이 되는지 알아보면 재미있다. 이동하는 사람이 각각 질량이 M이며 일정 속도 V로 나아가다가 D 간격의 지점마다 갑자기 멈춰 선다면 각 구간을 가는 데 시간이 D/V만큼 걸릴 것이고 각 지점에서 '제동'을 걸 때마다 운동 에너지 $1/2\ MV^2$이 모두 손실될 것이다. 그렇다면 에너지가 제동 장치로 넘어가 손실되는 속도는 $1/2\ MV^2 \div D/V = 1/2\ MV^3/D$이다. 정지 지점 사이의 구간이 짧을수록(D 값이 작을수록) 이 속도는 빨라진다. 또 이 값은 이동 속도의 세제곱에 비례하기도 한다. 이로써 빨리 움직이면 멈춰 설 때 에너지가 많이 낭비되리라는 점을 알 수 있다.

주자와 운전자의 또 다른 에너지 손실원은 그들이 운동할 때 극복해야 하는 공기 저항이다. 실효 면적* A로 공기를 받고 있다면 그들은 시간 t 동안 부피가 A 곱하기 이동 거리 Vt인 원통형 공기를 쓸어내게 된다. 그러므로 그런 원통형에 들어 있는 공기의 질량은 $M_{공기}=\rho AVt$이다. 여기서 $\rho=1.3㎏/㎥$는 공기의 밀도다. 밀려나며 소용돌이치는 공기의 운동 에너지는 $1/2\ M_{공기}V^2=1/2\ \rho AtV^3$이고 그것을 극복하는 데 에너지가 손실되는 속도는 $1/2\ M_{공기}V^2/t=1/2\ \rho AV^3$이다. 이것과 제동 손실을 비교해보면 다음을 알 수 있다.

$$\text{제동으로 인한 에너지 손실률/공기 저항으로 인한 에너지 손실률} = \frac{M}{\rho AD}$$

여기에 나타난 바에 따르면 M이 ρAD, 즉 주자나 운전자가 쓸어내는 원통형 공기의 질량보다 큰 경우에는 공기 저항을 극복하는 데 쓰이는 에너지보다 반복 제동으로 낭비되는 에너지가 더 많다. 이런 조건은 쉽게 이해할 수 있다. 반복 제동이 에너지 손실의 주원인이 되는 것은 M이 커서 브레이크에서 손실되는 운동 에너지가 더 많거나(자전거보다 대형 트럭이 더 멈추기 힘들다) 정지 지점 간의 거리 D가 짧아 자주 멈추

* 해당 물체의 형태가 얼마나 매끈하며 유선형에 가까운지를 반영하는 항력 계수와 기하학적 단면적을 곱한 값. 자동차의 경우 기하학적 단면적은 약 3㎡이지만, 실효 면적은 그것의 3분의 1 수준인 1㎡ 정도다.

게 될 때다. M이 ρAD와 같을 때는 정지 지점 간의 특정 거리 D*=M/ρA가 나온다. 이 값을 기준으로 하여 에너지 대부분이 반복 제동으로 손실되는 경우(D〈D*)와 공기 저항이 가장 큰 에너지 손실원인 반대 경우(D〉D*)가 나뉜다. 장거리 주자는 보통 실효 면적이 S=0.45㎡이고 M=65㎏이므로 D*(주자)=111m이다.

사이클 선수와 자전거는 보통 A=0.25㎡이고 M=75㎏이므로 D*(사이클리스트)=230m이다. 일반 자동차는 A=1㎡이고 M=1,000㎏이므로 D*(자동차)=750m이다. 여기서 알 수 있듯이 자동차 운전자는 750m보다 짧은 간격으로 교차로와 신호등에서 멈춰 서면 제동이 주된 에너지 손실원이 된다. 에너지를 절약하려면 가벼운 차를 천천히 몰아야 한다. 에너지 손실은 mV^3에 비례하기 때문이다. 주자는 훈련 목표가 에너지 절약의 정반대일 수도 있다. 주자가 빨리 달리다가 중간중간 멈추는 인터벌트레이닝을 한다면, 그리고 달리는 구간의 길이가 각각 111m보다 짧다면 그는 바람을 가르며 달리는 데보다 멈췄다가 다시 출발하는 데 에너지를 더 많이 쓰게 된다. 간격을 좁히면 에너지를 훨씬 많이 쓸 수 있는데, 그런 방식이 더 긴 거리를 더욱 천천히 달리는 방식보다 훈련 효과가 클 것이다.

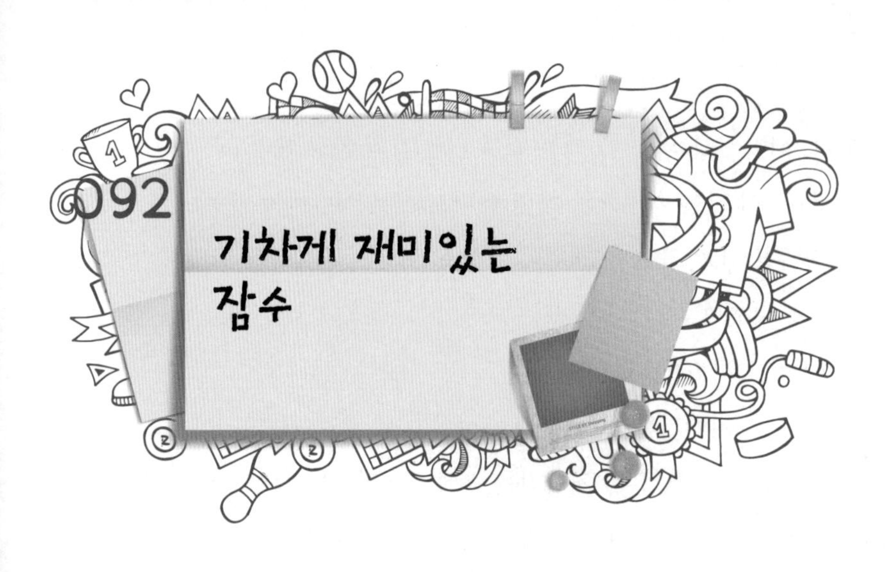

092 기차게 재미있는 잠수

스쿠버다이빙은 학교에서 배웠을 물리화학의 기체 법칙에 대한 지식이 필요하다는 점에서 확실히 독특한 스포츠다. 그런 지식은 조직적 잠수에 참여하는 데 필요한 기본 자격의 일부다.

가장 중요한 첫 번째 기체 법칙은 17세기에 로버트 보일Robert Boyle이 포괄적으로 연구했다. 이 법칙은 일정량의 기체 압력이 그 부피에 반비례한다는 사실을 알려준다. 즉 압력을 두 배로 높이면 부피가 절반으로 줄어든다는 것이다. '보일의 법칙'은 잠수부가 물속으로 내려가 몸과 잠수복에 작용하는 수압이 높아지면 어떤 일이 일어나는지를 잘 설명해준다. 해수면의 대기압을 1바bar로 정의하는데, 잠수부는 물속으로 10m 내려갈 때마다 압력이 거기서 1바씩 더 증가하는 상황을 경험하게 된다.

어디에든 갇혀 있는 공기는 모두 압축되어 부피가 줄어들므로 부력복은 조금 오므라들고 잠수복은 더는 수면에서처럼 몸에 꼭 맞지 않게 된다. 더욱 중요한 것은 증가하는 압력 때문에 두 귀 사이의 유스타키오관도 압축된다는 점이다. 이를 상쇄하려면(고막 안팎의 압력을 같게 하려면) 공기를 그 안으로 조금 밀어 넣어줘야 한다. 그렇게 하면 흔히들 알고 있듯이 귀가 '뻥' 뚫리는 느낌이 난다. 수면으로 다시 올라올 때는 수압이 점차 낮아지므로 몸 주변과 몸속의 기체가 팽창하게 된다. 숨을 살살 내쉬지 않고 실수로 참아버리면 폐 속의 공기가 팽창해 폐를 상하게 할 것이다(심지어 터지게 할 수도 있다).

잠수부가 알아둬야 할 그다음으로 중요한 기체 법칙은 1801년 맨체스터의 화학자 윌리엄 헨리William Henry가 발견한 '헨리의 법칙'이다. 이것은 액체에 용해되는 기체의 질량이 그 기체의 압력에 비례한다는 법칙이다. 수심이 깊어져 잠수부의 몸이 더 높은 압력을 받으면 더 많은 기체를 혈류와 조직 속으로 흡수하게 된다는 뜻이다. 깊은 물속의 잠수부는 공기 탱크에서 훨씬 많은 질소를 흡수하게 되는데, 다시 수면으로 올라올 때는 그런 상황을 조심스럽게 다뤄야 한다. 오래 잠수한 뒤 물 밖으로 올라오면 평소보다 몸속에 질소가 훨씬 많이 들어 있다. 잠수 깊이가 깊을수록, 물속에서 보낸 시간이 길수록 몸속에 남아 있는 양이 많다. 그런 기체가 몸에서 서서히 방출되긴 하겠지만 잠수부는 기체 잔류량이 안전 한도를 벗어나지 않도록 잠수 중인 시간과 잠수와 잠수 사이 시간을 계속 잘 확인해야 한다.

잠수부 몸의 기체 흡수에는 1803년 또 다른 맨체스터 화학자 존 돌턴John Dalton이 내놓은 돌턴의 법칙도 적용된다. 이 법칙에 따르면 혼합 기체는 총압력이 달라져도 부피 비율은 변함없이 유지된다. 다시 말해, 산소와 질소의 혼합물에서 두 기체는 이를테면 포도와 대리석의 비기체 혼합물에서처럼 압력 변화에 성분별로 다르게 반응하지 않는다는 것이다. 돌턴의 법칙 덕분에 몸이 호흡용 혼합 기체 속의 갖가지 기체를 흡수하는 방식을 꽤 간단하게 예측하고 관찰할 수 있다.

이런 기체 법칙들로 예측해보면 잠수부는 물속으로 내려갈 때보다 수면으로 올라올 때가 훨씬 더 위험하다. 잠수부가 수압이 낮은 곳으로 너무 빨리 올라오면 피에 추가로 더 녹아들어 있는 질소와 산소는 모두 동맥 속에서 자잘한 기포를 만들 수 있다. 그렇게 되면 관절통(감압통)이나 치통이 생기기도 하고 동맥에서 기포들이 돌아다니다 덩어리지는 결과로 치명적일 수 있는 색전증이 나타나기도 한다. 깊이 잠수했을 때는 몸속에 녹아 있는 기체의 압력이 서서히 줄어들도록 그리고 그런 기체가 시간을 두고 몸에서 빠져나가도록 (분당 10m 미만씩) 천천히 올라와야 한다. 노련한 잠수부들은 그런 과정을 매우 신중하게 확인한다. 심각한 문제가 생긴 경우에는 감압실로 인공 고압 환경을 조성해 잠수부가 천천히 해수면 기압으로 돌아오게 할 수도 있다.

어떤 물체를 흔들다 원상 복귀되도록 살짝 밀면 그 물체는 특정한 '고유' 진동수로 오락가락 진동할 것이다. 그네를 타고 앞뒤로 왔다 갔다 하면서 팔다리로 반동을 주지 않으면 그네의 그런 고유 진동수가 느껴진다. 그러다가 그넷줄을 당기며 다리를 적절히 앞뒤로 움직여 그네를 더 높이 올라가도록 진동시키면 그네의 진폭을 키울 수 있다. 그러다 보면 머지않아 그런 일을 하는 올바른 방법과 잘못된 방법이 있다는 사실을 깨닫게 된다. 부적절한 순간에 반동을 주면 부정적인 영향을 미치는 듯한 느낌이 들지만 적절한 순간에 딱 맞춰 반동을 줘서 고유 진동을 강화하면 그네가 훨씬 높이 올라가게 할 수 있다.

성공의 열쇠는 진동 중인 그네의 고유 진동수와 같은 빈도로 힘을 가하는 데 있다. 즉 반동을 주는 시간 간격이 그네가 고유 진동수로 흔들리는 시간 간격과 같게 하는 것이다. 그렇게 하면 그네의 운동에 매우 효율적으로 에너지를 전달하게 되는데, 이런 현상을 '공명'이라고 한다. 공명은 이로울 때도 있고 해로울 때도 있다. 예컨대 아이가 그네를 타고 있을

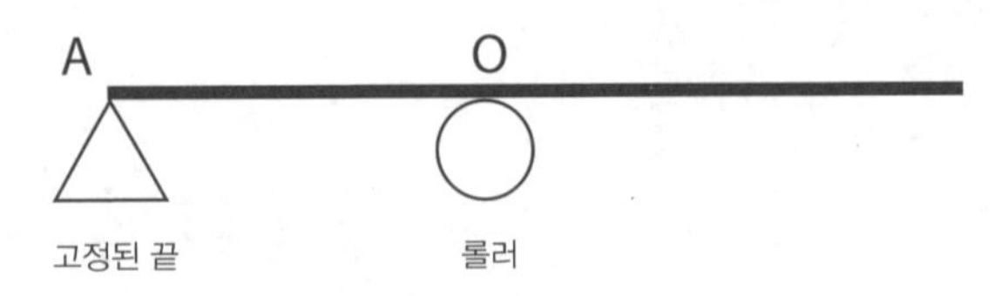

때의 공명은 이롭지만 약한 지진으로 집이 흔들릴 때의 공명은 해로워서 적절한 공학 기술로 위험한 진동수를 걸러내 방지해야 한다.

스포츠에서 공명의 가장 극적인 예는 스프링보드다이빙에서 찾을 수 있다. 그 종목에 쓰이는 탄력적인 다이빙대 스프링보드는 보통 수면 위 3m 높이에 있으며(물놀이용 수영장에서는 그 높이가 1m에 불과할 것이다) 길이 4.9m, 너비 50cm 정도의 아주 튼튼한 알루미늄 통판에 미끄러짐 방지용 에폭시수지 피막을 입혀놓은 형태로 되어 있다.

그런 보드는 한쪽 끝(A)은 고정돼 있고 다른 쪽 끝은 자유롭게 진동할 수 있도록 수영장 위로 돌출되어 있다. 그런 형태의 보를 엔지니어들은 '캔틸레버'라고 한다. 하지만 스프링보드는 받침점 위치 O를 조절할 수 있는 지렛대처럼 설치되어 있다. 선수는 다이빙을 시작하기 전 A 근처에 섰을 때 발로 톱니바퀴를 굴려 받침점 위치를 약 0.75m 범위 안에서 조절할 수 있다. 일반적으로 다이빙 선수는 균형을 잘 유지하며 보드를 따라 세 발을 내딛는데, 마지막 발로는 받침점 너머 1m 정도 위치를 디딘다. 세 번째 걸음을 내디딘 후에는 위로 올라오는 보드의 도움을 받아 즉시 솟구쳐 오른다.

선수는 위로 뛰어오르면서(실은 내려올 때 보드에 부딪히지 않도록 조금 앞으로도 뛴다) 두 팔과 함께 한쪽 다리를 들어 올려 크기는 같고 방향은 반대인 하향 반작용력을 보드에 가한다. 그러면 보드는 아래로 조금 휘었다가 kx의 힘으로 원래 위치를 향해 튀어 올라온다. 여기서 x는 보드가 휘어 내려간 거리이고 k는 보드의 탄력성이다. 보드를 살짝 진동시키면 고유 진동수로 진동할 텐데, 그 값은 선수 몸무게가 65㎏인 경우 초당 √(k/m)~√(848/65)=3.6이다. 선수는 보드에서 튀어 오르면서 바로 그 진동수에 보조를 맞춰야 한다. 그래야 보드에서 떨어질 때 특히 큰 '공명' 상향 추진력을 받을 수 있다. 바꿔 말하면 선수는 보드가 최고 속도로 아래로 움직일 때 마지막으로 보드와 접촉해 발을 굴러야 한다. 그러면 보드를 아래로 최대한 휘게 할 수 있고 그렇게 보드에 저장된 탄성 에너지 대부분을 자신의 상향 도약 운동으로 전달할 수 있다.

선수가 보드에서 튀어 오르는 동작과 보드의 고유 진동이 공명하면 에너지가 가장 효율적으로 선수의 상향 운동에 전달된다. 선수는 보드의 받침점 위치 O를 규정에 따라 0.75m 범위 안에서 조절해 보드의 탄력성을 바꿀 수 있다. 선수가 보드를 O 오른쪽으로 좀 더 밀어내면 보드의 탄력성(k)이 커지는데, 그러면 선수가 따라잡고자 하는 공명 진동수도 달라진다. 그 값은 k의 제곱근에 비례하기 때문이다.

저마다 몸집과 힘이 다른 선수들은 보드를 자신의 질량에 대한 고유 진동수로 가장 효과적이게 진동시킬 수 있도록 받침점 위치를 다르게 선택할 것이다. 선수가 보드의 공명 진동수에 정확히 도달하는 것은 소리로 알 수 있다. 그런 경우에는 선수가 공중으로 솟구쳐 오를 때 보드에서 경쾌하게 퉁 하는 소리가 한 번 난다. 하지만 선수가 적정 진동수를 놓쳐 버리면 달가닥거리는 진동 소리가 누구에게나 들리도록 울려 퍼진다.

094 동전 던지기는 만능?

동전 던지기는 운동 경기의 온갖 문제에 대한 해결책이다. 누가 킥오프할 것인가, 누가 경기장의 어느 쪽을 차지할 것인가, 누가 바람을 등질 것인가, 누가 서브를 먼저 넣을 것인가 같은 문제는 물론이고 실력에 기초한 온갖 선택 방법을 다 써버린 경우라면 누가 다음 라운드 진출자 또는 경기의 승자가 될 것인가 하는 문제도 동전 던지기로 해결할 수 있다. 그 이유인즉 이 간단한 방법은 앞면이 나올 확률과 뒷면이 나올 확률이 똑같은 만큼 완전히 무작위적이며 공평하다고 여겨지기 때문이다.

하지만 어떻게 보면 동전 던지기가 정말 무작위적일 리가 없다. 그 일에는 이를테면 앞면이 위로 향하고 있거나 하는 명확한 시작 상태가 있고 동전을 위로 던질 때 동전에 회전도 어느 정도 준다. 그렇게 던진 동전은 중력에 좌우되는 비행경로를 따라 올라갔다 돌아오며 명확한 횟수로 회전한 후 던진 사람에게 도로 잡힌다. 이는 모두 뉴턴의 운동 법칙으로 설명할 수 있다. 지면 위 높이 H_0에서 수직 속도 V로 동전을 위로 던지면 그 동전은 시간 t 후에 높이 $H=H_0+Vt-1/2\ gt^2$으로 올라갈 것이다.

여기서 g는 중력가속도다. 동전이 원래 높이 H_0에 있는 던진 사람 손으로 돌아오면 $H=H_0$이 되는데, 그때는 시간 $t_h=2V/g$가 지난 후이다. 동전을 던지면서 초당 회전수(rps) R로 회전시키기도 했다면 동전이 회전한 횟수 N은 다음과 같을 것이다.

$$N = t_h \times R = \frac{2VR}{g}$$

이 공식을 보면 알 수 있듯이 동전의 회전 횟수를 늘리고 싶다면 동전을 위로 던지는 속도 V를 빠르게 해서 동전이 공중에서 긴 거리를 이동하게 해야 한다. 물론 동전에 주는 회전이 무엇보다 중요하다. 동전을 위로 던지면서 거의 또는 전혀 회전시키지 않으면 그 동전은 뒤집히지 않고 처음과 같은 면을 위로 향한 채 떨어질 것이다. 이 공식으로 예측이 가능한 정도도 알아낼 수 있다.

N이 0~0.25가 되도록 앞면이 위로 향한 동전을 아주 천천히 던져 올리면 동전이 떨어졌을 때도 앞면이 위로 향하고 있을 것이다. 같은 식으로 생각해볼 때 N이 0.75~1.25, 1.75~2.25, 2.75~3.25, 3.75~4.25 등이면 동전을 받았을 때 처음과 같은 면이 위로 향하겠지만 N이 0.25~0.75, 1.25~1.75, 2.25~2.75, 3.25~3.75 등이면 동전이 떨어졌을 때 처음과 반대쪽 면을 위로 향하고 있을 것이다. N 값이 커지면 예컨대 20보다 훨씬 커지면 두 가지 결과가 갈리는 V, R에 대한 조건이 점점 서로 비슷해져 던지는 조건의 미세한 차이가 앞면 또는 뒷면이라는 결과를 낳게 된다. 보통 V는 약 2㎧일 테고 g=9.8㎨이므로 동전이 공중에 있는 시간은 2V/g=0.4초 정도일 것이다. 결과가 50 대 50에 가까워지

도록 그 시간에 동전이 20번 이상 돌게 하려면 동전을 20/0.4=50rps 이상의 회전수로 회전시켜야 한다.

'앞면'이나 '뒷면'을 선택하는 두 주장이 동전 던지기를 공평하게 하는 열쇠는 동전의 처음 상태를 설정하는 방식에 있다. 심판이 동전 면을 주장들에게 보여주지 않고 숨기면 주장들은 앞뒷면을 선택하는 사람으로서 이점을 얻을 수 없을 것이다. 그들은 처음에 위로 향하고 있는 면을 보지 못하면 동전이 떨어졌을 때 이를테면 '뒷면'보다 '앞면'이 더 잘 나오게 하는 편향 요인을 전혀 모르게 된다. 바로 위에서 살펴보았듯이, 바람직한 동전 던지기에서는 동전을 공중으로 높이 던져 올리며 많이 회전시킨다. 그러면 동전이 체공 시간의 절반가량 동안 '앞면'을 위로, '뒷면'을 아래로 향하고 있기 때문에 심판이 동전을 받았을 때 결과가 '앞면'이 되는 비율이 2분의 1에 매우 가까워진다.

흥미롭게도 동전의 무게 분포를 바꿔서 한쪽 면이 더 많이 나오게 할 수는 없다. 2002년에는 벨기에 유로 동전이 국왕 알베르 2세Albert II 두상이 있는 '앞면' 쪽으로 무게가 상당히 쏠려 있다고 우려하는 목소리가 나왔다. 다행스럽게도 축구 경기를 시작할 때 벨기에 유로 동전을 던지는 경우라면 걱정할 것이 전혀 없었다. 한쪽 면을 다른 쪽 면보다 무겁게 만들어도 문제가 될 만한 편향은 생기지 않는다. 무게가 한쪽으로 얼마나 치우쳐 있든 동전은 공중에서 언제나 무게중심을 관통하는 축을 중심으로 회전하기 때문이다.

국제올림픽위원회에는 올림픽 정식 종목의 신성한 명단에 또는 IOC 위원 대다수의 찬성표를 끌어모아 정식 종목이 되길 열망하는 '시범' 종목의 대기 명단에 어떤 스포츠를 포함시킬(또는 거기서 퇴출시킬) 만한지 결정할 때 고려하는 긴 기준 목록이 있다. 하계 올림픽에는 26종목이 있지만 2016년과 2020년에 골프와 7인제 럭비가 포함되면 IOC 규정에서 허용하는 최대치인 28종목으로 늘어날 것이다.

어떤 스포츠를 올림픽 종목으로 추가할지 고려하는 과정에서는 IOC 위원들에게 스포츠의 역사, 보편성, 인기, 이미지, 선수 건강, 국제경기 연맹 현황, 비용 일곱 측면에 초점을 맞춘 설문지를 돌린다.

이들은 모두 적절한 고려 사항이지만 현재 명단에 올라 있는 포화 상태의 올림픽 종목 꾸러미에서 좋은 부분을 추려내는 데는 별로 도움이 되지 않는다. 여기에는 중요한 듯싶은 고려 사항 하나가 빠져 있다. 이것이 올림픽 종목의 충분조건은 아니지만 필요조건은 되어야 마땅하다. 이는 올림픽에서 해당 종목의 우승자가 되는 것이 그 분야 선수들이 성취하고자 하는 최고 목표인가 하는 점이다. 육상, 수영, 트랙 사이클링, 하키, 배구, 탁구 등 올림픽 종목에서는 대부분 명백히 그러하다. 그리고 올림픽 종목 후보에 해당하는 가라테와 스쿼시 같은 종목에서도 그럴 것이다.

하지만 결코 그렇지 않은 두드러진 예가 더러 있다. 테니스, 골프, 축구, 농구, 전에 올림픽 종목이었던 야구는 모두 이 중요한 시험을 통과하지 못한다. 올림픽 축구는 23세 이상 프로 선수를 팀당 3명까지만 허용한다는 점에서 특히 이상하다. 그 밖의 어떤 종목에서도 팀 전력을 그토록 부자연스럽게 제약하진 않는다. 게다가 올림픽 테니스, 골프, 축구, 야구에 출전하는 정상급 선수들은 가장 중요시하는 직업적 목표가 따로 있다. 그 정도 수준의 선수들 중에는 올림픽에 출전하지 않기로 하는 사람도 많다. 윔블던에서 우승하는 편이 나을까, 아니면 올림픽에서 우승하는 편이 나을까? 올림픽 축구가 나을까, 아니면 월드컵이 나을까? 이 답은 뻔하며 이런 스포츠가 앞으로 열릴 올림픽의 종목으로 적절한지 결정할 때 주요 고려 사항이 되어야 한다.

가만히 보면 다이빙 선수와 트램펄린 선수들은 역학 법칙을 거스르는 듯하다. 그들은 처음에 아무런 회전 없이 아래나 위로 움직이지만 곧 이어 일련의 공중 돌기와 비틀기를 해 보인다. 어떻게 그런 일이 가능할까? 그들은 자기 몸을 비틀 회전력을 만들기 위해 밀어낼 대상이 전혀 없다. 사실상 다이빙 규정에서는 바로 스프링보드나 플랫폼에서부터 비틀기 동작을 시작하지 못하게 한다(돌기 동작은 거기서 시작해도 된다). 물체가 회전하는 경우 그런 회전을 나타내는 각운동량이라는 물리량이 있는데, 그 양은 회전 과정에서 반드시 보존된다. 이는 곧 누구든 자발적으로 전반적인 회전 합력을 만들어낼 수는 없다는 뜻이다. 하지만 정상급 하이다이빙 선수들은 화려한 비틀기를 보여줄 뿐만 아니라 그러면서 몸을 곧게 편 자세를 유지하기도 한다. 어떻게 그럴 수 있을까?

높은 곳에서 떨어지는 고양이도 그런 기술을 이용해 몸을 비튼다. 다이빙 선수는 점수를 따고 물에 수직 자세로 머리부터 들어가기 위해 비틀기 동작을 하려고 하지만 고양이는 보통 점수에는 아랑곳없이 발로 사뿐히 착지하려고 할 뿐이다. 고양이에게는 다이빙 선수에게 없는 속성도 두 가지 있다. 하나는 특수한 뼈 구조이고 다른 하나는 '위'와 '아래'를 구별하는 반사 신경이다.

높은 곳에서 떨어질 때 고양이는 먼저 몸 가운데를 구부리며 앞다리는 오므리고 뒷다리는 편다. 그러면 몸 앞부분에서는 관성이 줄어들고 뒷부분에서는 관성이 늘어난다. 따라서 앞부분은 비교적 빨리 훨씬 많이 회전하면서 뒷부분은 반대 방향으로 조금만 회전하게 할 수 있다. 몸의 앞부분과 뒷부분이 각각 다른 축을 중심으로 해서 반대 방향으로 회전하긴 하지만 두 힘의 수치를 더하면 각각의 방향이 달라 하나는 양수이고 하나는 음수이므로 그 합은 낙하가 시작됐을 때와 마찬가지로 0이다. 그다음에 고양이는 앞다리는 뻗고 뒷다리는 오므려 몸의 뒷부분은 많이 회전하면서 앞부분은 반대 방향으로 훨씬 덜 회전한다. 필요하면 고양이는 적절한 자세로 사뿐히 착지하기 위해 이런 단계들을 재빨리 되풀이할 수도 있다.

하이다이빙 선수도 그런 요령을 쓴다. 그는 회전량과 각운동량이 0인 상태로 다이빙대를 떠난다. 하지만 그다음 한쪽 팔은 올리고 다른 쪽 팔은 가슴 아래로 내려서 두 팔은 시계 방향으로 회전하고 그동안 몸의 나머지 부분은 반시계 방향으로 회전하게 한다(아래 그림 참조). 선수가 다이빙대를 떠날 때 발로 받은 마찰력이 측방 회전력이 되어 몸이 회전을 시작하자마자 비틀기 동작도 시작하게 된다. 결국 선수는 팔을 쭉 뻗고 몸을 곧게 펴 관성을 늘리면서 회전량을 줄여 비틀기 동작을 멈춘다.

이렇게 보면 이것이 쉬운 일 같지만 실제로는 결코 그렇지 않다. 그래도 고양이는 이를 아주 수월해 보이게 해낸다. 다음에 난간에서 떨어지는 고양이가 보이면 그 모습을 눈여겨보자. 어떤 고양이들은 뉴욕의 고층 건물 창턱에서 떨어지고도 살아남았다고 한다.

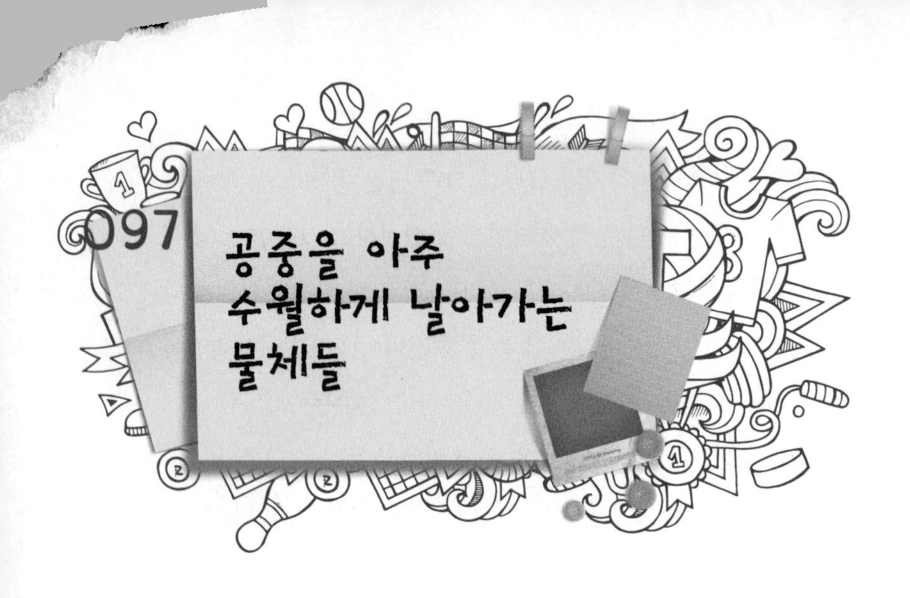

수많은 스포츠에서 공이나 셔틀콕 같은 작은 물체를 던지거나 차거나 때려 공중으로 날린다. 가죽으로 만든 공이 있는가 하면 플라스틱으로 만든 공도 있고, 큰 공이 있는가 하면 작은 공도 있으며, 무거운 공이 있는가 하면 가벼운 공도 있다. 하지만 공이 그렇게 다양하긴 해도 낡은 공은 다 쓸모가 없다.

축구공은 너무 가볍고 잘 튀면 안 된다. 그런 축구공은 골키퍼가 구장 저쪽으로 세게 높이 찼을 때 반대편 끝의 골문 위로 튀어 넘어가버릴 것이다. 탁구공은 너무 무거우면 안 된다. 그런 탁구공은 충분히 빨리 날아가지도 못하면서 충분히 휘지도 않을 것이다. 갖가지 스포츠용 포물체를 어느 정도 이해해보고 그런 물체들이 해당 종목을 어떤 의미에선 확실히 '흥미롭게' 만들도록 선택됐는지 알아보면 어떨까?

어떤 스포츠용 공을 공중으로 날리면 그 공은 두 가지 감속 요인의 영향을 받게 된다. 하나는 공의 무게에 따르는 중력 $W=mg$이고 다른 하나는 공이 나아가며 가르는 공기가 가하는 항력 $D=1/2CA\rho V^2$이다. 여기서

m은 공의 질량이고 g는 중력가속도이다. A는 운동 방향과 직각인 표면적이고 V는 공기에 대한 공의 상대속도이다. ρ는 공기 밀도이고 C는 공의 매끈한 정도 같은 공기역학적 특성에 따라 결정되는 항력 계수이다. 이 두 힘의 상대적 중요도는 다음과 같이 둘의 비율로 나타낼 수 있다.

$$\frac{\text{항력}}{\text{무게}} = \frac{CA\rho V^2}{2mg}$$

공 운동의 특징을 결정하는 두 번째 주요 요인은 매질의 항력 또는 관성력과 마찰력 또는 V점성력의 상대적 중요도다. 두 힘의 이 비율은 순조롭고 정연한 흐름(층류)과 사납고 혼란스러운 흐름(난류)이 나뉘는 경계를 결정하는 값으로 $\rho V^2 A/\rho vL$에 해당한다. 여기서 $v=1.5\times10^{-5}㎡/s$는 매질인 20℃ 공기의 점성도이고 L은 흐름의 규모를 특징짓는 길이이다(이를테면 공의 둘레 길이일 수도 있다). 이 비율을 해당 운동의 '레이놀즈수'라고 하고 Re라는 기호로 나타낸다. 이는 순수한 수로 단위가 없다(힘을 힘으로 나눈 값이기 때문이다). Re 값이 클 때는 공 표면에 아주 가까운 곳을 지나는 공기 흐름이 난류가 되지만 Re 값이 작을 때는 그 흐름이 순조롭게 유지된다.

난류가 층류로 또는 층류가 난류로 아주 갑자기 바뀔 수도 있는데, 그런 전이가 발생하면 포물체가 공기를 가르며 나아가다 미묘한 영향을 받게 된다. 그런 상황에서는 공 회전량, 공기 밀도, 공 질감이 조금만 달라져도 뚜렷한 효과가 나타난다. 이 '흥미로운' 임계 레이놀즈수는 보통 $Re=1\sim2\times10^5$ 정도다.

다음 표에는 다양한 스포츠용 포물체의 일반적인 질량, 치수와 아울

러 항력 대 무게 비(D/W), 레이놀즈수의 수치도 정리했다. 항력 대 무게 비는 포환의 0.01에서 탁구공의 8.8에 이르기까지 값이 광범위하다. 하지만 표를 보면 이를 비롯해 종목별로 공의 특성이 다양한데도 유독 레이놀즈수만큼은 종목을 불문하고 꽤 비슷비슷하다. 이런 구기 종목들은 선수가 공을 좀 회전시키는 등 약간 색다른 방식으로 날렸을 때 공이 미묘하게 반응하는 이 흥미로운 상황에 초점이 맞춰져 있다. 이는 구기 종목 경기를 선수와 관중 모두에게 흥미롭게 만들어주는 특징 중 하나다. 움직임을 예측할 수 없는 신형 축구공이 2010년 월드컵에 쓰였을 때도 이런 점을 확인할 수 있었다.

스포츠용 포물체	A(m²)	m(kg)	V(m/s)	L(m)	D/W	Re
테니스공	0.038	0.42	15	0.22	0.23	2.2×10^5
탁구공	0.001	0.002	25	0.04	8.8	0.7×10^5
스쿼시공	0.001	0.02	50	0.04	3.52	1.3×10^5
축구공	0.038	0.42	30	0.22	1.02	4.4×10^5
럭비공	0.028	0.42	30	0.19	0.75	3.8×10^5
야구공	0.045	0.62	15	0.24	0.2	2.4×10^5
골프공	0.001	0.05	70	0.04	1.23	1.9×10^5
셔틀콕	0.001	0.005	35	0.04	27	0.2×10^5
포환(남자용)	0.011	7.26	15	0.12	0.01	1.1×10^5
수구공	0.038	0.42	15	0.22	0.23	2.2×10^5
창(남자용)	0.001	0.8	30	0.03	0.64	0.6×10^5

영국의 올림픽 트랙 사이클링용 새 벨로드롬은 이음매 없이 최적으로 설계된 비탈 주로와 분위기 좋은 가장자리 좌석 때문에 관심을 많이 끌어왔다. 그런 두 가지 특징은 트랙에서 경주하는 선수들의 분위기와 속도도 더한층 향상할 것이다. 영국이 여기 각별히 신경을 더 쓴 것은 사이클링이 최근 영국이 각종 대회에서 가장 좋은 성적을 거둬온 종목이며 영국 대표팀이 고국 관중 앞에서 훨씬 더 잘하리라는 기대가 크다는 사실과 무관하지 않을 듯하다.

새 벨로드롬에는 대회 중 크게 화제가 될 만한 또 다른 특징이 있다. 그것은 바로 그곳의 온도다. 관중석이야 물론 정상 수준으로 시원하게 유지되겠지만 트랙의 기온은 인공적으로 약 20℃의 상온보다 훨씬 더 높게 25℃ 이상으로 유지될 것이다. 4km 추발경주를 벌이며 진땀을 빼고 있다면 이런 이야기가 매력적이게 들릴 리 없을 텐데, 도대체 그 까닭이 무엇일까? 이 역시 오랜 친구 공기 항력 때문이다. 사이클 선수들이 받는 공기 항력은 그들이 나아가며 가르는 공기의 밀도에 비례하는데, 그 밀도는 공기의 온도에 따라 달라진다.

공기 밀도는 기온이 높아질수록 낮아진다. 분자 수준에서는 온도가 높아지면 분자들이 이리저리 흔들리는 평균 속도가 빨라져 분자들이 차지하는 평균 부피가 증가하므로 그렇게 움직이는 분자들의 밀도(질량 나누기 부피)가 감소하게 된다. 그런 변화가 아래 도표에 나와 있다.

이 결과로 온도에 따라 항력이 얼마나 감소할지 예상한 정도가 다음 도표에 나와 있다. 공기 항력은 선수 속도의 제곱에 비례해 증가하는데, 기온을 높여 항력을 줄이면 4km 추발경주에서는 기록이 1.5초 정도 향상될 것이다. 자전거의 공기역학적 특성이나 경기복을 개선하는 일과 달리 벨로드롬의 이런 특징은 출전자 모두에게 똑같이 도움이 되며(물론 빠른 선수가 느린 선수보다 이득을 더 많이 보긴 할 것이다) 모든 트랙 종목에서 세계 기록이 수립될 확률을 높여줄 것이다. 하지만 이런 상황이 만족스럽기만 한 것은 아니다. 이는 1968년 멕시코시티 올림픽을 연상시킨다. 이 올림픽에서는 개최지 멕시코시티의 고도가 2,240m나 되다

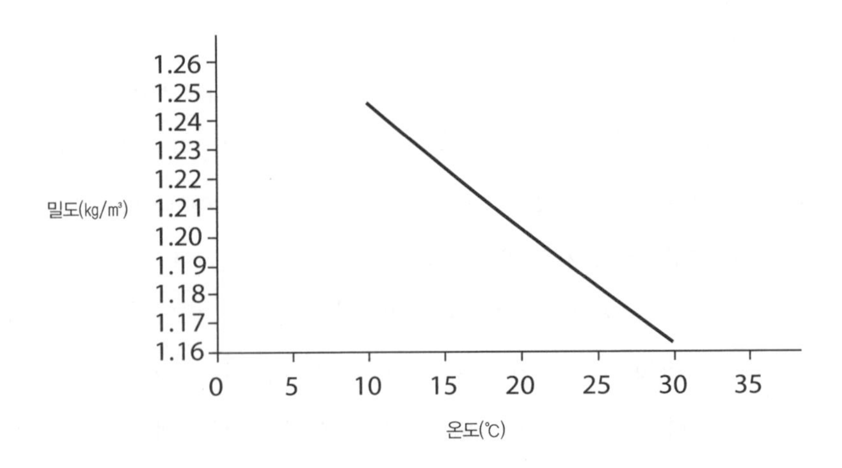

보니 공기 밀도가 낮아 공기 항력이 작았다.

앞서 살펴보았듯이 그런 조건 때문에 육상 트랙 종목과 멀리뛰기 성적이 너무 많이 왜곡되어 그곳과 그 이후 고지대에서 세워진 '기록'에는 '고도의 도움'을 받았다는 단서를 붙여야 했다. 영국에서는 사이클링에서 그런 이중적 상황을 인공적으로 재현해 향후 모든 기록에 트랙 기온이 꼭 덧붙도록 만드는 듯하다. 너무 높은 기온에서 기록된 성적은 고도의 도움을 받은 육상 트랙 종목 성적처럼 결국 '온도의 도움을 받은' 열외 성적으로 취급받게 될 것이다.

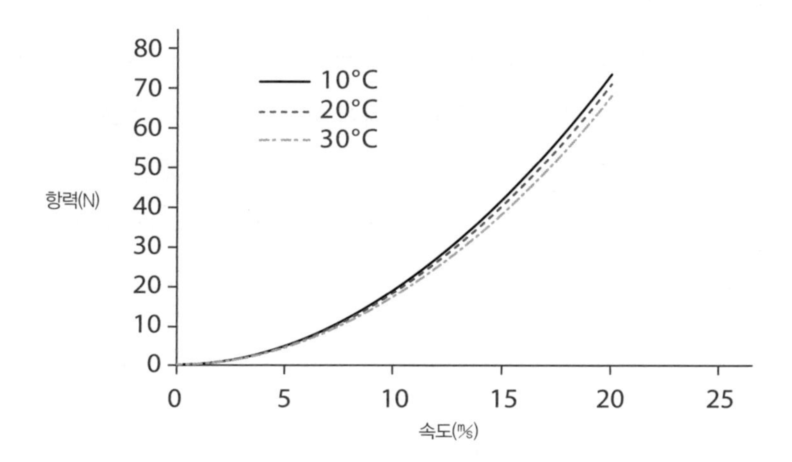

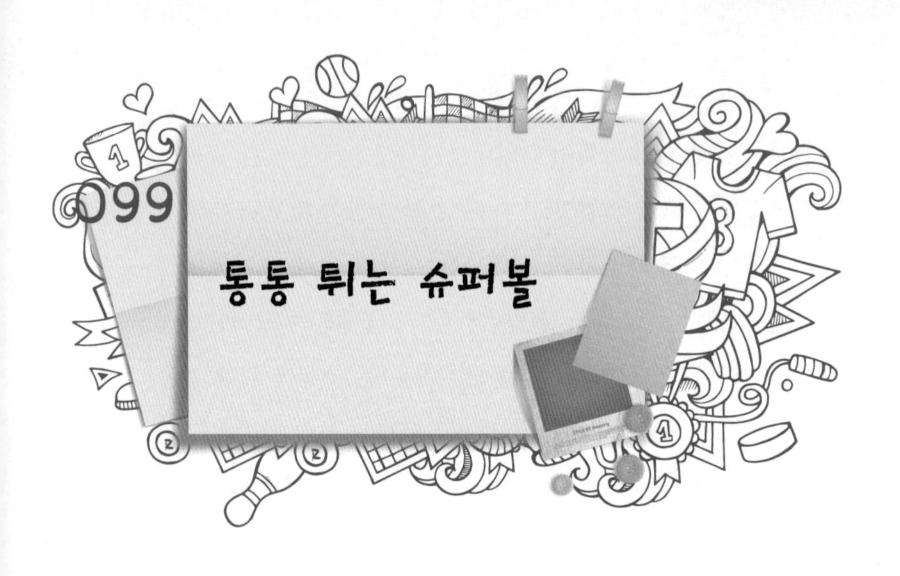

'슈퍼볼Superball'은 1965년에 발명된 이후 줄곧 어린이들의 마음을 사로잡는 한편 온실 유리창을 위협해왔다. 그해에 발명자인 화학공학자 노먼 스팅리Norman Stingley는 '고탄력 폴리뷰타다이엔 공'이라는 무미건조한 이름으로 그 공의 특허를 받았다. 사실 그는 그것을 통제하기 힘들게 튀는 플라스틱 형태로 우연히 발견한 터였다. 그 공은 곧 캘리포니아의 장난감 회사 왬오Wham-O에서 다른 이름으로 대량 생산되어 1960년대에 개당 1달러가 채 안 되는 가격으로 수백만 개가 팔려 나갔다. 슈퍼볼의 비밀은 제조에 쓰인 가황 합성 고무 중합체에 있었다. 그 중합체 때문에 슈퍼볼은 물리학자들의 표현으로 말하면 반발 계수가 매우 크다. 요컨대 슈퍼볼을 어떤 높이에서 (던지지 않고) 떨어뜨리면 그 공은 처음 높이의 90%를 넘는 높이까지 도로 튀어 오른다는 것이다. 슈퍼볼을 세게 던지면 튀어서 집을 넘어갈 수도 있다!

슈퍼볼이 스포츠계에서 유명한 중요한 이유가 하나 있다. 1960년대 말 아메리칸풋볼리그의 창설자 라마 헌트Lamar Hunt는 자녀들이 새 슈퍼볼을 가지고 노는 데 푹 빠진 모습을 본 후 미식축구 결승전을 가리키는 '슈퍼볼Super Bowl'이란 이름을 만들어냈다.

슈퍼볼은 그냥 높이 튀기만 하는 것이 아니다. 그 공은 표면이 몹시 거칠어서 직관에 반대되는 매우 특이한 방식으로 튄다. 슈퍼볼의 움직임은 아주 불가사의하게 보일 수도 있다. 그 공은 지면에 부딪혔을 때 테니스공이나 당구공처럼 반응하지 않는다. 바로 그런 이상한 움직임 탓에 슈퍼볼은 일단 지면에서 튀면 붙잡기가 매우 힘들 수도 있다. 그 공이 어느 쪽으로 튈지 알 수 없는 것이다. 아래 그림은 슈퍼볼이 바닥과 탁자 아랫면 사이에서 튈 때 어떻게 되는지를 보여준다. 점선은 일반적인 공의 예상 경로를 나타낸다. 보통 공은 앞으로 던지면 계속 앞으로 나아간다. 하지만 회전하는 슈퍼볼은 처음에 앞으로 나아가다가도 튀면서 운동 방향이 바뀌어 곧 던진 사람에게 돌아올 수도 있다!

이런 움직임이 발생하는 이유는 거친 슈퍼볼이 어떤 표면과 접촉할 때 미끄러지지 않고 튈 때마다 움직임의 에너지가 열과 소리로 손실되는

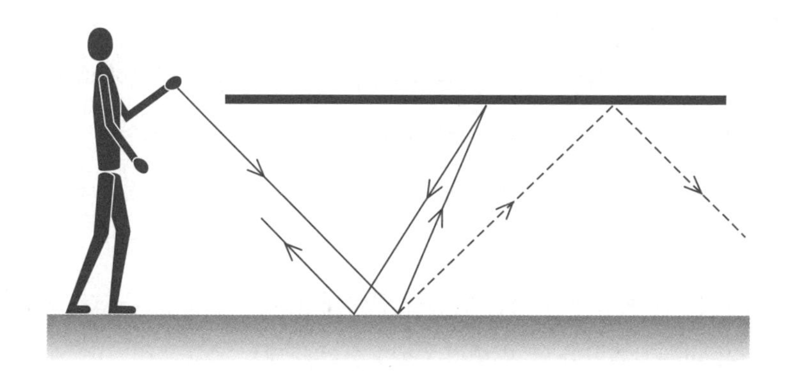

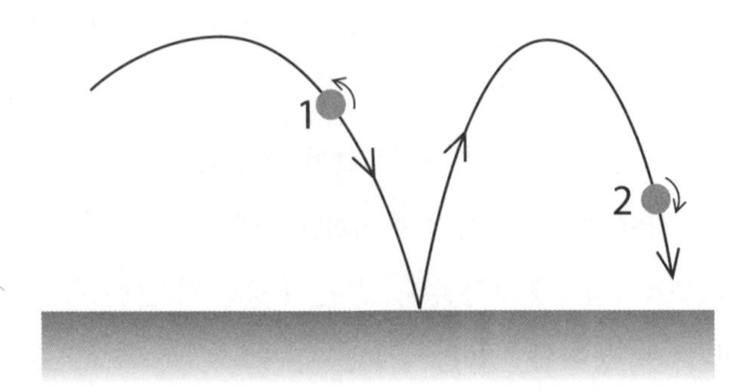

소량을 제외하면(그 소량은 무시하자) 대부분 보존되기 때문이다. 만약 슈퍼볼이 회전한다면 움직임의 에너지는 두 부분으로 구성될 것이다. 하나는 공 질량중심의 운동 에너지이고 다른 하나는 그 중심을 축으로 하는 회전 에너지이다.

또 슈퍼볼은 몇 번 튀든 각운동량도 일정하게 유지되는데, 이 두 법칙을 이용하면 슈퍼볼의 움직임을 예측할 수 있다. 복잡한 방정식을 풀지 않고 간단한 대칭 법칙만 조금 이용해도 무슨 일이 일어나는지 이해할 수 있다. 예를 들어 슈퍼볼이 백스핀을 약간 띤 채 지면을 향해 가는데 (위의 그림 참조), 튈 때 수직 속도가 전혀 손실되지 않는다고 해보자. 문제는 이것이다. 그 공은 튄 다음 어떻게 움직일까?

그렇게 공이 튀는 움직임은 뉴턴의 기본 운동 법칙 중 하나에 따라 시간 가역적이어야 한다. 다시 말해 상태 1로 움직이는 공이 튀어 상태 2로 있게 된다면 상태 2의 시간 반전은 튀어서 상태 1의 시간 반전이 되어야 한다.

슈퍼볼 운동 상태의 시간 반전을 알아내려면 그냥 운동 방향과 회전 방향을 반전시키기만 하면 된다. 위의 그림을 보면 슈퍼볼이 처음에 백스핀 상태였다가 튄 후 톱스핀 상태가 되었다는 점을 알 수 있다. 두 번째로 튀었을 때 그 공은 결국 처음과 같은 상태가 되어야 한다. 앞의 그림에서 공의 운동 방향과 회전 방향을 반전해놓고 보면 공이 톱스핀으로 튄 다음에는 백스핀 상태가 된다는 점을 알 수 있다. 따라서 상태 2에서 두 번째로 튄 공은 상태 1의 경로와 같은 모양의 포물선 경로를 따라 백스핀 상태로 왼쪽에서 오른쪽으로 나아갈 것이다.

슈퍼볼을 회전 없이 첫 번째 그림에서처럼 바닥과 탁자 아랫면 사이에서 튀도록 던지면, 그림의 경로를 따라 세 번 튄 후 속도가 조금 줄어든 상태로 던진 사람에게 돌아온다. 이런 일이 가능한 이유는 슈퍼볼 내부의 질량 분포가 균일하기 때문이다. 만약 질량이 공의 중심으로 쏠려 있다면 아래 그림에서처럼 두 번 튄 후 경로를 정확히 반전시킬 수도 있다.

끝으로, 슈퍼볼로 당구를 해보면 어떨까? 이는 뛰어난 선수에게도 만만찮은 흥미로운 경험이 될 것이다. 다음 그림을 보면, 매끈한 당구공을 정사각형 당구대 옆면에 45도 각도로 쳐서 그 정사각형 안의 닫힌 경로

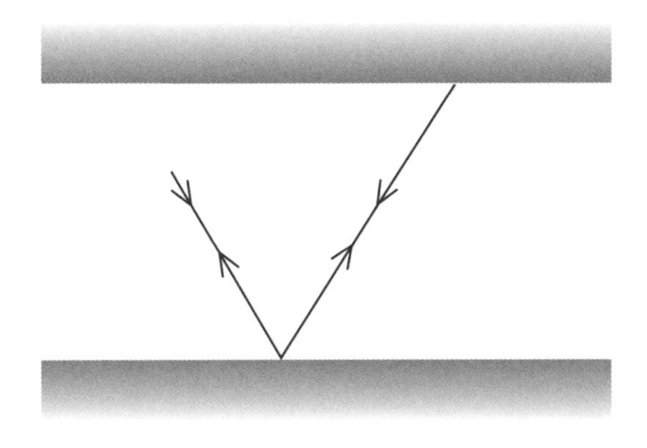

를 따라가게 하면 어떻게 되는지(오른쪽), 그리고 거친 슈퍼볼에 같은 충격을 주면 그 공이 어떤 경로를 따라가는지(왼쪽) 비교해볼 수 있다.

정사각형 당구대에서 슈퍼볼로 조금 연습해보면, 매끈한 공과 거친 공의 움직임 차이에 대한 직관력을 곧 키울 수 있다. 하지만 그 공을 너무 세게 치진 마시라.

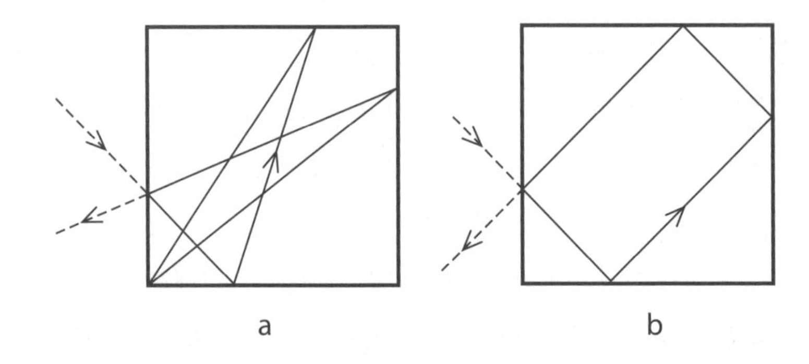

상자 안에서 생각하기

『일상적이지만 절대적인 수학 지식 100 *100 Essential Things You Didn't Know You Didn't Know*』을 출간한 후 나는 그 책에 실린 수학 응용 사례와 문제에 대해 질문하는 이메일과 편지를 많이 받았다. 한 가지 주제에 대한 문의가 압도적으로 가장 많았다. 어떤 이들은 그것을 이해하지 못했고 어떤 이들은 그것을 아예 믿지도 않았다. 어리둥절해하는 발신자들 중 일부는 그냥 호기심이 많은 일반 독자들이었지만 적어도 한 명은 매우 유명한 물리학 교수였다. 그들의 크나큰 고민거리가 된 것은 30장에 실린 악명 높은 '세 상자' 또는 '몬티홀' 문제였다.

상자가 세 개 있다. 그중 한 상자에 상품이 들어 있는데 그 상자를 골라야 상품을 받을 수 있다. 여러분이 선택한 뒤 각 상자를 들여다볼 수 있는 퀴즈쇼 진행자가 빈 상자 중 하나를 열어 보이고는 처음 선택을 고수할지 아니면 바꿀지 묻는다. 어떻게 해야 할까? 무조건 선택을 바꿔야 한다. 처음 선택이 옳을 확률은 3분의 1에 불과하지만 그 선택이 틀리고 상품이 나머지 두 상자 중 하나에 들어 있을 확률은 3분의 2이다. 진행자가 그런 두 상자 중 하나를 열어 빈 상태를 보여주었으니 이제 선택하지 않은 다른 상자에 상품이 들어 있을 확률은 3분의 2이다. 다른 상자로 선택을 바꿔 승산을 두 배로 높여라!

이 문제는 직관에 반대될 뿐 역설적이지 않지만 훨씬 복잡한 또 다른 문제를 생각해보기 위한 몸 풀기용으로 적절하다. 이번에 할 게임에서는 상자가 두 개만 있는데, 그중 한 상자에는 어느 정도 가치가 있는 상품이 들어 있고 나머지 한 상자에는 가치가 그것보다 두 배로 큰 또 다른 상품이 들어 있다. 두 상자 중 하나를 골라 열어보라. 이제 자신의 선택을 다른 상자로 바꿀 기회를 얻는다. 어떻게 해야 할까? 문제는 여러분이 열어본 상자 안의 상품이 가치가 큰지 작은지 모른다는 데 있다. 그렇다면 한 상자를 열어 가치 V의 상품을 본 후 선택을 바꿀 경우 기대할 수 있는 이득이 얼마나 되는지 알아보자. 그것이 작은 상이라면 선택을 바꿀 경우 2V를 얻겠지만 큰 상이라면 결국 $\frac{1}{2}$V만 얻고 말 것이다. 따라서 선택을 바꿀 경우 평균적인 상품 가치 기댓값은 (1/2×2V)+(1/2×1/2 V)=$1\frac{1}{4}$V가 될 것이다. 이 값이 V보다 크므로 선택을 바꾸면 평균적으로 '항상' 이득을 보게 된다.

참으로 이상한 노릇이다. 선택을 바꿀 경우 '항상' 이득을 보게 된다면 상자를 들여다볼 필요도 없지 않겠는가? 무조건 선택을 바꾸면 된다. 그런데 선택을 바꾼 후에도 똑같은 논증이 적용되므로 또다시 선택을 바꿔야 한다! 이는 역설이다. 어떻게 생각하시는가? 흥미로운 실마리 중 하나는 상품이 실은 5파운드와 10파운드(또는 5달러와 10달러) 지폐라면 어떻게 될까 하는 점이다.

옮긴이의 말

"이봐요, 물리학 박사 양반, 소젖을 가장 효율적으로 짜려면
어떻게 해야겠소?"
"음, 우선 구 모양의 암소가 한 마리 있다고 가정해봅시다. 그렇다면…."

'구 모양의 암소spherical cow'는 과학에서 현실 속의 복잡한 문제를 지나치게 단순화해 다루는 경향을 익살스레 지적할 때 흔히들 쓰는 표현이다. 배꼽 잡고 웃을 만큼 재미있는 표현은 아니지만, 이론과 실제의 관계를 생각할 때 화두로 삼아볼 만한 말이다. 세상에 구 모양의 암소는 한 마리도 없을 텐데, 그런 가정에 기초해 그럴듯한 이론을 세운들 무슨 소용이 있을까? 현실 세계는 그야말로 복잡다단한데, 울퉁불퉁한 온갖 요소를 적당히 무시해버리고 매끈한 모형을 만드는 것에 무슨 의미가 있을까?

글쎄, 나도 잘은 모르겠다. 하지만 그런 일이 아주 무의미하진 않으리라는 것만큼은 분명하다. 바로 지금 내 앞에 있는 컴퓨터부터가 그 증거다. 그런 일이 완전히 무의미하다면, 오늘날 우리가 누리는 문명의 이기는 대부분 존재하지 않을 것이다. 그러니 얼렁뚱땅 두루뭉술하게나마 결론을 짓자면, 그런 단순화, 이론화에 정확히 무슨 의미가 있는지는 몰라도 우리는 그 과정에서 뭔가 배워 어떤 식으로든 발전하게 되는 듯하다.

이 책에서 우리는 스포츠에 대해, 수학과 물리학에 대해, 스포츠와 두 학문의 관계에 대해 뭔가 배우게 된다. 여기에도 어김없이 단순화된 수학 모형이 많이 등장하므로, 언뜻 보면 이런 이론적인 생각이 다 무슨 소용인가 하는 생각이 들기도 할 것이다. 하지만 각각의 예 하나하나에 집중해 저자의 이야기에 귀 기울여보면, 의외로 스포츠와 수학과 물리학을 좀 더 잘 이해하게 된다. 예컨대 둥근 트랙을 단순한 사각형 트랙으로 가정하고 공기 저항을 설명하는 부분을 읽어보면, 실제 트랙에서 공기 저항이 작용하는 방식을 웬만큼 파악할 수 있고, 이를 바탕으로 우승 전략을 세워볼 수도 있다. 역설적이게도, 현실 속의 여러 요소를 무시하고 사각형 트랙, 즉 '구 모양의 암소'를 가정함으로써 전에 미처 몰랐던 바를 알아차리게 되는 것이다.

저자 존 D. 배로는 영국의 우주학자, 물리학자, 수학자로 대중 과학서를 꽤 많이 썼으며 아마추어 극작가로도 활동한 바 있다. 모르긴 몰라도 의욕이 아주 왕성한 호사가인 듯한데, 이 책에서는 주제를 고르는 안목과 각 주제에 대해 이야기를 풀어나가는 능력도 여실히 보여준다. 자칫 딱딱하고 지루해지기 쉬운 내용이 많은데도 시종일관 재미있게, 이해하기 쉽게, 그렇다고 또 너무 쉽진 않아 도전 의식을 어느 정도 자극하도록 설명을 이어가는 방식이 무척 인상적이다. 스포츠와 수학에 관심 많은 독자들에게도 이 책이 모쪼록 재미있고 유익한 읽을거리가 되었으면 한다.

박유진